长江大保护项目
施工工艺指南

污水处理厂站工程

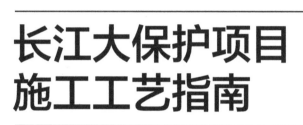

黄 斌 主 编
曹怀志 郭先强 刘雅雯 副主编

中国三峡出版社

图书在版编目（CIP）数据

污水处理厂站工程 / 黄斌主编 ；曹怀志，郭先强，
刘雅雯副主编. -- 北京 ：中国三峡出版社，2024. 8.
（长江大保护项目施工工艺指南）. -- ISBN 978-7-5206-
0321-8

Ⅰ. X505

中国国家版本馆CIP数据核字第2024KR0046号

责任编辑：丁　雪

中国三峡出版社出版发行

（北京市通州区粮市街 2 号院　101199）

电话：（010）59401531　59401529

http://media. ctg. com. cn

北京环球画中画印刷有限公司印刷　新华书店经销

2024 年 8 月第 1 版　2024 年 8 月第 1 次印刷

开本：787毫米×1092毫米 1/16　印张：21

字数：523千字

ISBN 978-7-5206-0321-8　定价：92.00 元

编 委 会

为深入贯彻党中央和国务院关于推动长江经济带发展的重大战略部署，落实习近平总书记在深入推动长江经济带发展座谈会上的重要讲话和指示精神，中国长江三峡集团有限公司（以下简称三峡集团）坚持"共抓大保护、不搞大开发"的基本原则，把握"生态优先、绿色发展"的总体格局，推动长江经济带绿色高质量发展。三峡集团充分发挥在促进长江经济带发展中的基础保障作用、在共抓长江大保护中的骨干主力作用，以城镇污水处理为切入点，以摸清本底为基础，以现状问题为导向，以污染物总量控制为依据，以总体规划为龙头，坚持"流域统筹、区域协调、系统治理、标本兼治"的原则，带动生态环保产业链上下游有效聚合，积极探索生态环保产融发展之路，为长江经济带生态优先、绿色发展提供有力支撑。

长江三峡技术经济发展有限公司（以下简称三峡发展公司）积极响应三峡集团号召，贯彻落实三峡集团党组决策部署，积极服务三峡集团"两翼齐飞"战略，先后承接宜昌、宣城、芜湖等长江大保护项目建设管理和总承包管理。经过近些年项目建设的探索，三峡发展公司提炼并总结了长江大保护项目涉及的各项施工工艺的流程、操作要点、质量控制措施、安全管控措施，并辅以流程图、工作表单、操作示意图等，编撰成"长江大保护项目施工工艺指南丛书"，旨在为从事长江大保护项目的工作人员打造标准化工序样板工程、提高质量管控能力、筑牢安全防线、遏制各类生产安全事故发生、打造长江大保护精品工程品牌提供工作指南。

本书为污水处理厂站工程分册，从地基与基础工程、建（构）筑物主体结构工程、安装工程 3 个方面介绍了长江大保护项目污水处理厂站施工涉及的工艺工法，在污水处理厂站标准化建设方面具有一定的参考价值和指导意义。

本书在撰写过程中难免出现疏漏和不完善之处，请各位读者批评指正。

编者

2024 年 6 月

1.6　安全管理重点事项 ·· 124
　　1.6.1　通用管理规定 ·· 124
　　1.6.2　基坑工程专项管理规定 ·· 135
　　1.6.3　现场安全隐患辨识及管控措施 ································ 138

第2章　建（构）筑物主体结构工程 ·· 148
2.1　框架结构混凝土工程 ·· 148
　　2.1.1　概述 ·· 148
　　2.1.2　现行适用规范 ·· 148
　　2.1.3　施工工艺流程及操作要点 ······································ 149
　　2.1.4　材料与设备 ··· 157
　　2.1.5　质量控制 ·· 159
2.2　薄壁结构混凝土工程 ·· 164
　　2.2.1　概述 ·· 164
　　2.2.2　现行适用规范 ·· 165
　　2.2.3　施工工艺流程及操作要点 ······································ 165
　　2.2.4　材料与设备 ··· 174
　　2.2.5　质量控制 ·· 175
2.3　大体积混凝土工程 ·· 181
　　2.3.1　概述 ·· 181
　　2.3.2　现行适用规范 ·· 181
　　2.3.3　施工工艺流程及操作要点 ······································ 181
　　2.3.4　材料与设备 ··· 184
　　2.3.5　质量控制 ·· 185
2.4　装配式结构工程制作与安装工艺 ····································· 185
　　2.4.1　概述 ·· 185
　　2.4.2　现行适用规范 ·· 187
　　2.4.3　施工工艺流程及操作要点 ······································ 187
　　2.4.4　材料与设备 ··· 200
　　2.4.5　质量控制 ·· 200
2.5　砌体结构工程 ·· 204
　　2.5.1　概述 ·· 204
　　2.5.2　现行适用规范 ·· 205
　　2.5.3　施工工艺流程及操作要点 ······································ 205
　　2.5.4　材料与设备 ··· 208
　　2.5.5　质量控制 ·· 209

2.6 安全管理重点事项 ………………………………………………… 212
　2.6.1 通用管理规定 ………………………………………………… 212
　2.6.2 排架施工专项管理规定 ……………………………………… 213
　2.6.3 现场安全隐患辨识及管控措施 ……………………………… 216

第3章 安装工程 …………………………………………………………… 219
　3.1 格栅除污设备 ……………………………………………………… 219
　　3.1.1 概述 ………………………………………………………… 219
　　3.1.2 现行适用规范 ……………………………………………… 221
　　3.1.3 施工工艺流程及操作要点 ………………………………… 221
　　3.1.4 材料与设备 ………………………………………………… 223
　　3.1.5 质量控制 …………………………………………………… 223
　3.2 输送设备 …………………………………………………………… 225
　　3.2.1 概述 ………………………………………………………… 225
　　3.2.2 现行适用规范 ……………………………………………… 225
　　3.2.3 施工工艺流程及操作要点 ………………………………… 225
　　3.2.4 材料与设备 ………………………………………………… 227
　　3.2.5 质量控制 …………………………………………………… 228
　3.3 泵类设备 …………………………………………………………… 229
　　3.3.1 概述 ………………………………………………………… 229
　　3.3.2 现行适用规范 ……………………………………………… 230
　　3.3.3 施工工艺流程及操作要点 ………………………………… 230
　　3.3.4 材料与设备 ………………………………………………… 232
　　3.3.5 质量控制 …………………………………………………… 233
　3.4 除砂设备 …………………………………………………………… 234
　　3.4.1 概述 ………………………………………………………… 234
　　3.4.2 现行适用规范 ……………………………………………… 234
　　3.4.3 施工工艺流程及操作要点 ………………………………… 234
　　3.4.4 材料与设备 ………………………………………………… 236
　　3.4.5 质量控制 …………………………………………………… 241
　3.5 曝气设备 …………………………………………………………… 242
　　3.5.1 概述 ………………………………………………………… 242
　　3.5.2 现行适用规范 ……………………………………………… 243
　　3.5.3 施工工艺流程及操作要点 ………………………………… 243
　　3.5.4 材料与设备 ………………………………………………… 245
　　3.5.5 质量控制 …………………………………………………… 245

3.6 搅拌、推流设备 …………………………………………………………………… 247

3.6.1 概述 ……………………………………………………………………… 247

3.6.2 现行适用规范 …………………………………………………………… 247

3.6.3 施工工艺流程及操作要点 ……………………………………………… 247

3.6.4 材料与设备 ……………………………………………………………… 249

3.6.5 质量控制 ………………………………………………………………… 250

3.7 排泥设备 ………………………………………………………………………… 251

3.7.1 概述 ……………………………………………………………………… 251

3.7.2 现行适用规范 …………………………………………………………… 252

3.7.3 施工工艺流程及操作要点 ……………………………………………… 253

3.7.4 材料与设备 ……………………………………………………………… 256

3.7.5 质量控制 ………………………………………………………………… 256

3.8 斜板和斜管 ……………………………………………………………………… 257

3.8.1 概述 ……………………………………………………………………… 257

3.8.2 现行适用规范 …………………………………………………………… 258

3.8.3 施工工艺流程及操作要点 ……………………………………………… 258

3.8.4 材料与设备 ……………………………………………………………… 260

3.8.5 质量控制 ………………………………………………………………… 260

3.9 过滤设备 ………………………………………………………………………… 261

3.9.1 概述 ……………………………………………………………………… 261

3.9.2 现行适用规范 …………………………………………………………… 261

3.9.3 施工工艺流程及操作要点 ……………………………………………… 262

3.9.4 材料与设备 ……………………………………………………………… 265

3.9.5 质量控制 ………………………………………………………………… 267

3.10 加药设备 ………………………………………………………………………… 267

3.10.1 概述 ……………………………………………………………………… 267

3.10.2 现行适用规范 …………………………………………………………… 268

3.10.3 施工工艺流程及操作要点 ……………………………………………… 268

3.10.4 材料与设备 ……………………………………………………………… 270

3.10.5 质量控制 ………………………………………………………………… 271

3.11 消毒设备 ………………………………………………………………………… 272

3.11.1 概述 ……………………………………………………………………… 272

3.11.2 现行适用规范 …………………………………………………………… 272

3.11.3 施工工艺流程及操作要点 ……………………………………………… 272

3.11.4 材料与设备 ……………………………………………………………… 274

3.11.5 质量控制 ··· 275

3.12 除臭系统 ··· 275

3.12.1 臭气收集风管 ··· 275

3.12.2 生物除臭装置安装 ··· 278

3.13 污泥处理设备 ··· 281

3.13.1 概述 ··· 281

3.13.2 现行适用规范 ··· 282

3.13.3 施工工艺流程及操作要点 ··· 282

3.13.4 设备与材料 ··· 285

3.13.5 质量控制 ··· 285

3.14 鼓风、压缩设备 ··· 285

3.14.1 风机 ··· 285

3.14.2 空压机和储气罐 ··· 290

3.15 电气设备安装 ··· 294

3.15.1 变压器 ··· 294

3.15.2 开关柜、控制柜 ··· 301

3.16 自动控制及监控系统 ··· 308

3.16.1 仪器仪表 ··· 308

3.16.2 监控设备 ··· 315

3.17 安全管理重点事项 ··· 321

3.17.1 通用管理规定 ··· 321

3.17.2 设备安装专项管理规定 ··· 321

3.17.3 现场安全隐患辨识及管控措施 ··· 322

第1章 地基与基础工程

在长江大保护项目中，污水处理厂站作为关键设施，其地基与基础工程的质量至关重要。为确保污水处理效能与污水处理厂站长期稳定运行，应重点在基坑降排水、基坑支护、边坡开挖、基础处理及各类设备基础施工等各个工序中进行系统管控、详细布置。

1.1 基坑降排水

基坑降排水是指在开挖基坑时，地下水位高于开挖底面，地下水会不断渗入坑内，为保证基坑能在干燥条件下施工，防止边坡失稳、基础流砂、坑底隆起、坑底管涌和地基承载力下降而做的降水工作。

施工中应根据地下水位、坑壁稳定性及土质情况等选择适宜的基坑降排水方法，常用的方法有明沟加集水井降水、管井降水、轻型井点降水。

地下水位应始终保持低于基坑底面以下 0.5m。

1.1.1 明沟加集水井降水

1. 概述

明沟加集水井降水是一种人工降排法，具有施工方便、用具简单、费用低廉的特点，适用于低水位地区或降水深度为 0～4m 的渗水量小的土层，主要作用是排除地下水、施工用水和雨水，一般不单独应用于高水位地区基坑边坡支护及渗水量大的基坑支护。

2. 现行适用规范

（1）GB 50007—2011《建筑地基基础设计规范》。

（2）GB 50202—2018《建筑地基基础工程施工质量验收标准》。

（3）JGJ 180—2009《建筑施工土石方工程安全技术规范》。

（4）JGJ 120—2012《建筑基坑支护技术规程》。

（5）JGJ 311—2013《建筑深基坑工程施工安全技术规范》。

（6）JGJ 348—2014《建筑工程施工现场标志设置技术规程》。

（7）JGJ 111—2016《建筑与市政工程地下水控制技术规范》。

3. 施工工艺流程及操作要点

1）工艺流程

明沟加集水井降水施工工艺流程见图 1-1。明沟加集水井降水施工工艺图示见图 1-2。

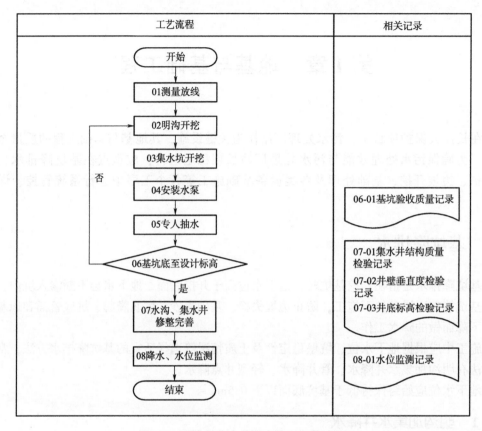

图 1-1　明沟加集水井降水施工工艺流程

（1）测量放线。

按照设计要求定位放线，确认轴线位置、标高，进行井点放样，利用石灰粉标出开挖范围。

（2）明沟开挖。

根据基坑涌水量确定排水沟的深度、宽度、坡度，使基坑渗出的地下水通过明沟汇集于集水井内。当基坑宽度较大时，可在基坑的中部设置排水沟。沟底应采取防渗措施，并应符合主体结构对地基的要求。

（3）集水坑开挖。

根据基坑涌水量和渗漏水量、积水量确定集水井的大小和数量，在基坑四角或沿排水沟布置集水井。随着基坑的开挖，排水沟和集水坑随之加深，以保持水流畅通。

（4）安装水泵。

从集水井中用水泵将水排出基坑外，水泵的选型可根据排水量大小及基坑深度确定。

（5）专人抽水。

降水期间，必须派专职电工值班抽水，定期对集水井内沉淀物进行清理，以保证水泵沉入水中的深度，保持排水通畅。

（a）明沟开挖

（b）集水坑开挖

（c）抽水

（d）建成的集水井

图1-2 明沟加集水井降水施工工艺图示

（6）水沟、集水井修整完善。

当基坑挖至设计标高后，集水井壁应设置防护结构，侧壁可用灰砂砖砌筑，防止塌陷，并采取铺填碎石滤水层、设置泵端纱网等措施，以免因抽水时间较长而挟带大量泥沙，防止集水井的土被扰动。沟壁不稳时还需利用砖石干砌或用透水的沙袋进行支护。

（7）降水、水位监测。

降水运行阶段应安排专人值班，应对降排水情况进行定期或不定期巡查，防止因停电或其他因素影响降排水系统正常运行，同时配备钩机随时清理排水沟内的淤泥，保证水流通畅。

2）操作要点

（1）合理设计明沟和集水井的位置和深度。

在降水工程中，明沟和集水井的设计位置和深度对于地下水的收集和排放具有决定性的影响。为了确保降水效果，必须对明沟和集水井的位置和深度进行合理的设计和规划。

①排水沟距坡脚不宜小于0.5m，底宽不宜小于0.3m，沟底比基坑底低0.3～0.4m。

②排水沟的深度和宽度应根据基坑排水量确定，坡度宜为0.1%～0.5%。

③在基坑四角或沿排水沟每隔30～50m布置集水井，集水井、排水沟不应影响地下

工程施工。

④集水井的尺寸和数量应根据汇水量确定，深度应大于排水沟深度1.0m，集水井直径（或宽度）不宜小于0.6m，底面应比排水沟底面低0.5m以上。

（2）水泵的选用及安装。

集水井排水是用水泵从集水井中抽水，常用的水泵有潜水泵、离心水泵和泥浆泵，一般所选用水泵的抽水量为基坑涌水量的1.5～2倍。每台水泵应配置一个控制开关，电缆不得有接头及破损。

（3）定期清理和维护集水井。

集水井是降水工程中的重要组成部分，但是由于使用过程中可能会出现淤积和堵塞等问题，因此需要定期对其进行清理和维护。应安排专人定期清除集水井内的杂物、淤泥等，保持其畅通，以确保地下水能够顺利流入并被收集。

（4）加强对周围环境和建筑物的监测。

在降水过程中，必须加强对周围环境和建筑物的监测，防止因降水引起沉降和变形，可通过设置沉降观测点和进行定期的沉降观测来实现。如果出现异常沉降或变形，应立即采取措施予以解决。

（5）采取适当的排水措施。

在降水期间，应采取适当的排水措施，以防止地下水位上升，一般可通过设置排水沟、增加排水泵等方式来实现。此外，还应对排水设备的运行状况进行定期检查和维护，以确保其正常运行。

（6）降水结束后封闭集水井并采取必要措施处理地下水。

在降水结束后，应封闭集水井，以避免地下水位继续上升。同时，应采取必要的措施处理地下水，如通过铺设防水层、设置排水系统等，防止地下水的渗漏和其他可能对建筑物造成的不利影响。

3）重点环节、重难点及应对措施

基坑挖土至地下水位以下，土质为细砂土或粉砂土的情况下，采用集水坑降低地下水时坑下的土有时会形成流动状态，随着地下水流入基坑，这种现象被称为流砂现象。其应对措施如下。

（1）利用枯水季节施工，以便减小坑内外水位差。适用于工期不紧、丰水位和枯水位相差较大的情况。

（2）用钢板桩打入坑底一定深度，增加地下水从坑外流入坑内的距离，从而减小水力坡度，以减小动水压力，防止流砂发生。

（3）采用不排水的水下挖土法，使坑内外水压相平衡，不具备流砂的条件，一般深井挖土均采用此法（江中、湖中施工常采用）。

（4）建造地下连续墙以供承重、护壁，起到截水和防止流砂发生的作用。

4. 材料与设备

1）材料

（1）水泥。

用于制作明沟和集水井主体结构，可根据设计要求选择合适标号的水泥。

（2）沙子。

用于混凝土掺和料，可根据设计要求选择合适的粒度和湿度。

（3）砖块或预制板。

用于制作明沟和集水井的墙壁或底部，可根据设计要求选择合适的材质和尺寸。

（4）钢筋。

用于加强明沟和集水井的结构，可根据设计要求选择合适的型号和规格。

（5）模板。

用于制作规定形状和尺寸的明沟和集水井，可根据设计要求选择合适的材质和规格。

2）设备

明沟加集水井降水施工使用的主要设备包括挖掘机、渣土车及水泵等。其中常用的水泵有潜水泵、离心泵和泥浆泵，一般所选用水泵的抽水量为基坑涌水量的 1.5～2 倍。

5. 质量控制

1）施工过程控制指标

（1）基坑开挖施工前，周围应先设置排水明沟或挡水堤，以防止地面水流入基坑内。

（2）开挖施工要做到逐层开挖、逐层放坡，应加设排水沟和集水井，并及时排除集水井内的积水。

（3）在潜水层内开挖基坑时，可根据水位高度、潜水层厚度和涌水量，在潜水层标高最低处设置排水沟和集水井。

（4）当采用分级放坡施工开挖时，在台阶踏步面的上坡脚处设排水沟做断流排水。

（5）在地下水位较高、土层透水性能好的土层中，可根据工程基坑开挖深度和土的性质，采取井点降水的辅助措施，以降低地下水位、改善土质，有利于开挖施工。

2）施工质量控制指标

（1）基坑降水期间应根据施工组织设计配备发电机组，并应进行相应的供电切换演练，施工过程中电力电缆的拆接必须由专业人员负责。

（2）各降水井井位应沿基坑周边以一定间距形成闭合状。

（3）在集水井内放置污水泵向基坑外排水，排水区应远离基坑以避免回流。当排完一个集水井内的水后，把污水泵移到邻近的集水井内继续排水，依次类推直至将基坑内的积水降到允许施工的范围内。

（4）在降水的同时应关注当地天气预报，抓住晴好天气及时安排施工，当基坑内水位下降到排水沟底部以下标高时，即可进行基础施工。

1.1.2　管井降水

1. 概述

管井井点设备主要包括滤水井管、吸水管和抽水机械等。管井井点设备较简单，排水量大，降水较深。当降水深度超过 15m 时称为深井井点降水，其排水量大、降水深度大、降水范围大。管井井点降水主要适用于轻型井点降水不易解决的情况，每口管井出水流量可达到 50～100m³/h，土的渗透系数在 20～200m/d 范围内。这种方法一般用于含水层为颗粒较粗的粗砂或卵石地层，以及渗透系数、水量、降水深度均较大的潜水或承压水地区，但可能引起基坑周围建筑物的不均匀沉降。

2. 现行适用规范

（1）GB 26545—2011《建筑施工机械与设备　钻孔设备安全规范》。

（2）GB 50007—2011《建筑地基基础设计规范》。

（3）GB 50296—2014《管井技术规范》。

（4）GB 50202—2018《建筑地基基础工程施工质量验收标准》。

（5）GB/T 38176—2019《建筑施工机械与设备　钢筋加工机械　安全要求》。

（6）JGJ 180—2009《建筑施工土石方工程安全技术规范》。

（7）JGJ 120—2012《建筑基坑支护技术规程》。

（8）JGJ 311—2013《建筑深基坑工程施工安全技术规范》。

（9）JGJ 111—2016《建筑与市政工程地下水控制技术规范》。

（10）JGJ 160—2016《施工现场机械设备检查技术规范》。

3. 施工工艺流程及操作要点

1）工艺流程

管井降水施工工艺流程见图1-3。管井降水施工工艺图示见图1-4。

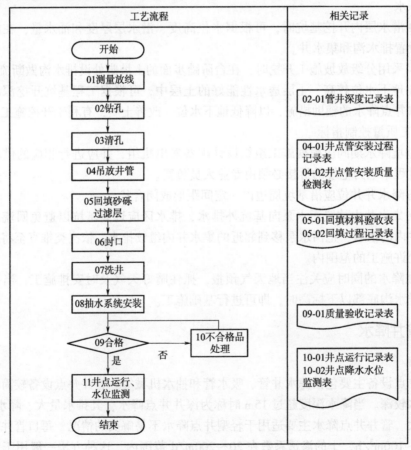

图1-3　管井降水施工工艺流程

（a）钻井

（b）管井降水

（c）洗井

（d）安装水泵及电路

图 1-4　管井降水施工工艺图示

（1）测量放线。

按照设计要求定位放线，用石灰粉标记，以定好的井位点为中心，按照设计的井直径做圆，确定出管井位置，并测量井位地面标高。

（2）钻孔。

采用钻机成孔，钻机就位做到稳固、水平，钻进时一般采用泥浆护壁钻孔法成井。井孔应保持圆滑垂直，孔深不小于设计深度。

（3）清孔。

钻孔至设计深度后，注入清水再次启动反循环砂石泵替换泥浆。成井过程中应不断注入清水进行置换，用水泵或捞砂管抽出沉渣，使井内泥浆密度保持在 $1.05 \sim 1.10 \mathrm{g/cm}^3$，若使用冲击钻则用抽筒将孔底稠泥掏出，并加清水稀释，直到泥浆密度保持在 $1.05 \mathrm{g/cm}^3$。替浆过程中，应按要求开展排放泥浆的清运工作。

（4）吊放井管。

吊放井管应垂直，并保持在井孔中心，用起重机或三脚架分节下入孔内，连接牢固，滤管用纱布包裹。

（5）回填砂砾过滤层。

井管安装完后，应及时在无砂滤水井管外侧与井壁间填充回填砂砾过滤层。填滤料时，宜保持连续，将泥浆挤出井孔，同时应随填随测滤料填入高度。

（6）封口。

当滤料填至设计高度时，宜改用黏土封填，井口宜做砖砌保护井衬，井衬表面抹砂浆，以防地面水、雨水流入。

（7）洗井。

成井后，借助空压机清除孔内泥浆至井内完全出清水为止，再用污水泵反复进行恢复性抽洗。洗井应在成井4h内进行。洗井后可进行试验性抽水，确定单井出水量。

（8）抽水系统安装。

首先将潜水泵用尼龙绳吊放至设计高度，然后铺设电缆和电闸箱，安装并接通电源，做到单井单控电源。

（9）井点运行、水位监测。

在正式降水前应做抽水试验，以验证方案的可行性，根据抽水试验结果选择泵的扬程流量，基坑开挖前至停止抽水时止，每天对地下水位进行观测记录，调整抽水速度及抽水量。

在基坑开挖过程中，应随时观测基坑侧壁、基坑底的渗水现象，并查明原因，及时采取施工措施，在土方开挖及做护壁过程中，对通向基坑的废旧管沟进行有效封堵，并检查基坑外管网有无渗漏。

在抽水维护期间，根据单井出水量确定开、关水泵的时间间隔，委派专业人员轮流值班，保证水泵正常运转及井内水位稳定，同时注意保护井口，防止杂物掉入井内，并定时测量记录观测井水位，及时调节抽水量。

2）操作要点

（1）降水井泥浆池。

泥浆池位置的选定宜根据现场条件确定。可多井一池，其大小根据井深、井数、排浆量综合确定。泥浆池的选定与开挖应注意避免破坏地下管网，必要时采用砖砌泥浆池。

（2）钻机就位平稳。

钻机就位偏差应小于20mm，垂直度偏差应小于1%。

（3）钻孔。

①井径宜大于井管外径200mm以上，且井管外径不宜小于200mm，井管内径宜大于水泵外径50mm。

②井孔应保持圆滑垂直，孔深不小于设计深度。

③钻进过程中要随时观察冲洗液的流损变化，水的补充要随冲洗液的流损情况及时调整，一般应保持冲洗液面不低于井口下1m。当钻遇卵石层，冲洗液大量流失时，应加大补水量，必要时应投入适量的泥土形成一定黏度的泥浆以控制冲洗液漏失，防止塌孔事故。在以黏土为主的地层中钻井时，由于钻井自造浆较稠，钻进效率低，此时可排走一部分泥浆，补充清水，调整泥浆密度到适宜状态。钻进中发现塌孔、斜孔时应及时处理。缩孔时应经常提动钻具修扩孔壁，每次冲击时间不宜过长，防止卡钻。用反循环钻机向下钻孔，钻至要求深度。

④反循环是将压缩空气通过管路送至汽水混合室，使其与钻杆内的水掺混，从而形成比重小于1的掺气水流。在钻杆外侧水柱压力的作用下，钻杆内掺气水流挟带泥浆不断上

升，将泥浆水排出井外。

⑤钻进时要不断向孔内大量供水，使孔内水位高出地下水位，利用水位差所产生的静水压力保持孔壁稳定。

⑥从加接钻杆的数量和入水深度判断钻进深度。

⑦达到设计深度并深入 0.5～1m 时，停止钻进。

（4）吊装井管。

下管前应检查井管有无残缺、断裂及弯曲情况。井管安放应垂直并位于井孔中间；管顶部比自然地面高 500mm 左右；井管过滤部分应放置在含水层中，铸铁管做井管时滤水段应打孔，孔间距 100mm，梅花形布置。

（5）回填砂砾过滤层。

①滤料应缓慢填入，防止冲歪井管，一次不可填入过多。粒径应大于滤网的孔径且符合级配要求，筛除粒径不合格滤料，合格率应大于 90%，杂质含量不大于 3%。

②不得用装载机直接填料，应用铁锹下料，以防回填砂分层不均匀和冲击井管，填料要一次连续完成。

③当填入量与理论计算量不一致时，应及时查找原因。洗井后，如滤料下沉量过大应补填至井口下 1.5m 处。

（6）洗井。

①一般采用压缩空气洗井法。将空压机空气管及喷嘴放入井内，先洗上部井壁，然后逐渐将水管下入井底。

②当井管内泥沙较多时，可采用"憋气沸腾"的方法，即通过高温降低泥皮黏结力，从而破坏井壁泥皮。在洗井开始 30min 左右及以后每 60min 左右，关闭一次管上的阀门，憋气 2～3min，使井中水沸腾来破坏泥皮和泥沙与滤料的黏结力，直至井管内排出水由浑变清。

③洗井应在下完井管、填好滤料、成井后 4h 内进行，以免时间过长护壁泥皮逐渐老化，难以破坏，影响渗水效果。

（7）水泵安装。

①水泵在安装前，应对水泵本身和控制系统做一次全面细致的检查，检验电动机的旋转方向是否正确、各部位螺栓是否拧紧、润滑油是否加足、电缆接头的封口有无松动、电缆线有无破坏折断等情况。深井内安设潜水电泵，可用绳索将其吊入滤水层部位，带吸水钢管的电泵应用起重机放入，上部应与井管口固定。

②用于设置深井泵的电动机座应安设平稳，严禁逆转（宜有逆止阀），防止转动轴解体。潜水电动机、电缆及接头应有可靠的绝缘，每台水泵应配置一个控制开关。安装完毕应进行试抽水，符合要求后才能转入正常工作。

（8）验收。

试抽后应组织现场验收，当发现出水浑浊时，应查明原因及时处理，严禁长期抽吸浑水，验收合格后应观测静止水位高程作为计算水位降深的依据。

（9）铺设排水管网及沉淀池。

排水管网宜采用钢管、硬塑料管等作为排水主管路，排水管直径应符合基坑总出水量的要求，必要时可采用多向排水。在排水管线转角连接处、每个降水井临边中部、排水管网进入市政管线接口处设置沉淀池，沉淀池采用砌砖池，须做防水处理。排水管网向水流方向的倾斜以 0.1% 为宜。

（10）抽水。

联网后连续抽水，不应中途间断，水泵、井管的维修应逐一进行。

（11）水位观测。

抽水初期每天观测 2 次以上，水位稳定后应每天观测 1 次。

（12）附近建筑物标高观测。

保证建筑物附近水位差不得超过 0.5m，并定期进行测量，必要时采用回灌技术。

（13）回灌。

①采用回灌技术避免因降水可能产生的地面沉降。回灌井点应埋设在降水区和邻近受影响的建（构）筑物之间的土层中，其埋设方法与降水井点相同。

②回灌井点滤管部位应从地下水位以上 50cm 处开始直到井管底部，也可采用与降水井点管相同的构造，但必须保证成孔与灌砂的质量。

③回灌井点与降水井点之间的距离不宜小于 6m。回灌井点宜埋设于稳定降水曲面下 1m，且位于渗透性较好的土层中。回灌井点滤管的长度应大于降水井点的长度。

④回灌水量通过观测水位观测孔中水位变化进行控制和调节，不宜超过原水位标高。回灌水宜采用清水。

⑤在灌水过程中，应通过所设置的沉降观测点和水位观测井进行沉降和水位观测，并做好记录。

3）重点环节、重难点及应对措施

（1）坍孔。

坍孔的表现特征是孔内水位突然下降、孔口冒细密的水泡、出渣量显著增加而不见进尺、钻机负荷显著增加等。

应对措施：保证钻孔时泥浆质量的各项指标符合规范要求；保证钻孔时有足够的水头高度，在不同土层中选用不同的进尺；起落钻头时对准钻孔中心插入；砂和黏土的混合物回填到坍孔处以上 1～2m 后重钻。

（2）井斜。

井斜是指成井钻进时钻孔中心偏离了原设计井孔的中心。发生井斜后，不仅会影响成井钻井效率、增加井内事故率，而且容易导致井管安装不直、井管下不到底折断、填砾不均，成井后还会影响抽水设备的安装。立式泵泵轴向下垂直，在斜井中运转时易造成过早的严重磨损，不能正常抽水。

应对措施：熟悉施工场地的地质条件，把好设备安装关，掌握正确的操作方法。操作人员要熟悉不同深度的地层情况。钻机安装平稳、牢固，确保天车、转盘和井口三点呈一线。钻进第四系松软层时钻具要加导正圈，并吊起钻具轻压慢转，缓慢钻进。出现井斜后要立即停止钻进，查找井斜原因。属于设备安装方面的原因时，可调整设备后再次轻压慢转扫至井底，对倾斜井段的井壁进行修整。如钻井已较深，可采取回填后再扫孔的方法纠斜。如开钻不久即井斜，纠斜不便时，若情况允许可重新开孔钻进。

（3）井管上浮。

在填砾过程中，如果埋设的是无砂水泥管，有时会出现井管上浮现象，致使施工无法继续进行。

应对措施：钻进成井后及时换浆，泥浆密度、砾料规格不宜太小，填砾料速度不宜太快。将潜水泵排水胶管接入内径相符合的钢管，再插入井管外间隙进行冲堵，同时向井管内注清水，使井管内外连通，泥浆、砾料混合液的密度降低，浮力减小，井管会自动下沉。如果用高压泵代替潜水泵，效果会更好。

（4）出水量少，地下水位降不到位。

应对措施：使用反循环钻成井，减少井底岩屑，降低泥浆密度。下井管前用钢丝绳缠在钻头外缘，加大外径后下井内，旋转清扫井壁，消除钻进中在井壁上结下的泥皮，使地下水向井内渗透。

4. 材料与设备

1）材料

（1）井管。

井管上部为实壁管，下部为滤管。一般井管采用直径大于 200mm 的钢管、铸铁管、无砂水泥管和 PVC 管。

（2）滤管。

滤管与壁管材质和管径相同，是孔隙率为 20% ～25% 的穿孔管。滤管外缠铅丝或包裹尼龙网、金属网、棕片。

（3）滤料。

滤料一般粉土层采用中粗砂，砂性土层采用 2～4mm 的砾石，碎石土层采用 3～7mm 的砾石，其含泥量应小于 3%。

2）设备

（1）成孔机具。

一般采用冲击钻、螺旋钻、回转钻或反循环钻机。

（2）洗井机具。

可采用空压机洗井、活塞洗井、水泵洗井，亦可采用活塞与水泵联合洗井或二氧化碳洗井。

（3）抽水机具。

根据单井出水量、动静水位深度可选用离心泵、潜水电泵或深井泵。

5. 质量控制

1）施工过程控制指标

（1）管井的成孔施工工艺应适合地层特点，对不易塌孔、缩孔的地层宜采用清水钻进；钻孔深度宜大于降水井设计深度 0.3～0.5m。

（2）采用泥浆护壁时，应在钻进到孔底后清除孔底沉渣并立即置入井管、注入清水，当泥浆比重不大于 1.05 时，方可投入滤料；遇塌孔时不得置入井管，滤料填充体积不应小于计算量的 95%。

（3）填充滤料后，应及时洗井，洗井应充分直至过滤器及滤料滤水畅通，并应抽水检验降水井的滤水效果。

（4）下管前，应检查管内外是否有杂物、黏土，以防影响透水性。下管时，井管要正中垂直、连接牢靠，严禁井管强行插入沉淀的孔底。

（5）每打完一口井要用量井器测井深，以保证井深偏差小于或等于20cm。

（6）滤水管的强度应符合要求，缠绕滤网应严实，以防出水含砂量超标。滤料粒径不得过大，填料厚度不得小于设计要求。

（7）洗井后的泥沙量控制在10%以内。

2）施工质量控制指标

（1）降水系统应进行试运行，如发现井管失效，应采取措施使其恢复正常，如无法恢复则应报废，另处设置新井管；试运行抽水控制时间为1d，并应检查出水质量和出水量。

（2）正式抽水宜在试抽水3d后进行；降水井宜在基坑开挖20d前开始运行。

（3）降水过程中随时检查观测井内水位，调整抽水速度及抽水量。

（4）降水井随基坑开挖深度需要切除时，对继续运行的降水井应去除井管四周地面下1m的滤料层，并采用黏土封井后再运行，管井降水施工质量验收标准见表1-1。

表1-1 管井降水施工质量验收标准

检查项目		允许值或允许偏差		检查方法
		单位	数值	
主控项目	泥浆比重	1.05～1.10		比重计
	滤料回填高度	+10%		现场搓条法检验土性、测算封填黏土体积、孔口浸水检验密封性
	封孔	设计要求		现场检验
	出水量	不小于设计值		查看流量表
一般项目	成孔孔径	mm	±50	钢尺量
	成孔深度	mm	±20	测绳测量
	活塞洗井 次数	次	≥20	检查施工记录
	活塞洗井 时间	h	≥2	检查施工记录
	沉淀物高度	≤0.5%井深		测锤测量
	含砂量（体积比）	≤1/20000		含砂量计测量

1.1.3 轻型井点降水

1. 概述

轻型井点降水，又称真空井点降水，是指在基坑开挖前，预先沿基坑四周每隔一定间距布设井点管，井点管底部设置滤水管插入透水层，上部接软管与集水总管进行连接，集水总管为钢管，周身设置与井点管间距相同的吸水管口，在基坑开挖前和开挖过程中利用真空原理，通过真空吸水泵将集水管内水抽出，从而达到降低基坑四周地下水位的效果，保证了基底干燥无水，主要适用于土壤渗透系数为 0.1～20m/d 的黏性土、粉土、砂土。单级井点降水深度可达 3～6m，多级井点降水深度可达 6～12m，相比其他井点系统降水简单快捷、经济安全，适用于基坑面积不大、降低水位不深的场合。

2. 现行适用规范

（1）GB 50007—2011《建筑地基基础设计规范》。

（2）GB 50202—2018《建筑地基基础工程施工质量验收标准》。

（3）JGJ 180—2009《建筑施工土石方工程安全技术规范》。

（4）JGJ 120—2012《建筑基坑支护技术规程》。

（5）JGJ 311—2013《建筑深基坑工程施工安全技术规范》。

（6）JGJ 111—2016《建筑与市政工程地下水控制技术规范》。

（7）JGJ 160—2016《施工现场机械设备检查技术规范》。

3. 施工工艺流程及操作要点

1）工艺流程

轻型井点降水施工工艺流程见图 1-5。

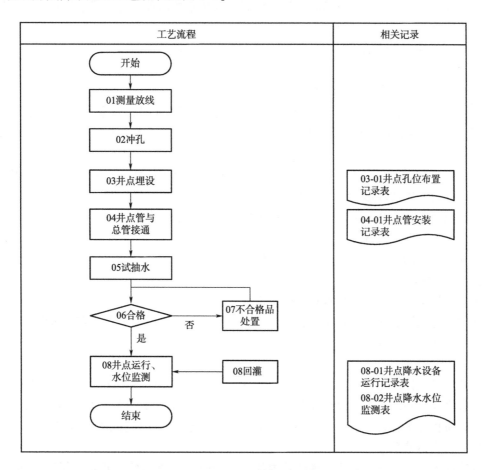

图 1-5 轻型井点降水施工工艺流程

（1）测量放线。

按照设计要求定位放线、布设井位，并测量井位地面标高。

（2）冲孔。

冲孔时，先将高压水泵用高压胶管与冲管连接，用起重设备将冲管吊起并对准插在井点的位置上，用高压水泵冲刷土壤，形成孔洞。

（3）井点埋设。

冲孔完成后，立即拔出冲管，插入井点管，并在井点管与孔壁之间迅速用粗砂填灌砂滤层，填至高出滤管顶 1～1.5m。井点填砂后，地面以下 1m 深度内须用黏土填实，以防漏气。

（4）井点管与总管接通。

井点管埋设完毕需接集水总管，使用连接管将井点管与集水总管连通严密。

（5）试抽水。

井点系统安装完毕后，及时进行试抽水，核验水位降深、抽水量、管路连接质量、井点出水和泵组工作水压力、真空度及运转等情况。试抽后应组织现场验收，如有异常情况，应及时检修后方可使用。验收合格后应观测静止水位高程作为计算水位降深的依据。

（6）井点运行、水位监测。

井点运行后要连续抽水，一般在抽水 2～5d 后，水位基本稳定。

2）操作要点

（1）井点布置。

①当真空井点孔口至设计降水水位的深度不超过 6.0m 时，宜采用单级真空井点降水；当大于 6.0m 且场地条件允许时，可采用多级真空井点降水，多级井点上下级高差宜取 4.0～5.0m。

②井点系统的平面布置应根据降水区域平面形状、降水深度、地下水的流向以及土的性质确定，可布置成环形、U 形和线形（单排、双排）。

③井点间距宜为 0.8～2.0m，距开挖上口线的距离不应小于 1.0m。

④降水区域四角位置井点宜加密。

⑤降水区域场地狭小，可布设水平、倾斜井点。

（2）铺设集水总管。

①抽水设备一般安装在集水总管的中部。

②集水管应铺设在坚实地面上，并低于真空泵，同时应沿抽水水流方向布设，上仰坡度宜为 0.25%～0.50%。

（3）冲孔深度。

冲孔深度宜比滤管底标高深 0.5m。冲击孔的成孔直径应达到 300～350mm，保证管壁与井点管之间有一定间隙，以便于填充砂石，冲孔深度应比滤管设计埋置深度低 500mm以上，以防止冲击套管提升拔出时部分土塌落，并使滤管底部存有足够的砂石。

（4）安装井点管。

下管前应校正孔深，并适当稀释孔内泥浆。同时必须逐根检查滤管，保证滤网完好、井管连接处牢固可靠。吊放井管时要垂直，并保持在井孔中心。

（5）填砂滤料、上部填土密封。

在井管与孔壁间及时用洁净中粗砂填灌密实均匀，填灌砂滤料应沿井周均匀填入。在地面以下 1m 范围内应用黏土封孔。填料时管口有泥浆冒出或向管内灌水时能很快下渗的为合格井。

（6）连接管路。

将各个井点管连接起来，形成一个完整的降水设备管路。连接管路时，应保证每个连接处密封良好，防止漏水现象发生。

（7）连续抽水。

①轻型井点降水运行时，真空度应保持 60kPa 以上。

②运行时应连续抽水，若时抽时停容易导致滤网堵塞、出水浑浊并引起附近建筑物由于土颗粒流失而沉降、开裂。

③抽水过程中，应调节离心泵的出水阀以控制水量，使抽吸排水保持均匀，做到细水长流。

④正常的出水规律是"先大后小，先浊后清"。

（8）水位观测。

抽水初期每天观测 2 次以上，水位稳定后应每天观测 1 次。

（9）附近建筑物标高观测。

保证建筑物附近水位差不得超过 0.5m，并定期进行测量，必要时采用回灌技术。

（10）回灌。

回灌同 1.1.2 相关内容。

3）重点环节、重难点及应对措施

工程难点是真空度失常。表现在真空度很小，真空表指针剧烈抖动，抽出水量少，或真空度异常大，但抽不出水，地下水位降低深度不足，导致基坑边坡失稳，产生流砂等现象。

应对措施：

（1）井点管路安装必须严密，确保管道系统不漏气。

（2）抽水机安装前必须全面保养，空运转时的真空度应大于 93310Pa（700mmHg）高度。

4. 材料与设备

1）材料

（1）井点管。

井点管宜采用金属管或 U-PVC 管，直径应根据单井设计出水量确定，宜为 38～110mm，其下端配置过滤器。

（2）过滤器。

管径应与井点管直径一致，滤水段管长度应大于 1.0m；管壁上应布置渗水孔，直径宜为 12～18mm；渗水孔宜呈梅花形布置，孔隙率应大于 15%；滤水段之下应设置沉淀管，沉淀管长度不宜小于 0.5m。

（3）滤水网。

管壁外应根据地层土粒径设置滤水网；滤水网宜设置两层，内层滤网宜采用 60～80

目尼龙网或金属网，外层滤网宜采用3~10目尼龙网或金属网，管壁与滤网间应采用金属丝绕成螺旋形隔开，滤网外应再绕一层粗金属丝。

（4）连接管。

一般为螺纹胶管或塑料管，直径38~55mm，长度1.2~2.0m，用来连接井点管和集水总管。

（5）集水总管。

宜采用直径为89~127mm的铜管，每节长度宜为4m，相互用法兰连接，在管壁每隔1~2m设置与井点连接的短接头。

（6）滤料。

粒径0.5~3.0cm石子，含泥量小于1%。

2）设备

根据抽水机组类型不同，主要有真空泵、射流泵两种。

5. 质量控制

1）施工过程控制指标

（1）在土方开挖后，应保持降低地下水位在基底500mm以下，以防止地下水扰动地基土体。

（2）钻进到设计深度后，应注水冲洗钻孔、稀释孔内泥浆。

（3）成井后应及时洗孔，并应抽水检验井的滤水效果；抽水系统不应漏水、漏气。

（4）井点使用后，中途不得停泵，防止因停止抽水使地下水位上升，造成淹泡基坑的事故。一般应设双路供电，或备用一台发电机。

2）施工质量控制指标

（1）轻型井点成孔工艺可选用清水或泥浆钻进、高压水套管冲击工艺（钻孔法、冲孔法或射水法），对不易塌孔、缩孔的地层也可选用长螺旋钻机成孔。成孔深度宜大于降水井设计深度0.5~1.0m。

（2）孔壁与井管之间的滤料填充应密实均匀，宜采用粒径为0.4~0.6mm的纯净中粗砂。滤料上方应使用黏土封堵，封堵至地面的厚度应大于1m。轻型井点降水施工质量验收标准见表1-2。

表1-2 轻型井点降水施工质量验收标准

序号	检查项目	允许值或允许偏差		检查方法
		单位	数值	
1	井管（点）垂直度		≤1%	插管时目测
2	井管（点）间距（与设计相比）		≤150%	用钢尺量
3	井管（点）插入深度（与设计相比）	mm	≤200	水准仪测量
4	过滤砂砾料填灌（与计算值相比）	mm	≤5	检查回填料用量
5	井点真空度	kPa	>60	真空度表测量
6	电渗井点阴阳极距离	mm	80~100	用钢尺量

1.2 基坑支护

基坑支护是建筑工程中的一个重要环节,旨在确保地下结构施工及周边环境的安全。本节仅介绍长江大保护工程中常用的几种支护类型。

1.2.1 钢筋混凝土灌注桩排桩支护工艺

1. 概述

钢筋混凝土灌注桩排桩支护是一种常见的地下工程支护方法。其由一系列按一定间隔排列的钢筋混凝土灌注桩组成,形成一道屏障,以防止土体塌陷或变形。每个灌注桩独自施工,通常采用钻孔灌注方法。排桩支护的结构形式包括悬臂式、锚定式和重力式等。

2. 现行适用规范

(1) GB 50007—2011《建筑地基基础设计规范》。

(2) GB 50330—2013《建筑边坡工程技术规范》。

(3) GB 51004—2015《建筑地基基础工程施工规范》。

(4) GB 50204—2015《混凝土结构工程施工质量验收规范》。

(5) GB 50202—2018《建筑地基基础工程施工质量验收标准》。

(6) GB 50497—2019《建筑基坑工程监测技术标准》。

(7) JGJ 18—2012《钢筋焊接及验收规程》。

(8) JGJ 120—2012《建筑基坑支护技术规程》。

(9) JGJ 106—2014《建筑基桩检测技术规范》。

3. 施工工艺流程及操作要点

1) 工艺流程

钢筋混凝土灌注桩排桩支护施工工艺流程见图1-6。钢筋混凝土灌注桩排桩支护施工工艺图示见图1-7。

(1) 施工准备。

在开始施工前,需要进行充分的施工准备,包括技术准备、施工计划、施工设备、施工材料等。此外,还需要对施工现场进行勘察,了解现场的地形、地貌、地下管线等情况。

(2) 测量放样。

根据施工图纸和施工计划,对施工场地进行测量放样。确定桩位和桩径,并设置永久性水准点,以便在施工过程中进行桩顶标高的控制。桩位在施工前要再次查核,以防被外界因素影响而造成偏移。

(3) 埋设护筒。

为了保护桩孔和防止孔口塌陷,需要埋设护筒。护筒应具有一定的刚度和垂直度,能够有效地保护孔口和维护桩孔的形状,同时增高桩孔内水压力,防止塌孔,成孔时引导钻头方向。

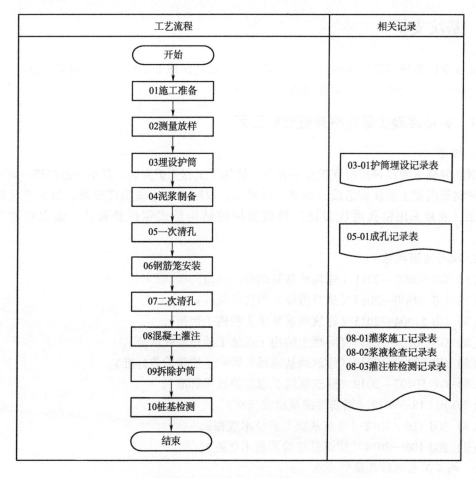

工艺流程	相关记录
开始	
01施工准备	
02测量放样	
03埋设护筒	03-01护筒埋设记录表
04泥浆制备	
05一次清孔	05-01成孔记录表
06钢筋笼安装	
07二次清孔	
08混凝土灌注	08-01灌浆施工记录表 08-02浆液检查记录表 08-03灌注桩检测记录表
09拆除护筒	
10桩基检测	
结束	

图1-6 钢筋混凝土灌注桩排桩支护施工工艺流程图

（4）泥浆制备。

泥浆的作用是护壁、携砂排土、切土润滑、冷却钻头等，其制备方法应根据土质条件确定。

（5）一次清孔。

当钻孔达到设计要求深度并经检查合格后，应立即进行清孔，目的是清除孔底沉渣以减少桩基的沉降量，提高承载能力，确保桩基质量。

（6）钢筋笼安装。

根据设计要求制作钢筋笼。制作完成后，将钢筋笼安装到桩孔中。在安装过程中，应保证钢筋笼的平整度和垂直度，避免与孔壁碰撞或扭曲。

（7）二次清孔。

将桩孔底部与土壤接触面上方的孔壁挖除，一般在桩打到一定深度之后进行。其目的是清除桩底的淤泥、岩屑、杂质等，使桩身与土壤更好地连接，提高桩的承载能力和稳定性。

（a）钢筋混凝土灌注桩排桩支护

（b）埋设护筒

（c）清孔

（d）钢筋笼的制作与安装

（e）混凝土灌注

（f）桩基检测

图 1-7　钢筋混凝土灌注桩排桩支护施工工艺图示

（8）混凝土灌注。

将混凝土灌注到桩孔中，混凝土应具有一定的配合比和流动性。灌注过程中应控制灌注速度，避免过快或过慢。同时，应检查混凝土的均匀性和密实度。

（9）拆除护筒。

在完成混凝土灌注后，需要拆除护筒。护筒的拆除应小心谨慎，避免对桩身造成损坏。拆除后应对桩顶进行清理和修整。

（10）桩基检测。

在成桩后进行检测，包括桩身质量、桩身垂直度、桩顶标高等方面。检测合格后方可进行下一步施工。采用高、低应变法及声波透测法等试验方法测定桩身完整性。

2）操作要点

（1）测量放样。

根据基坑设计平面图放出桩位点，采取灌入白灰或打入钢筋等定位措施，保证桩位标记明显准确。

（2）埋设护筒。

①埋设时要先挖去桩孔处表土，将护筒埋入土中，其埋设深度在黏土中不宜小于1m，在砂土中不宜小于1.5m。埋没高度要符合孔内泥浆液面高度的要求，孔内泥浆面应保持高出地下水位1m以上。采用挖坑埋设时，坑的直径应比护筒外径大0.8～1.0m。护筒中心与桩位中心线偏差不应大于50mm，对位后应在护筒外侧填入黏土并分层夯实。

②护筒一般用4～8mm厚钢板制成，高度为1.5～3m，钻孔桩护筒内径应比钻头直径大100mm，冲孔桩护筒应比钻头直径大200mm，护筒顶部应开设溢浆口。

③护筒埋设时，根据地下水位选用挖埋式或填筑式。

④根据已确定桩位，按轴线方向设置控制桩并找出护筒中心，保证其中心与桩中心对正，并保持垂直。

⑤护筒顶端宜高出地面200～300mm，护筒周围应回填黏土并夯实。

（3）泥浆制备。

在黏土和粉质黏土中成孔时，可注入清水，以原土造浆，排渣泥浆的密度应控制在1.1～1.3g/cm³；在其他土层中成孔时，泥浆可选用高塑性的黏土或膨润土制备；在砂土和较厚夹砂层中成孔时，泥浆密度应控制在1.1～1.3g/cm³；在穿过砂夹卵石层或容易塌孔的土层中成孔时，泥浆密度应控制在1.3～1.5g/cm³。为了提高泥浆质量也可加入外掺料，如增重剂、增黏剂、分散剂等。

（4）钻机就位。

回旋钻、旋挖钻等钻机的钻架应垂直。转盘孔中心、钻具中心、钻架上吊滑轮和护筒中心应在同一铅垂线上。冲击钻的起重钢丝绳及吊起的冲抓锥和钻头应在护筒中心位置。机架机管或钢丝绳上应做出控制标尺，以便施工中进行观测、记录以及控制钻孔深度等。

（5）钻孔。

①钻机钻进时，应根据土层类别、孔径大小及供浆量确定相应的钻进速度。初钻时，应低挡慢速钻进，钻至护筒刃脚下1m并形成坚固的泥浆护壁后，根据土质情况可按正常速度钻进。回转钻及潜水钻开始钻孔时，宜先在护筒内放入一定数量的泥浆或黏土块，空钻不进尺，并从钻杆中压入清水搅拌成浆，开动泥浆泵循环，待泥浆拌匀后开始钻进。旋挖式钻机应提前制备泥浆。钻机钻孔时应符合以下要求。

a. 在淤泥、淤泥质土中，应根据泥浆的补给情况严格控制进尺，一般不宜大于1m/min，松散砂层中进尺不宜超过3m/h。

b. 在硬土层或岩层中的钻进速度，以钻机不发生跳动为准。

②冲击成孔应符合以下规定。

a. 开孔时应低锤密击。如表土为淤泥、松散细沙等软弱土层，可加黏土块、小石片，反复冲击造壁，保护护筒稳定。

b. 在各种不同土层和岩层中钻进时，不同土层冲击钻进施工要点见表1-3。

表1-3　不同土层冲击钻进施工要点

试用土层	施工要点	效果
在护筒刃脚下 2m 以内	泥浆比重 1.2～1.5，软弱层投入黏土块、小片石，小冲程 1m 左右	造成坚实孔壁
黏土或粉质黏土层	泵入清水或稀泥浆，经常清除钻头上的泥块，中小冲程 1～2m	提高钻进效率
粉砂或中粗砂层	泥浆比重 1.2～1.5，投入黏土块，勤冲勤掏渣，中冲程 2～3m	防止塌孔
砂、卵石层	泥浆比重 1.3，投入黏土块，中高冲程 2～4m，勤掏渣	提高效率
基岩	泥浆比重 1.3，高冲程 3～4m，勤掏渣	提高效率
软弱土层	泥浆比重 1.3～1.5，小冲程反复冲击，加黏土块夹小片石	造成坚实孔壁

c. 开始钻基岩时，应低锤密击或间断冲击。如发现钻孔偏斜，应立即回填片石至偏孔处上部 0.3～0.5m，重新钻进。

d. 遇孤石时可适当抛填硬度相似的片石，高锤钻进。

e. 准确控制松绳长度，避免打空锤，一般不宜用高冲程，以免扰动孔壁，引起塌孔、扩孔或卡钻等。

f. 经常检查冲击钻头的磨损情况、卡扣松紧程度、转向装置的灵活性。

③正循环回转钻应符合以下规定。

a. 在黏性土层中钻进时，宜选用尖底钻头，中等转速，大泵量，稀泥浆。

b. 在砂土或软土等易塌土层中钻进时，宜采用平底钻头，控制进尺，轻压，低挡慢速，大泵量稠泥浆。

c. 在坚硬土层中钻进时，宜采用优质泥浆，低挡慢速，大泵量，两级钻进。

④反循环回转钻应符合以下规定。

a. 在硬性土层中，宜用一挡转速，自由进尺。

b. 在一般黏性土中，宜用二、三挡转速，自由进尺。

c. 在地下水丰富、孔壁易塌的粉砂、细砂或粉土层中，宜用低挡慢速钻进，并应加大泥浆比重和提高水头。

⑤当护筒底土质松软而出现漏浆时，应提起钻头，并向孔内投入黏土块，再放下钻头倒钻，直至胶泥挤入孔壁堵住漏浆后方可继续钻进。

⑥正常钻进时应根据不同地质条件，随时检查泥浆浓度。钻孔直径应每钻进 5～8m 检查一次。

⑦成孔过程中，若发现斜孔、弯孔、缩颈、塌孔或沿护筒周围冒浆时，应采取表1-4 所列措施后方可继续施工。

表 1-4 成孔中对异常情况的处理措施

异常情况	回旋钻、旋挖钻施工	冲击钻施工
斜孔、缩孔、弯孔	往复修正，如纠正无效，应回填黏土或风化岩块至偏孔上部 0.5m，再重新钻进	停钻，抛填黏土块夹片石，至偏孔开始处以上 0.5~1m 重新钻进
塌孔	停钻，回填黏土，待孔壁稳定后再轻提慢钻	停钻，回填夹片石的黏土块，加大泥浆比重，反复冲击
护筒周围冒浆	护筒周围回填黏土并夯实，稻草拌黄泥堵塞漏洞，必要时叠压砂包	护筒周围回填黏土并夯实；在护筒适当高度开孔；填入片石、碎鹅卵石，反复冲击增强护壁

⑧钻孔至设计深度后，应会同有关部门对孔深、孔径、垂直度、桩位以及其他情况进行验收，符合设计要求后，方可移走钻机。

⑨相邻桩应间隔施工，当已施工桩混凝土终凝后，方可进行相邻桩的成孔施工。

（6）清孔。

清孔方法有多种，如真空吸泥渣法、射水抽渣法、换浆法和掏渣法等。清孔应分两次进行，分别为一次清孔、二次清孔。

一次清孔：判断清孔是否合格，可用手揉捻孔内排出或抽出的泥浆，应无粗粒感，孔底 500mm 以内的泥浆密度应小于 $1.25g/cm^3$（原土造浆的孔则应小于 $1.1g/cm^3$）。

二次清孔：控制泥浆比重在 1.2 之内，含沙率小于 2%，沉渣厚度小于或等于 20cm，孔深必须减去锥尖的长度并对应终孔孔深。在浇筑混凝土前，孔底沉渣允许厚度符合标准规定，即端承桩小于 50mm，端承摩擦桩小于 100mm，摩擦桩小于 300mm。

（7）钢筋笼制作与安装。

①灌注桩钢筋笼制作时应符合以下规定。

a. 钢筋笼分段制作时，接头位置不宜设在内力较大处，且按规定错开设置，入孔时应进行焊接，焊接方法和接头长度应符合设计要求或有关规范的规定。

b. 为防止钢筋笼吊放时扭曲变形，一般在主筋外侧每 2m 加设一道加强箍。

c. 混凝土灌注桩钢筋笼质量检验标准应符合表 1-5 的规定。

表 1-5 混凝土灌注桩钢筋笼质量检验标准

检查项目	指标或允许偏差（mm）
主筋间距	±10
长度	±100
钢筋材质	设计要求
箍筋间距	±20
直径	±10

②钢筋笼吊放前，宜在上中下部的同一横截面上，对称或间隔 120°绑好砂浆垫块或设置钢筋耳环，吊放时应对准孔位，采用对称吊筋，吊直扶稳，慢下沉。钢筋笼吊放到设计位置时应立即固定，之后应再次测量沉渣厚度，当不符合要求时应再次清孔，符合要求后再浇筑混凝土。

（8）混凝土灌注。

①清孔完毕经现场监理工程师验收后，应立即浇筑混凝土。浇筑前应复测沉渣厚度，超过规定者，必须重新清孔，合格后方可浇筑混凝土。

②混凝土浇筑前，导管中应设置球、塞等隔水用具；浇筑时，首罐量应保证导管埋深不小于 1m。

③浇筑混凝土应连续施工，边浇筑边拔导管，并随时掌握导管埋入混凝土深度为 2～6m。

④混凝土浇筑到桩顶时，应及时拔出导管，并使混凝土标高大于设计标高 500～700mm，确保桩头浮浆层凿除后桩基面混凝土达到设计强度。混凝土浇筑完毕后，应拔出护筒，并用素土把桩坑填埋。

⑤混凝土抗压强度试块应每浇筑 50m³ 至少留置一组；单桩不足 50m³ 的，每连续浇筑 12h 必须至少留置一组。有抗渗等级要求的灌注桩应留置抗渗等级检测试件，一个级配不宜少于 3 组。

（9）成桩检测。

①根据基坑设计要求对灌注桩进行承载力检测，检测合格后进行下一道工序施工。

②灌注桩应采用低应变动测法进行桩身完整性检测，检测桩数不宜少于总桩数的 20%，且不得少于 5 根。当根据低应变动测法判定的桩身完整性为Ⅲ类或Ⅳ类时，应采用钻芯法进行验证，并应扩大低应变动测法检测的数量。

3）重点环节、重难点及应对措施

（1）塌孔。

指在钻孔过程中，由于各种原因导致孔壁不稳定，发生部分或全部塌陷的情况。

应对措施：

①在松散砂土或流砂中钻进时应控制进尺，选用较大比重、黏度、胶体率的优质泥浆。

②如地下水位变化过大，则采取加高护筒、增大水头等措施。

（2）钻孔漏浆。

指泥浆沿着裂隙或者地下水渗透而流失。

应对措施：加稠泥浆或投入黏土，慢速转动，增强护壁。

（3）斜孔。

指成孔与设计要求存在偏差。

应对措施：

①安装钻（冲）桩机时，底座要水平。起重滑轮缘、钻头（冲锤）、护筒中心要在同一轴线上，并经常检查校正。

②已经斜孔时，应该在孔内填充优质的黏土块和石块，将斜孔部分填平，慢速转动或低锤密击，往复扫孔纠正。

（4）钢筋笼放置不当。

指钢筋笼放置与设计要求不符、钢筋笼变形、保护层厚度不够、深度位置不符合要求。

应对措施：

①钢筋笼过长时应分段制作，吊放钢筋笼入孔时再分段焊接。

②钢筋笼在运输和吊放的过程中，按要求设置加劲箍，并在钢筋笼内每隔3～4m装一个可拆卸的十字形临时加劲架，在钢筋笼吊放入孔时再拆除。

③在钢筋笼周围主筋上每隔一定间距设置混凝土垫块，混凝土垫块根据保护层的厚度及孔径而定。

④清孔时将沉渣清理干净，保证实际有效孔深符合设计要求。

⑤钢筋笼应垂直缓慢放入孔内，防止碰撞孔壁。钢筋笼放入孔内后，要采取措施固定好位置。

⑥对在运输、堆放及吊装过程中已经发生变形的钢筋笼，应修理后再使用。

（5）断桩。

指在灌注混凝土的过程中，泥浆或砂砾进入水泥混凝土，把灌注的混凝土隔开并形成上下两段，造成混凝土变质或截面积受损，从而使灌注桩不能符合受力要求。

应对措施：

①混凝土坍落度应严格按设计要求和规范要求控制。

②边灌混凝土边拔导管，做到连续作业。灌注时勤测混凝土顶面上升高度，随时掌握导管埋入深度，避免导管埋入过深或导管脱离混凝土面。

4. 材料与设备

1）材料

（1）水泥。

宜用32.5强度等级的普通硅酸盐水泥，具有出厂合格证和检测报告。

（2）石子。

质地坚硬的碎石或卵石均可，粒径为5～35mm，含泥量不大于2%。

（3）砂。

中砂或粗砂，含泥量不大于5%。

（4）钢筋。

品种、规格均应符合设计要求，并有出厂材质证书和检测报告。

2）设备

（1）检测设备。

包括全站仪、水准仪、经纬仪、坍落度计、孔径检测仪及孔深检测器具等。

（2）机械设备。

包括旋挖机、回转钻机、冲击钻机、砂石泵、泥浆泵、双腰合金钻头、扩底钻头、冲击钻头、电焊机、气焊机、钢筋切割机、护筒、导管、储料斗、灌注斗、泥浆比重计、试块模具、泥浆及废渣运输车等。

5. 质量控制

1）施工过程控制指标

（1）钻进过程中，应经常检查机架有无松动或移位，防止桩孔移动或倾斜。

（2）冲击成孔时，应待邻孔混凝土达到其强度的50%方可开钻，成孔过程中严禁采用梅花孔。

（3）施工中应定期测定泥浆黏度、含砂率和胶体率。

（4）钢筋笼在堆放、运输、起吊、入孔等过程中，严格执行加固的技术措施。对已变形的钢筋笼，应修理后再使用。

（5）清孔过程中应及时补给足够的泥浆并保持浆面稳定，孔底沉渣应清理干净，符合实际有效孔深的设计要求和规范规定。

（6）钻机安装、移位，钢筋笼运输，混凝土浇筑时，均应保护好现场的轴线、高程点。

2）施工质量控制指标

（1）混凝土灌注桩钢筋笼质量检验标准见表1-5。

（2）混凝土灌注桩排桩主控项目检验标准见表1-6。

（3）混凝土灌注桩排桩一般项目检验标准见表1-7。

表1-6 混凝土灌注桩排桩主控项目检验标准

检查项目	指标或允许偏差
孔深	不小于设计值
桩身完整性	设计要求
混凝土强度	不小于设计值

表1-7 混凝土灌注桩排桩一般项目检验标准

检查项目	允许偏差或允许值
垂直度	<1/100
桩位（mm）	<50
桩顶标高（mm）	±50
桩径	不小于设计值

（4）钢筋笼在制作、运输和安装过程中，应采取措施防止变形。

（5）混凝土浇筑标高低于地面的桩孔，浇筑完毕应立即回填砂石至地面标高，严禁用大石、砖块等物回填桩孔。

（6）桩头外留主筋应妥善保护，不得任意弯折或切断。

（7）桩头达到设计强度的70%前，不得碰撞、碾压，以防桩头破坏。桩头外留主筋应妥善保护，不得随意弯折或切断。

1.2.2 钢板桩围护墙支护工艺

1. 概述

钢板桩围护墙支护是一种在建筑工地周围建造连续墙体结构的工艺。该工艺主要通过在地下打入钢板桩形成连续的墙体，以保护工地免受外部环境的影响，如水流、土壤和空气。围护墙支护工艺可以根据工程需求进行定制，包括墙体的高度、厚度和长度等。

2. 现行适用规范

（1）GB 50661—2011《钢结构焊接规范》。

（2）GB 51004—2015《建筑地基基础工程施工规范》。

（3）GB 50202—2018《建筑地基基础工程施工质量验收标准》。

（4）GB 50497—2019《建筑基坑工程监测技术标准》。

（5）GB 50205—2020《钢结构工程施工质量验收标准》。

（6）JGJ 180—2009《建筑施工土石方工程安全技术规范》。

（7）JGJ 120—2012《建筑基坑支护技术规程》。

（8）JGJ 311—2013《建筑深基坑工程施工安全技术规范》。

（9）T/CECS 720—2020《钢板桩支护技术规程》。

3. 施工工艺流程及操作要点

1）工艺流程

钢板桩围护墙支护施工工艺流程见图1-8。钢板桩围护墙支护施工工艺图示见图1-9。

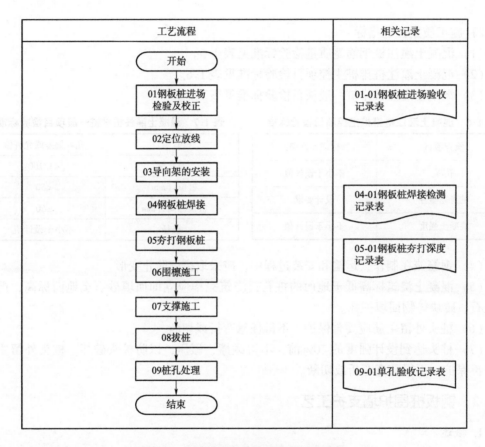

图1-8　钢板桩围护墙支护施工工艺流程

（1）钢板桩进场检验及校正。

用于基坑支护的成品钢板桩如为新桩，可按出厂标准进行检验。重复使用的钢板桩在使用前，应对外观质量进行检验，包括长度、宽度、厚度、高度等是否符合设计要求，有无表面缺陷，端头矩形比、垂直度和锁口形状等是否符合要求。当不符合要求时，应矫正或报废。

（2）定位放线。

画出建筑物或构筑物的边线，按钢板桩围护墙设计图纸的要求在每一条边线预留一定的施工作业面，并作为打桩的内边线。

（a）钢板桩围护墙支护

（b）导向架的安装

（c）夯打钢板桩

（d）围檩施工

（e）支撑施工

（f）拔桩

图 1-9　钢板桩围护墙支护施工工艺图示

（3）导向架的安装。

导向架可以是双面，也可以是单面，可以双面布置，也可以单面布置，一般下层围檩可设在离地约 500mm 处，双面导向架之间的净距应比插入板桩宽度多 8～10mm。

导向支架一般由型钢组成，如 H 型钢、工字钢、槽钢等。导向架内侧边紧靠打桩内边线，并与桩位重叠放置。导向支架入土深度一般为 6～8m，间距 2～3m，根据围截面大小而定，用连接板焊接。

（4）钢板桩焊接。

由于钢板桩的长度是设计定长的，在施工中多需要焊接。为了保证钢板桩强度，在同一平面上接桩头数不超过 50%，应按相隔一根长短桩颠倒焊接的接桩方法施工。

（5）夯打钢板桩。

钢板桩可采用锤击打入法、振动打入法、静力压入法及振动锤击打入法等施打方法，工程中采用前两者居多。选用起重机将钢板桩吊至插桩点处进行插桩，插桩时锁口要对准，每插一块即套上桩帽，并轻轻地加以锤击。

（6）围檩施工。

围檩和支撑的中心标高按图纸设计标高控制，围檩下方用厚 14mm 以上的钢板做牛腿，间距不大于 3m。围檩与钢板桩的空隙用碎钢板垫实。围檩采用 H 型钢或槽钢。

（7）支撑施工。

支撑采用 H 型钢或钢管支撑的形式，支撑着力处的围檩应局部焊加劲板。

（8）拔桩。

钢板桩的拔出可采用静力拔桩法或振动拔桩法。对于封闭式钢板桩墙，拔桩的开始点宜离桩脚 5 根钢板桩直径总和以上，必要时还可间隔拔除。拔桩顺序一般与打桩顺序相反。

（9）桩孔处理。

钢板桩拔除后留下的土孔应及时回填处理，特别是周围有建筑物、构筑物或地下管线的场所。土孔回填材料常用砂子，也有采用双液注浆（水泥与水玻璃）或注入水泥砂浆的。

2）操作要点

（1）钢板桩矫正。

在施工过程中，由于运输、堆放等原因，钢板桩可能会出现弯曲、扭曲等变形。为了确保施工质量和安全，需要对变形钢板桩进行矫正。钢板桩的矫正方法包括冷矫正和热矫正两种。

①冷矫正：在常温下进行矫正的方法。通过施加外力使钢板桩发生塑性变形，从而矫正其弯曲或扭曲变形。冷矫正需要使用专业的冷矫正设备，并由专业人员进行操作。

②热矫正：在加热状态下进行矫正的方法。通过加热钢板桩的变形部位，使其发生塑性变形，从而矫正其弯曲或扭曲变形。热矫正需要使用专业的热矫正设备，并由专业人员进行操作。

在进行热矫正时，要严格控制加热温度和冷却速度，避免出现过度加热或冷却不当的情况。

（2）定位放线。

在内边线以外挖宽 0.5m、深 0.8m 的沟槽，在沟的两端用木桩将定位线引出，在施工过程中随时校核，保证桩打在一条直线上，开挖后方便围檩和支撑的施工。

（3）钢板桩焊接。

①在焊接前，需要将钢板桩和钢筋焊接在一起，以保证钢板桩牢固性。可以使用电弧焊或气体保护焊进行焊接。

②在焊接时，需要注意焊接电流和时间，以及焊条的角度和位置，以保证焊接质量和美观度。

③在焊接时，需要避免出现气孔、夹渣、未熔合等焊接缺陷。

④在焊接完成后，需要等待冷却后才能进行后续操作。

（4）夯打钢板桩。

①定位校正：在打桩过程中，用两台经纬仪在两个方向控制钢板桩的垂直度。在导向架上预先计算出每一块板桩的位置，随时检查校正。

②锤击成桩：钢板桩应分几次打入，如第一次由 20m 打至 15m，第二次打至 10m，第三次打至导梁高度，待导架拆除后再打至设计标高。第一、二块钢板桩可以起到样板的作用，其打入位置与方向要确保精度，一般每打入 1m 就应测量一次。

③静压力成桩：吊桩距地面 20cm 处，逐渐夹紧夹持器，压力不大于 5MPa，逐次加压并采用双向控制，桩插入时应使用水平仪调节器调平，同时放置线锤控制垂直度，第一节桩垂直度偏差不大于 0.2%，桩身整体偏差控制在 1% 以内，桩身垂直度控制是保证桩身垂直度的关键，压桩速度控制在 0.03～0.05m/s。

④振动成桩：振动沉拔桩速度一般为 4～7m/min，最快达 12m/min。最初插打的前 20根桩应采取左右跳打的方式依次向两侧进行，待形成一面整体桩墙后再采取向一侧连续施打的方式，防止打桩过程中向一侧倾斜。

（5）钢板桩的转角和封闭。

为了解决钢板桩墙的最终封闭合拢施工问题，钢板桩墙转角处和钢板桩墙封闭连接时可采用异型板桩法、连接件法、骑缝搭接法、轴线调整法进行调整。

（6）围檩施工。

围檩和支撑的中心标高按图纸设计标高控制，围檩下方用厚 14mm 以上的钢板做牛腿，间距不大于 3m。围檩与钢板桩的空隙用碎钢板垫实。围檩采用 H 型钢或槽钢。

（7）支撑的施工。

支撑采用 H 型钢或钢管支撑的形式，支撑着力处的围檩应局部焊加劲板。

（8）拔桩。

①拔桩时，可先用振动锤将板桩锁口振活以减少土的阻力，然后边振边拔。对较难拔出的板桩可先用柴油锤将桩向下振打 100～300mm，再与振动锤交替振打、振拔。有时，为及时回填拔桩后的土孔，在把板桩拔至比基础底板略高时（如 500mm）暂停引拔，用振动锤振动几分钟，尽量让土孔填实一部分。

②起重机应随振动锤的启动而逐渐加荷，起吊力一般应小于减振器弹簧的压缩极限。

③供振动锤使用的电源应为振动锤本身电动机额定功率的 1.2～2.0 倍。

④对引拔阻力较大的钢板桩，采用间歇振动的方法，每次振动 15min，振动锤连续工作不超过 1.5h。

（9）桩孔处理。

土孔回填材料常用砂子，也有采用双液注浆（水泥与水玻璃）或注入水泥砂浆的。回填方法可采用振动法、挤密法、填入法及注入法等，回填时应做到密实并无漏填之处。

3）重点环节、重难点及应对措施

（1）打桩受阻。

表现为打桩阻力大，不易贯入。

应对措施：

①打桩前对地质情况做详细分析，确定钢板桩可能贯入的深度。

②打桩前对钢板桩逐根检查，剔除连接锁口锈蚀和严重变形的钢板桩。

③施工时可用高压水或振动法辅助沉桩。

④在钢板桩的锁口内涂油脂。

（2）桩身倾斜。

表现为钢板桩头部向打桩行进方向倾斜。

应对措施：

①施工过程中用仪器随时检查、控制、纠正钢板桩的垂直度。

②发生倾斜逐步纠正，用钢丝绳拉住桩身，边拉边打。

（3）桩身扭转。

表现为钢板桩的中心线变为折线形。

应对措施：

①在打桩行进方向用卡板锁住钢板桩的前锁口。

②在钢板桩与围檩之间的两边空隙内，制止钢板桩在下沉过程中转动。

③在两块钢板桩锁口扣搭处的两边，用垫铁填实。

④桩身扭转严重时，可将扭转部分的钢板桩拔出，采用上述预防扭转的措施之后，重新打桩。

（4）带桩下沉。

表现为打钢板桩时相邻钢板桩被连带下沉。

应对措施：

①钢板桩发生倾斜时及时纠正。

②不是一次把钢板桩打到标高，留一部分在地面，待全部钢板桩入土后，用屏风法把余下部分打入土中。

③把连带下沉的钢板桩和其他一块或数块已打好的钢板桩用型钢焊接在一起。

④在连接锁口处涂油脂，减少阻力。

⑤运用特殊塞子防止砂土进入连接锁口。

⑥钢板桩被连带下沉后，应在其头部焊接同类型钢板桩补充其长度不足。

（5）拔桩困难。

表现为打入的钢板桩在回收时，难以从地基土中拔出。

应对措施：

①打桩前，对钢板桩逐根检查，剔除连接锁口锈蚀变形严重的钢板桩。在钢板桩的锁口内涂油脂。

②基坑内土建施工结束回填土时，尽可能使钢板桩两侧土压平衡。

③拔桩时，拔桩设备与钢板桩保持一段距离，必要时在拔桩设备下放置路基箱或垫木，以此减小钢板桩所承受土的附加侧压力。

④将钢板桩用振动锤或柴油锤等重复打一次，以克服土的黏结力，并消除钢板桩上的铁锈。

⑤按与打桩顺序相反的次序拔桩。

⑥如钢板桩一侧的土较密实，可在其附近并列地打入另一根桩，使原来的桩容易拔出。

⑦在钢板桩两侧开槽，灌膨润土泥浆，使拔桩阻力减小。

4. 材料与设备

1）材料

钢板桩的材料选择直接影响到护壁的稳定性和耐久性。常见的钢板桩材料有 Q235、Q345 等，应根据工程要求选择合适的钢板桩材料（热轧型钢、U 型钢板桩、Z 型钢板桩、H 型钢板桩、帽型钢板桩、直线型钢板桩）。

2）设备

钢板桩围护墙支护施工作业所需设备包括冲击式打桩机、油压式压桩机、柴油锤、蒸汽锤、落锤、振动锤、QNY38 液压履带起重机、交流弧焊机等。

5. 质量控制

1）施工过程控制指标

（1）在基坑开挖施工过程中，对排桩墙及周围土体的变形、道路、建筑物以及地下水位情况进行监测。

（2）基坑、地下工程不得伤及板桩墙体。

（3）应注意避免钢板桩倾侧、基坑底土隆起、地面出现裂缝。

2）施工质量控制指标

（1）所用材料质量应符合设计和规范要求，桩顶标高应符合设计标高的要求，悬臂桩嵌固长度必须符合设计要求。

（2）钢板桩嵌固深度必须由计算确定，挖土机、运土车不得在基坑边作业，如必须施工，则应将该项荷载增加计算入设计中。

（3）钢板桩围护墙支护工程主控项目检验标准见表 1-8。

（4）钢板桩围护墙支护工程一般项目检验标准见表 1-9。

表 1-8　钢板桩围护墙支护工程主控项目检验标准

序号	检查项目	指标或允许偏差
1	桩长度	不小于设计值
2	桩身弯曲度	$<2\%L$
3	桩顶标高	±100mm
4	桩垂直度	$<1\%$

注：L 为钢板桩的设计长度或实际长度（mm）。

表 1-9　钢板桩围护墙支护工程一般项目检验标准

序号	检查项目	允许偏差或允许值
1	齿槽平直度及光滑度	无电焊渣或毛刺
2	沉桩垂直度	$<1\%L$
3	轴线位置	±100mm
4	齿槽咬合程度	紧密

注：L 为钢板桩的设计长度或实际长度（mm）。

1.2.3　钻孔咬合桩围护墙支护工艺

1. 概述

钻孔咬合桩围护墙支护是一种先进的基坑支护方法，广泛应用于深基坑工程中。该工艺利用钻孔机械在土层中钻孔，然后在孔内插入钢筋笼并浇筑混凝土，形成一道连续的钢筋混凝土墙体，以起到挡土、止水等作用。多适用于风化石灰石岩层、砂砾石层及软土地层深基坑的挡墙结构、止水帷幕的施工，桩身直径分别为 0.8m、1.0m、1.2m 和 1.5m，深度在 45m 以内。

咬合桩的排列方式为一根 A 桩、一根 B 桩间隔布置。施工时先施工 A1、A2 桩，后施工 B 桩。A 桩采用全套管钻机施工，混凝土浇筑，并掺超缓凝减水剂。用挡板隔出 B 桩位置或浇筑完毕后，在 A 桩混凝土初凝之前切割掉相邻 B 桩与 A 桩相交部分的混凝土，并完成两个 B 桩施工，实现相邻两桩咬合。

2. 现行适用规范

（1）GB 51004—2015《建筑地基基础工程施工规范》。

（2）GB 50202—2018《建筑地基基础工程施工质量验收标准》。

（3）GB 50497—2019《建筑基坑工程监测技术标准》。

（4）JGJ 120—2012《建筑基坑支护技术规程》。

（5）JGJ 160—2016《施工现场机械设备检查技术规范》。

3. 施工工艺流程及操作要点

1）工艺流程

钻孔咬合桩围护墙支护施工工艺流程见图 1-10。钻孔咬合桩围护墙支护施工工艺图示见图 1-11。

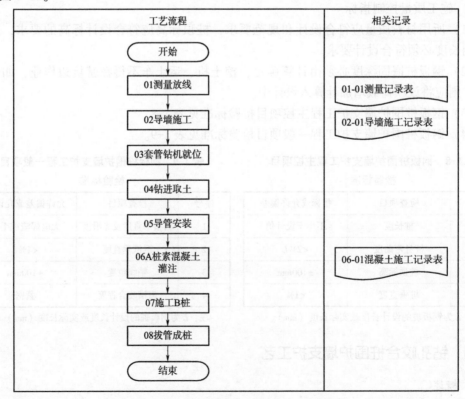

图 1-10　钻孔咬合桩围护墙支护施工工艺流程

（a）导墙施工

（b）套管钻机就位

（c）钻进取土

（d）吊放钢筋笼

（e）灌注混凝土

（f）咬合桩A桩施工

图1-11 钻孔咬合桩围护墙支护施工工艺图示

（1）测量放线。

根据设计图纸提供的排桩中心线坐标，采用全站仪根据地面导线控制点进行实地放样，放出桩位中心线、导墙内侧线（基坑边线）、导墙外侧线，设置控制桩。一般情况下，钻孔咬合桩中心按设计位置外放10cm。

（2）导墙施工。

在槽段开挖前，沿连续墙纵向轴线方向向两侧构筑导墙，作为挖槽机的导向，贮存泥浆，并防止地表土坍塌。

（3）套管钻机就位。

待导墙强度达到要求后，拆除模板，重新定位放样排桩中心位置，将点位返至导墙面上，作为钻机定位控制点。移动套管钻机至正确位置，使套管钻机抱管器中心对应定位在导墙孔位中心。

（4）钻进取土。

在套管钻机的帮助下，通过取土成孔的方式形成桩孔。B桩完全成孔，A桩非完全成孔，隔出与B孔相交部分，或在浇筑后初凝前切除该部分。

（5）导管安装。

导管在使用前进行水压试验，试水压力为0.6～1.0MPa，以保证密封耐压。导管采用吊机徐徐下放至孔内，底口出料口应高于孔底30～50cm，保证下口出料空间，导管上口连接混凝土漏斗。

（6）A桩素混凝土灌注。

一次性完成筑底，并保持混凝土连续灌注。灌注过程中，注意孔内水位升降情况，及时测量混凝土面高度和导管埋深，保证导管底端埋入混凝土面以下2～6m。

随混凝土面上升逐节提升、拆除导管，混凝土应浇筑至桩顶设计标高以上0.5m。

（7）施工B桩。

B桩成孔完成后，应进行清孔作业，并安装钢筋笼。钢筋笼安放后采用吊筋与钻机平台相连接，以控制钢筋笼顶标高，同时可防止钢筋笼下沉。钢筋笼吊装完成后，进行B桩混凝土浇筑，以实现相邻A、B两桩咬合，然后按照桩机行走方向交替完成A桩和B桩的施工，直至完成整个围护结构。

（8）拔管成桩。

钢套管随混凝土灌注逐段上拔，起拔套管应摇动慢拔，保持套管顺直，严禁强拔。

2）操作要点

（1）导墙施工。

①使用钢模板安装导墙，以确保模板的稳定性和垂直度。

②在模板内浇筑混凝土，振捣密实，以确保导墙的牢固性。

③在桩顶上部施作钢筋混凝土导墙，导墙采用C20混凝土，厚度0.3m，底部布置φ8mm加强钢筋网，每隔20m设一道施工缝。

（2）钻进取土。

①在桩机就位后，将第一节套管吊装在桩机钳口中，找正桩管垂直度后，摇动下压桩管，压入深度约为1.5～2.5m；然后用抓斗从套管内取土（旋挖机取土），一边抓土，一边继续下压套管，始终保持套管底口超前于开挖面的深度。

②第一节套管全部压入土中后（地面上要留1.2～1.5m，以便于接管），检测套管垂直度，如不合格则进行纠偏调整，如合格则安装第二节套管继续下压取土，如此继续，直至达到设计孔底标高。同时继续下压套管，保证套管底低于开挖面不小于2m。

（3）吊放钢筋笼。

①对于钢筋混凝土桩，成孔检测合格后才可进行钢筋笼的吊放。

②用起重机将加工成型的钢筋笼吊入桩孔内。

③钢筋笼吊运时应防止扭转、弯曲，缓慢下放，避免碰撞钢套管壁。安装钢筋笼时应采取有效措施以保证钢筋笼标高正确。

（4）放入混凝土灌注导管。

导管在使用前进行水压试验，试水压力为 0.6～1.0MPa，以保证密封耐压。导管采用吊机徐徐下放至孔内，底口出料口应高于孔底 30～50cm，保证下口出料空间，导管上口连接混凝土漏斗。

（5）灌注混凝土。

①利用导管灌注，导管口距混凝土表面的高度保持在 2m 以内，施工中要连续灌注，中断时间不得超过 45min。导管提升时不得碰撞钢筋笼，距套管口 8m 以内时每 1m 捣固一次。

②如孔内有水时需要采用水下混凝土灌注法施工。水下混凝土灌注采用导管法，导管为直径 250mm 的法兰式钢管，埋入混凝土的深度宜保持在 2～6m，最小埋入深度不得小于 1m，一次拔出高度不得超过 4m。

③振捣采用插入式振捣器，振捣间距为 600mm 左右，防止振捣不均，同时也要防止在一处过振而发生走模现象。

④全套管法施工时，应保证套管的垂直度，钻至设计标高后，应先灌入 2～3m³ 混凝土，再将套管搓动（或回转）提升 200～300mm。边灌注混凝土边拔套管，混凝土应高出套管底端不小于 2.5m。地下水位较高的砂土层中，应采取水下混凝土浇筑工艺。

⑤采用软切割工艺的桩，A 桩终凝前应完成 B 桩的施工，A 桩应采用超缓凝混凝土，缓凝时间不应小于 60h；干孔灌注时，坍落度不宜大于 140mm；水下灌注时，坍落度宜为 140～180mm；混凝 3d 强度不宜大于 3MPa。

⑥在进行混凝土灌注时，需在 B 桩施工时对 A 桩进行切割，但要保证其强度不会受到破坏。这时，可以通过延缓 A 桩初凝，对 B 桩进行施工，使用 SP 型减水剂能够达到延缓的效果。

（6）拔管成桩。

拔管时，应注意始终保持套管底低于混凝土面。

3）重点环节、重难点及应对措施

（1）桩孔倾斜。

桩孔倾斜容易造成排桩桩体下部分叉、桩间渗漏；严重时还会造成桩体侵陷，影响主体结构施工。

应对措施：

①施工过程中发现钢套管有倾斜趋势时，可以立即通过反复摇动、微量扭、挪套管支座等方法将套管倾斜消除在初始状态。如垂直度偏斜超过 3%，无法靠桩机本身调整时，可向孔内填砂，向上拔出套管，重新校正精度后再成孔。如无法利用套管钻机重新成孔时，在待处理桩位的两侧注浆，形成隔渗帷幕拦截地下水。

②过程中未及时发现桩孔倾斜，已造成不利后果的，可根据桩孔倾斜情况及造成的后

果分别处理。

a. 对于桩体下部分叉、桩间渗漏，可在开挖前补打旋喷桩以补强或在开挖过程中及时采取注浆处理。

b. 对于桩体侵限，一般视情况，以凿除侵限部位为主，但以碰到钢筋为准，如果仍侵占主体，只能采用结构钢筋补强的方式处理，不宜过多凿除，以免影响整体结构稳定。

（2）管涌。

土体中的细颗粒被地下水从粗颗粒的空隙中带走，从而导致土体形成贯通的渗流通道，造成土体塌陷。

应对措施：

①在成孔过程中缓冲轻抓，减小对孔底土层的扰动。

②B 桩（素混凝土桩）混凝土的坍落度应尽量小一些，以便于降低混凝土的流动性。

③加长桩机套管，套管底口始终保持超前于开挖面一定距离，孔内留足一定厚度的反压土层，形成"瓶颈"达到"瓶塞"效果，阻止混凝土流动。如果钻机能力许可，这个距离越大越好，但至少不应小于 1.0m。

④如果遇地下障碍物套管无法超前时，可向套管内注入一定量的水，使其保持一定的反压力来平衡 B 桩混凝土的压力，以阻止管涌的发生。

⑤A 桩成孔过程中应注意观察相邻两侧 B 桩混凝土顶面，如发现 B 桩混凝土下陷，则应立即停止 A 桩开挖，并一边将套管尽量下压，一边向桩内填土或注水，直到完全制止管涌为止。

⑥在混凝土浇筑标高控制上，B 桩应多浇筑混凝土 1m 左右，以预防桩成孔时发生管涌造成素桩混凝土面下降，如果发生管涌，应及时向素桩内补素混凝土；在开挖后，如仍发现有少量桩面较低，在做冠梁前应及时补充浇筑混凝土，将其补到设计标高，以防浅水从此薄弱点流入基坑内部。

（3）钢筋笼上浮与下沉导致桩承载力降低，不能安全承受设计荷载。

应对措施：

①防止钢筋笼上浮的措施如下。

a. 与设计沟通，在符合结构安全系数要求的前提下，适当减小钢筋笼直径尺寸，使钢筋笼外径与套管内径间距加大，减小摩擦力。

b. 确保钢筋笼加工的垂直度，不能出现弯曲、突出、变形现象。

c. 在钢筋笼底部焊接防浮混凝土板，增加钢筋笼本身自重，使其大于上浮的力。

d. 起拔套管时视起拔状况精心操作，阻力过大时采用多转动（套管）慢拔的方法保证套管起拔顺直，减少钢筋笼与管壁的摩擦，必要时配以专用压笼器，利用钻机上拔动作，下压钢筋笼拔套管，控制上浮。

②防止钢筋笼下沉的措施如下。

在钢筋笼底板焊接抗浮板，以增大钢筋笼和持力层的接触面。

4. 材料与设备

1）材料

（1）做好钢筋、水泥、砂、石备料计划，并按计划进场，原材料应送检，并经检验合格后使用。

（2）对于商品混凝土，根据设计要求向供应商提出所需混凝土的强度、坍落度、供货到现场的时间和数量等要求，使其符合缓凝、抗渗的要求。

（3）在有较厚的砂、碎石土等原土不能造浆的场地施工时，应备足黏土或膨润土。

2）设备

（1）检测设备。

包括全站仪、水准仪、经纬仪、泥浆比重计、试模、坍落度计、孔径检测仪及孔深检测器具等。

（2）机械设备。

包括旋挖机、回转钻机、冲击钻机、砂石泵、泥浆泵、双刃合金钻头、扩底钻头、冲击钻头、电焊机、气焊机、钢筋切割机、护筒、导管、储料斗、灌注斗、泥浆及废渣运输车等。

5. 质量控制

1）施工过程控制指标

（1）先进行素混凝土桩施工，后进行钢筋混凝土桩施工，必须在素混凝土桩混凝土初凝之前完成钢筋混凝土桩的施工。

（2）每台机组分区独立作业，可多台机组跟进作业。单桩成桩时间约12h，保证钢筋混凝土桩在素混凝土桩混凝土初凝前顺利切割成孔。

（3）冬季施工时应采取保温措施。桩顶混凝土强度未达到设计强度的40%时不得受冻。

2）施工质量控制指标

（1）咬合桩主控项目质量检验标准见表1-10。

（2）咬合桩一般项目质量检验标准见表1-11。

表1-10 咬合桩主控项目质量检验标准

检查项目	指标或允许偏差
桩长度	+100mm
桩身弯曲度	<0.1%L
桩身完整性	Ⅰ、Ⅱ类

注：L为单根桩的设计长度或实际长度（mm）。

表1-11 咬合桩一般项目质量检验标准

检查项目	允许偏差或允许值
偏转角度	<5°
保护层厚度	±5mm
横截面相对两面之差	5mm
桩厚度	+10，0mm
搭接长度	>200mm
桩垂直度	<0.3%L

注：L为单根桩的设计长度或实际长度（mm）。

3）成品保护

（1）轴线控制点应设置在距外墙桩5～10m处，用水泥桩固定，桩位施放后用木桩固定。套管钻孔就位时，应对准桩位中心点位置。

（2）钢筋笼应按编号在平地上用方木铺垫存放。存放时，小直径桩钢筋笼堆放层数不能超过两层，大直径桩钢筋笼不允许叠层堆放。存放的钢筋笼应用雨布覆盖，防止生锈及变形。吊装在孔内的钢筋笼，需检查安装位置及高程，如果符合规范和设计要求，应立即固定。

（3）为了提高咬合桩的防渗效果，可预置二次灌浆导管。在预置灌浆导管时，在桩的咬合相交部分，还应布置直径为 50mm 左右的 PVC 导管（二次灌浆导管），当桩的混凝土强度达到设计强度的 40% 后进行桩身压密注浆。

1.2.4　锚杆支护工艺

1. 概述

锚杆支护是一种广泛应用于岩土工程中的加固技术，通过在岩土体中钻孔、安装锚杆，并施加预应力，增强岩土体的稳定性、承载能力和抗变形能力，适用于工业与民用建（构）筑物、市政基础设施的基坑边坡和永久性边坡施工。

2. 现行适用规范

（1）GB 50739—2011《复合土钉墙基坑支护技术规范》。

（2）GB 50330—2013《建筑边坡工程技术规范》。

（3）GB 50086—2015《岩土锚杆与喷射混凝土支护工程技术规范》。

（4）GB 51004—2015《建筑地基基础工程施工规范》。

（5）GB 50202—2018《地基基础工程施工质量验收标准》。

（6）GB 50497—2019《建筑基坑工程监测技术标准》。

（7）JGJ 120—2012《建筑基坑支护技术规程》。

（8）JGJ 311—2013《建筑深基坑工程施工安全技术规范》。

3. 施工工艺流程及操作要点

1）工艺流程

锚杆支护施工工艺流程见图 1-12。锚杆支护施工工艺图示见图 1-13。

（1）确定孔位。

根据设计规定的位置定出孔位，做出标记。

（2）钻机就位钻孔。

钻机就位，按设计要求的孔径选钻头、套管，调整钻具对准孔位，并符合设计规定的倾角及方位角。

（3）清孔。

钻成孔后安放锚杆前，采用湿法成孔的应用清水冲洗干净，采用干法成孔的应用压缩空气或洛阳铲等手工方法将依附在孔壁上的土屑或松散土清除干净。

（4）锚杆安放。

根据设计方案和材料选择，制作符合要求的锚杆，并将其插入钻孔中。

（5）一次注浆。

一次注浆是锚杆支护工艺中的重要环节之一，在岩土工程中起到临时固定锚杆的作用。根据设计要求和地质条件，选择合适的钻机进行钻孔。将锚杆缓慢插入钻孔中，直至达到设计要求的位置，通过注浆管将水泥浆或树脂等材料注入孔内，使锚杆与岩土体紧密结合。

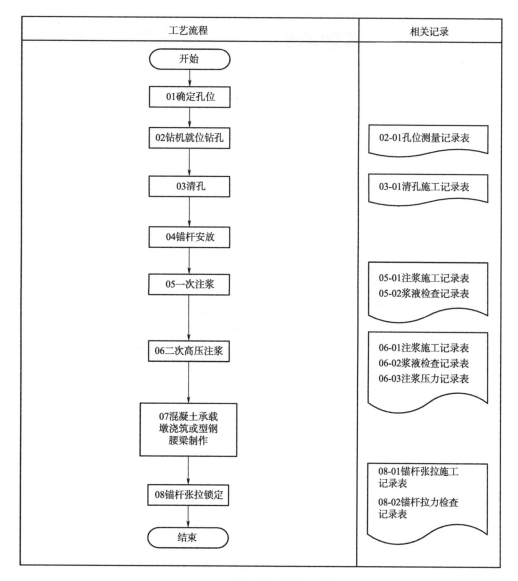

图 1-12　锚杆支护施工工艺流程

（6）二次高压注浆。

二次高压注浆是锚杆支护工艺中的重要环节之一，在岩土工程中起到加强锚杆承载能力和固定锚杆的作用。二次注浆管的出浆口应有逆止构造。

（7）混凝土承载墩浇筑或型钢腰梁制作。

混凝土承载墩浇筑和型钢腰梁制作是锚杆支护工艺中的重要环节之一，可以增强锚杆的承载力和稳定性。

（8）锚杆张拉锁定。

锚杆张拉锁定在岩土工程中起到加强锚杆承载力和固定锚杆的作用。首先安装固定锚杆所需的张拉设备，将锚杆张拉至设计要求的预应力值，并保持稳定；其次对锚杆进行锁定，通常采用钢绞线束整体张拉锁定的方法。

（a）锚杆支护

（b）钻机就位钻孔

（c）锚杆安放

（d）混凝土承载墩浇筑或型钢腰梁制作

图1-13　锚杆支护施工工艺图示

2）操作要点

（1）钻机就位钻孔。

①确保锚孔就位纵横误差不超过±100mm，高程误差不超过±100mm，钻孔倾角和方向符合设计要求，倾角允许误差为±1.0°，方位允许误差为±2.0°。

②钻机就位，按设计要求的孔径选择钻头并开机，钻杆钻入地层；当钻进200～300mm时，校准角度，在钻进中及时测量孔斜并纠偏；钻孔深度应超过锚杆设计长度的300～500mm。采用套管跟进式钻进时，护壁套管与钻杆同时钻进，冲洗介质通过中空钻杆和钻头输入，废渣通过钻杆和套管间隙排出。泥浆护壁湿法成孔时，可采用回旋钻机等；干法成孔时，可采用螺旋钻机、冲击式钻机、潜孔钻机、洛阳铲等。

（2）钢绞线下料、编束及制作。

①钢绞线应清除油污、锈蚀，其下料长度应包括孔深、混凝土承载墩或型钢腰梁厚度、垫板厚度、锚具长度、千斤顶长度及张拉需要的预留长度。

②钢绞线用砂轮切割机下料，严禁用电弧或乙炔焰切割。同一根锚杆的各根钢绞线的下料长度应相同，偏差不应大于10mm。

③钢绞线自由段抹黄油，套蛇皮塑料管保护套，用塑料胶带缠绕塑料管保护套与钢绞线锚固段相交处。永久性边坡钢绞线的自由段应刷沥青船底漆，沥青玻纤布缠裹不少于两

层，然后装入套管中，在套管两端 100~200mm 范围内用黄油充填，外绕扎工程胶布固定。

④钢绞线按设计要求的根数整齐排列、间距均匀编束，不得扭结，用隔离支架定位，绑扎牢固，隔离支架间距保持在 1.5~2.0m。隔离支架的规格尺寸和间距应能确保锚杆的水泥浆保护层厚度为：永久性护坡用锚杆不少于 20mm；临时性护坡用锚杆不少于 10mm。

⑤当采用二次高压注浆时，二次注浆宜使用 DN20 钢管，采用丝扣连接，在锚杆自由段范围内不打孔，其余部位钻 6mm 对口孔，间距为 500~600mm，孔口用多层胶带缠绕封口，末端用丝堵封口。二次注浆管置于钢绞线束中间，即穿入隔离支架中心孔内。一次注浆管可用 DN20 塑料管，置于隔离支架中心外侧。注浆管距孔底宜为 100~200mm。

⑥当采用一次注浆时，注浆管用 DN20 塑料管，置于钢绞线束中间，即穿入隔离支架中心孔内。注浆管距孔底距离宜为 100~200mm。

⑦注浆管与锚杆应绑在一起，与隔离支架固定牢固，整齐排列。绑扎材料不宜用镀锌材料，注浆管口均应临时封闭。

（3）锚杆安放。

①锚杆的水平间距不宜小于 1.5m；对多层锚杆，其竖向间距不宜小于 2.0m；当锚杆的间距小于 1.5m 时，应根据群锚效应对锚杆抗拔承载力进行折减或改变相邻锚杆的倾角。

②锚杆锚固段的上覆土层厚度不宜小于 4.0m。

③锚杆倾角宜取 15°~25°，最大不应大于 45°，最小不应小于 10°，锚杆的锚固段宜设置在强度较高的土层内。

④当锚杆上方存在天然地基的建筑物或地下构筑物时，宜避开易塌孔、变形的土层。

（4）制浆。

①注浆浆体应按设计配制。当岩土为土层时，一次注浆水泥浆的水灰比宜为 0.45~0.50，二次注浆水泥浆的水灰比宜为 0.45~0.55；当岩土为岩层时，宜取较低水灰比。

②制浆用强制式搅拌机完成。水泥浆经搅拌后，注入注浆机并不断搅拌。水泥浆注入注浆泵前要过滤。水泥浆混合好后，应在 30min 内完成制浆。

（5）一次注浆。

①一次注浆采用低压注浆，注浆压力一般宜为 0.4~0.6MPa，并在锚固段和自由段全长度范围内注浆。

②当采用套管跟进钻孔时，应一次将水泥浆注满，再分次拆卸套管、分次补浆，最后拔出注浆管，再补浆。注意控制套管拔出速度。

③注浆应慢、稳、连续进行，直到孔内的液体和气泡全部排出孔外，出口处溢出的泥浆与新浆相同，再注浆 1min 即可停止。注浆管下端距孔底距离宜为 100~200mm。

（6）二次高压注浆。

①采用二次压力注浆工艺时，应在注浆管末端 1/4La~1/3La（La 为锚固段长度）范围内设置注浆孔，孔间距宜取 500~800mm，每个注浆截面的注浆孔宜取 2 个。

②二次注浆应在一次注浆体强度达到 5MPa 时进行。二次注浆采用高压劈裂注浆，注浆压力宜控制在 2.0~3.0MPa。

③二次注浆量可根据注浆工艺及锚固体的体积确定，一般不宜少于一次注浆量。

（7）混凝土承载墩浇筑或型钢腰梁制作。

按设计要求制作混凝土承载墩或制作型钢腰梁，注意钢垫板应与锚杆轴线保持垂直，钢垫板孔位与锚杆中心一致，钢垫板下的混凝土应密实。混凝土腰梁、冠梁宜采用斜面与锚杆轴线垂直的梯形截面，腰梁、冠梁的混凝土强度等级不宜低于C25。采用梯形截面时，截面的上边水平尺寸不宜小于250mm。

（8）锚杆张拉锁定。

①锚杆张拉时，锚固体与台座混凝土强度应达到设计规定的数值。当设计无规定时，锚固体的强度应大于15MPa或达到设计强度的75%以上，混凝土腰梁承载墩的强度应达到设计强度的75%以上。

②锚杆张拉顺序应考虑邻近锚杆的相互影响，一般采用跳拉法。

③锚杆的张拉力和锁定力均应符合设计规定。当设计无规定时，土体控制张拉力取设计荷载的0.9～1.0倍，岩体支护采用超张拉，控制张拉力取设计荷载的1.05～1.10倍。达到规定的张拉力后，稳压10min卸荷至锁定力锁定。

④采用非分级张拉时，先使用千斤顶将单根钢绞线顶紧，再进行整束张拉，顶紧应力宜为$0.2～0.3\sigma_{con}$。

⑤当设计有要求或施工需要时，应分级加载。分级张拉力分别取0.20、0.25、0.50、0.75、1.0倍控制张拉力，每级张拉后持续加荷2～5min。也可采用其他分级张拉力。

⑥锚杆加载、卸载均应缓慢平稳，加载速率不宜超过$0.1\sigma_{con}$，卸载速率不宜超过$0.2\sigma_{con}$。

⑦锚杆张拉时，应测量其伸长值，弹性变形不应小于自由段长度变形计算值的80%，且不应大于自由段长度与1/2锚固段长度之和的弹性变形计算值。

3）重点环节、重难点及应对措施

（1）孔位、孔向偏差大。

表现为系统锚杆未按设计孔位布置，孔向不垂直开挖面且随意性强。

应对措施：

①按设计要求布置孔位。

②准确确定孔向，按设计要求的孔向设置锚杆孔。

（2）锚杆注浆密实度不达标。

锚杆注浆密实度检测结果小于75%。

应对措施：

①编制锚杆注浆施工作业指导书，规定注浆密实度检测频次。

②改进注浆施工方法，必要时采用先填塞水泥药卷，再插杆的施工工艺。

4. 材料与设备

1）材料

（1）水泥。

应使用普通硅酸盐水泥或矿渣硅酸盐水泥，其质量应符合GB 175—2023《通用硅酸盐水泥》的相关规定，有出厂合格证和材料性能检验报告。用于永久边坡支护时，应有主要性能复试报告。不得使用高铝水泥。

（2）钢绞线和锚具。

钢绞线质量应符合 GB/T 5224—2023《预应力混凝土用钢绞线》的相关规定，锚具的质量应符合 GB/T 14370—2015《预应力筋用锚具、夹具和连接器》的相关规定。钢绞线和锚具有出厂合格证和材料性能检验报告。锚具和连接锚杆杆体的受力部件，均应能承受95%的杆件极限抗拉力。用于永久边坡支护时，应有主要性能复试报告。

（3）塑料管。

内外表面应光滑、清洁，无裂缝、针孔、气泡、破裂和其他缺陷，塑料成分中不应含有能引起杆体表面腐蚀的物质。

（4）钢管、防腐材料及其他材料质量。

应符合设计要求和现行国家标准的相关规定。

2）设备

（1）成孔机具。

包括洛阳铲、螺旋钻机、套管跟进钻机、回旋钻机、气动冲击钻机、潜孔钻机等。根据岩土类型、地下水位、孔深、现场环境和地形条件、经济性和施工进度等因素，按施工组织设计选用。

（2）其他机具。

包括搅拌机、贮浆机、注浆泵、穿心式千斤顶、油泵、位移测量仪表、电焊机、空压机等。

5. 质量控制

1）施工过程控制指标

（1）锚杆体系搬运安装时应谨慎操作，防止过度弯曲和扭曲。

（2）锚杆作业完成后进行土方开挖时，挖土设备不得碰撞锚具。

（3）湿陷性黄土层应采用干作业成孔，注浆液水灰比应严格控制。

2）施工质量控制指标

（1）锚杆支护质量控制主控项目。

①锚杆长度不应小于设计长度。

②锚杆预加力应符合设计要求。

③锚杆抗拔承载力应符合设计要求。

④锚固体强度应符合设计要求。

（2）锚杆支护质量控制一般项目。

①钻孔孔位的允许偏差应小于100mm。

②锚杆直径应不小于设计值。

③钻孔倾斜度的允许偏差应小于3°。

④水胶比应符合设计要求。

⑤注浆量应大于理论计算浆量。

⑥自由段的套管长度允许偏差为±50mm。

⑦注浆压力应符合设计要求。

（3）钢绞线应存放在干燥、通风的场地，并架空放置，避免接触有害物质，防止锈蚀。

（4）地下水位较高的土层中应采用套管跟进成孔，避免水土流失。

1.2.5　土钉墙支护工艺

1. 概述

在岩土工程中，土钉墙支护工艺是一种常见的加固支撑方法。它通过钻孔、安装土钉、喷射混凝土等步骤，在边坡或基坑周围形成一道连续的挡墙，以增强土体的稳定性和承载能力。该工艺多适用于工业与民用建（构）筑物、市政基础设施基坑边坡工程施工。

2. 现行适用规范

（1）GB 50739—2011《复合土钉墙基坑支护技术规范》。

（2）GB 51004—2015《建筑地基基础工程施工规范》。

（3）GB 50202—2018《建筑地基基础工程施工质量验收标准》。

（4）JGJ 180—2009《建筑施工土石方工程安全技术规范》。

（5）JGJ 120—2012《建筑基坑支护技术规程》。

（6）JGJ 311—2013《建筑深基坑工程施工安全技术规范》。

（7）JGJ/T 372—2016《喷射混凝土应用技术规程》。

3. 施工工艺流程及操作要点

1）工艺流程

土钉墙支护施工工艺流程见图1-14。土钉墙支护施工工艺图示见图1-15。

（1）挖土。

根据设计要求和测量放线图进行土方开挖。开挖时应采取适当的措施，确保边坡的稳定性和平整度。

（2）成孔。

根据定位放线标记，使用钻机进行土钉成孔作业。成孔深度和直径应符合设计要求，孔壁应保持平整、光滑。

（3）土钉或锚杆制作。

土钉的长度、直径和间距应严格按照设计要求进行选择和布置。在制作完成后，应对土钉进行质量检测和标识，确保其符合设计要求并可追溯。

（4）土钉置入或锚管打入。

成孔后，将土钉安放在孔中，确保土钉的位置、数量和规格符合设计要求。

（5）注浆。

向土钉孔中注入水泥砂浆或其他适宜的注浆材料，使土钉与周围土体紧密结合。注浆时应控制注浆压力和注浆量，确保注浆质量和效果。

（6）铺设钢筋网。

在土钉安放和注浆完成后，进行钢筋网的绑扎作业。钢筋网应按照设计要求进行选材、加工和绑扎，确保其尺寸、规格和安装位置的准确性。

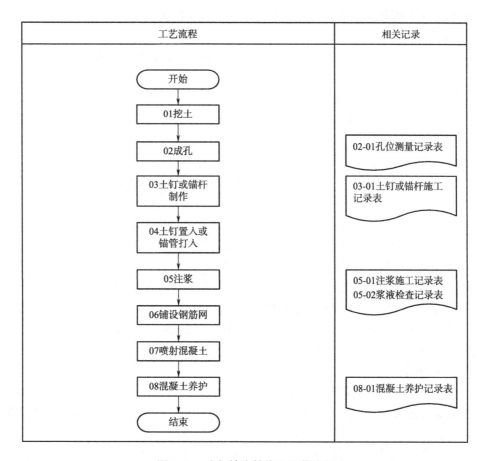

工艺流程	相关记录

开始

01 挖土

02 成孔　→　02-01 孔位测量记录表

03 土钉或锚杆制作　→　03-01 土钉或锚杆施工记录表

04 土钉置入或锚管打入

05 注浆　→　05-01 注浆施工记录表　05-02 浆液检查记录表

06 铺设钢筋网

07 喷射混凝土

08 混凝土养护　→　08-01 混凝土养护记录表

结束

图 1-14　土钉墙支护施工工艺流程

（7）喷射混凝土。

应按照控制标志进行喷射作业，并对一些细节问题多加注意，比如喷射的方向、喷射的角度以及喷射的均匀性等，确保喷射混凝土的质量符合设计要求。

（8）混凝土养护。

应对喷射完成的土钉墙进行混凝土养护，以保证墙体的稳定性和耐久性，避免出现开裂、脱落等问题。

2）操作要点

（1）挖土。

①土方必须分层分段开挖，每层开挖深度不应超过锚孔下 0.5m。

②开挖要到位。机械开挖后，应及时对坑壁进行人工修整。坑壁平面位置及坡度应符合设计要求。

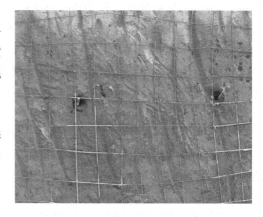

图 1-15　土钉墙支护施工工艺图示

③特殊情况下的开挖，应符合专门的施工技术措施要求。

（2）成孔。

①开挖出位置坡度符合要求的坑壁并修整，然后根据设计位置测量放线、定孔位、做标记，孔位位置的允许偏差为100mm。

②成孔方法有人工和机械两种。在地下设施较多或地下管线分布复杂、位置不清的情况下，若为一般土层且孔深不大于15m时，可选用洛阳铲造孔，在遇到地下障碍物时能及时发现并立即停止造孔。洛阳铲直径应与锚孔孔径相适应，一般比锚孔孔径小20mm左右，成孔直径应符合设计要求。第一道土钉距地面0.6～0.8m，之后的土钉水平间距为1.5m，竖向间距为1.5m，梅花形布置，每层施工时由测量人员做好标记并编号。

③当选用机械钻孔时，孔深不大于15m的一般土层可用螺旋钻机钻孔；饱和土和易塌孔的土层，宜选用带护壁套管的专用钻机钻孔；砂卵石土层宜选用冲击钻机或潜孔钻机钻孔；也可根据土层情况选用回旋钻机等。

④成孔过程中发现水量较大时，预留导水孔泄水，或当土钉墙面层滞水时，应在含水层部位的墙面设置泄水孔或采取其他疏水措施。

⑤干式造孔时，要将孔内的虚土用洛阳铲清除或用压缩空气冲吹干净；湿式造孔时，要用清水置换孔内的泥浆，直至孔口流出清水。

（3）土钉制作。

①土钉钢筋制作前，先除锈去油污。

②土钉钢筋连接时，宜采用双面搭接焊或双面帮条焊。HRB400、HRB500热轧钢筋，帮条长度和搭接长度均不小于5倍钢筋直径。

③土钉钢筋应沿全长设置对中支架。对中支架间距根据钢筋直径确定，一般沿钢筋每隔1.5～2.5m设置一组，每组不少于3个，下部一个，两侧各一个。对中支架用ϕ6mm、ϕ8mm圆钢制作，长100～150mm，弯成弧形，其高度应使土钉钢筋居中。一般下部支架高度略高，根据土质软硬程度确定土钉钢筋长度，支架钢筋两端与土钉钢筋焊接牢固。

④钢管土钉的连接采用焊接时，可采用数量不少于3根、直径不小于16mm的钢筋沿截面均匀分布拼焊，双面焊接时钢筋长度不应小于钢管直径的2倍。

（4）土钉置入。

插入土钉钢筋时，未设对中支架的一面朝下，到位后旋转180°，使未设对中支架的一面朝上。底部注浆的注浆管应随土钉一同放入锚孔，注浆管端部距孔底距离一般为150～200mm。压力注浆需配ϕ10mm左右塑料排气管，与土钉钢筋一同放入锚孔，排气管底部绑扎透气的海绵，外端比锚杆长1m左右。注浆管与排气管均应放在土钉正上方，用钢丝或尼龙扎带与土钉绑在一起，土钉应安放到位。

（5）注浆。

①注浆用砂浆时，混凝土配合比（重量比）为水泥∶砂＝1∶0.5～1∶1，水灰比为0.40～0.45；注浆用纯水泥浆时，水灰比为0.50～0.55；需要时添加早强剂。

②注浆砂浆或纯水泥浆用搅拌机拌和，随拌随用，必须在初凝前用完，并严防杂物混

入砂浆中。

③注浆开始、中途停止超过 30min 或注浆结束，应用清水清洗或湿润注浆泵及管路。

④土钉钢筋注浆，既可用砂浆，又可用纯水泥浆，由设计或现场确定。向下倾斜的锚孔可采用底部注浆方式，在注浆的同时将注浆管从孔底匀速缓慢撤出，且在注浆过程中注浆管口应始终埋在浆体中，以保证孔中气体全部溢出，浆液以满孔为准，注浆压力保持 0.5MPa，在浆体初凝前补浆 1～2 次。水平孔可采用低压注浆方式，在孔内设排气孔，孔口设置止浆塞，注满后保持压力 3～5min，注浆压力不得小于 0.6MPa。

（6）铺设钢筋网。

①根据施工作业面分层分段铺设钢筋网，钢筋保护层厚度不宜小于 30mm。HPB300 钢筋网搭接可采用焊接或绑扎，焊接搭接长度应不小于 5 倍钢筋直径，绑扎搭接长度应不小于 40 倍钢筋直径。冷轧带肋钢筋采用绑扎搭接，搭接长度应不小于 300mm。

②土钉的锚固可采用土钉钢筋向上弯折（弯折长度不小于 10 倍钢筋直径）、井字形钢筋架设等方式，按设计确定，并将直径不小于 16mm 的 HRB400 通长钢筋压在锚杆锚固装置内侧，再敷设竖向或斜向通长钢筋组成的网格，然后将钢筋网压在网格钢筋内侧。钢管土钉采用 2 根 L 形钢筋与钢管和加强筋焊接锚固。

③顶层钢筋网应延伸到地表面，宽度不宜小于 1m。

（7）喷射混凝土。

①喷射混凝土的配合比根据设计要求确定，一般采用水泥∶砂∶石＝1∶（2～2.5）∶（2～2.5），水灰比宜为 0.40～0.45；湿法喷射混凝土的坍落度宜为 80～120mm，速凝剂的掺量通常为水泥重量的 3% 左右，特殊情况下可减少或增大比例。

②混合料应搅拌均匀，颜色一致，随拌随用。不掺速凝剂时，存放时间不应超过 2h；掺速凝剂时，存放时间不应超过 20min。

③喷射混凝土时，喷头处的工作风压应保持在 0.10～0.12MPa，喷射流与受喷面应垂直，保持 0.6～1.0m 的距离。

④喷射应分段自下而上进行，喷头应均匀缓慢移动。可在坑壁上打入垂直短钢筋作为喷射混凝土厚度标志，一次喷射厚度宜取 30～80mm。喷射混凝土厚度允许偏差为 ±10mm。

⑤喷射混凝土接槎应斜交搭接，搭接长度一般为喷射厚度的 2 倍以上。

⑥局部小塌方或低凹部位，应先用砖砌体补齐补平，或增加短锚杆及铺钢筋网，再喷射混凝土。

⑦松散土层应分两次喷射混凝土，先喷射 30mm 厚，待钢筋网铺设完成后，再喷射其余混凝土。分层喷射混凝土时，应待前一层混凝土终凝后，再喷射下一层混凝土。

⑧冬期施工时，一般应保持喷射作业区温度不低于 5℃，混合料进入喷射机的温度不低于 5℃，采取混凝土表面覆盖保温材料的措施，使混凝土在达到规定的临界强度前不受冻。

（8）养护。

喷射混凝土终凝后 2h，喷水或覆盖塑料薄膜养护。气温低于 5℃ 时，不得喷水养护。

3）重点环节、重难点及应对措施

（1）成孔过程中，钻具被埋在孔内而无法拔出。

应对措施：

①尽量保持桩机对位水平、稳当、固定。

②钻机在卵石层打钻时，严格把控好钻机的进尺速度，不能过快。

③当钻机进入到设计中的持力层时，应将钻具进行 1～2m 的空钻操作，保证钻杆上黏结的土体被排净后才能拔出钻机。

（2）基坑膨胀导致无法安放土钉。

坡面要进行合理的排水设置，针对不同的坡面和积水问题要合理地设置泄水孔的分布，如果土体内的积水不能及时排除，在冬季就会结冰，导致基坑膨胀，影响基坑安全。

4. 材料与设备

1）材料

（1）水泥。

普通硅酸盐水泥或矿渣硅酸盐水泥，其质量应符合 GB 175—2023《通用硅酸盐水泥》的相关规定，有出厂合格证和材料性能检验报告。

（2）砂。

中粗砂的细度模数宜大于 2.5，其质量应符合 JGJ 52—2006《普通混凝土用砂、石质量及检验方法标准（附条文说明）》的相关规定，有进场试验报告。

（3）石子。

卵石或碎石的最大粒径不宜大于 15mm，其质量应符合 JGJ 52—2006《普通混凝土用砂、石质量及检验方法标准（附条文说明）》的相关规定，有进场试验报告。

（4）钢筋、钢管。

钢筋、钢管的种类、规格应符合设计要求。土钉宜采用 HRB400、HRB500 热轧带肋钢筋，钢筋直径宜为 16～32mm；网片宜采用 HPB300 圆钢或 CRB550 级冷轧带肋钢筋；钢管宜采用 Q235 焊接钢管或无缝钢管，其外径不宜小于 48mm，壁厚不宜小于 3.0mm。

（5）其他材料。

电焊条、外加剂的品种、性能应符合设计要求和相应标准的规定。

2）设备

（1）空压机。

排气量不应小于 9m³/min。

（2）喷射混凝土机。

干法喷射混凝土机的生产率为 3～5m³/h，混合料输送距离，水平不小于 100m，垂直不小于 30m；湿法喷射混凝土机的生产率应大于 5m³/h，混凝土输送距离，水平不小于 30m，垂直不小于 20m。

（3）搅拌机。

强制式混凝土搅拌机、砂浆搅拌机宜选用小型、便于移动的机械。

（4）注浆机。

注浆工作压力不宜小于 1MPa，灰浆流量不宜小于 0.6m³/h。

（5）造孔机械。

洛阳铲、回旋钻机、冲击钻机、回旋冲击钻机、螺旋钻机、套管跟进钻机等造孔机械，根据工程规模、环境条件、土质水文情况选用，应能钻小直径斜孔和水平孔。

（6）其他机具。

①电焊机，其二次电流不宜小于 200A。

②输浆管，宜采用耐压橡胶管或耐压 PE 管，管径应符合灌浆要求。

③喷射混凝土输料管，应能承受 0.8MPa 以上的压力，并应有良好的耐磨性能。

④钢筋弯曲机和切断机。

⑤切割机。

5. 质量控制

1）施工过程控制指标

（1）钢筋下料后应分类整齐堆放，避免碰撞、压扭弯曲。

（2）挖土时，避免挖斗拉挂土钉、锚管或钢筋网而造成塌方。

（3）土钉成孔范围内有地下管线等设施时，应在查明其位置并避开后，再进行成孔作业。

2）施工质量控制指标

（1）土钉墙支护质量控制主控项目。

①土钉长度不小于设计值。

②土钉抗拔承载力不小于设计值。

③分层开挖厚度允许偏差为±200mm。

（2）土钉墙支护质量控制一般项目。

①土钉位置允许偏差为±100mm。

②土钉直径不小于设计值。

③土钉孔倾斜度小于 3°。

④水胶比符合设计要求。

⑤注浆量不小于设计值。

⑥注浆压力符合设计要求。

⑦浆体强度不小于设计值。

⑧钢筋网间距允许偏差为±30mm。

⑨土钉墙面厚度允许偏差为±10mm。

⑩面层混凝土强度不小于设计值。

（3）湿陷性黄土层中钢筋土钉应采用干作业成孔，水泥浆水灰比不宜大于 0.50，水泥砂浆水灰比不宜大于 0.45。

（4）按设计进行土钉端头的锚固。

1.2.6　地下连续墙施工工艺

1. 概述

地下连续墙施工工艺是一种常用的地下工程技术，其通过在地下挖设连续的墙体，以提供地下结构的支撑和防护功能。多适用于工业与民用建（构）筑物、市政基础设施的地下连续墙施工。

2. 现行适用规范

（1）GB 50278—2010《起重设备安装工程施工及验收规范》。

（2）GB 51004—2015《建筑地基基础工程施工规范》。

（3）GB 50204—2015《混凝土结构工程施工质量验收规范》。

（4）GB 50202—2018《建筑地基基础工程施工质量验收标准》。

（5）GB 50497—2019《建筑基坑工程监测技术标准》。

（6）JGJ 180—2009《建筑施工土石方工程安全技术规范》。

（7）JGJ 18—2012《钢筋焊接及验收规程》。

（8）JGJ 120—2012《建筑基坑支护技术规程》。

（9）JGJ 311—2013《建筑深基坑工程施工安全技术规范》。

3. 施工工艺流程及操作要点

1）工艺流程

地下连续墙施工工艺流程见图 1-16。地下连续墙施工工艺图示见图 1-17。

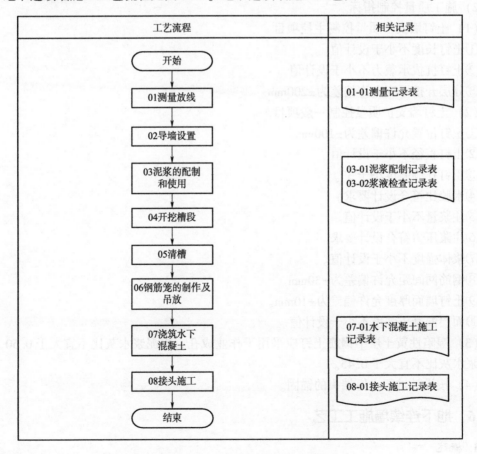

图 1-16　地下连续墙施工工艺流程

（a）测量放线

（b）导墙设置

（c）开挖槽段

（d）钢筋笼制作及安放

图1-17 地下连续墙施工工艺图示

（1）测量放线。

根据设计图纸提供的坐标计算出地下连续墙中心线角点坐标，用全站仪实地放出地下连续墙角点，并做好护桩。

（2）导墙设置。

参照钻孔咬合桩围护墙支护的导墙施工方法。

（3）泥浆的配制和使用。

施工前应对造浆黏土进行认真选择，并进行造浆率和造浆性能试验。

（4）开挖槽段。

沟槽开挖是地下连续墙施工中的重要环节之一。在沟槽开挖过程中，应采用适当的机械设备和施工方法，确保沟槽的垂直度和水平度符合设计要求。同时，需要对沟槽进行清理和修整，以确保其符合施工要求。

（5）清槽。

当挖槽达到设计深度后，应停止钻进，仅使钻头空转，将槽底残留的土打成小颗粒，然后开启砂泵，利用反循环抽浆持续吸渣10～15min，将槽底钻渣清除干净。

（6）钢筋笼的制作及吊放。

钢筋笼的规格尺寸应考虑结构要求、单元槽段、接头形式、加工场地、起吊能力等因素，按连续墙配筋设计图分节制作。

（7）灌注水下混凝土。

混凝土灌注采用混凝土料斗提升导管的方法，用混凝土输送车直接将混凝土送入被起重机或提升架吊住的混凝土料斗中灌注。初灌混凝土必须保证导管埋深在 0.5m 以上。

灌注过程中，导管应始终埋入混凝土中 2～4m，相邻两导管内混凝土高差应小于0.5m。混凝土灌注应连续进行，混凝土面上升速度不宜小于 3m/h，最长允许间隔时间不宜超过 30min。

（8）接头施工。

连续墙各单元槽段间的接头形式一般采用半圆形接头。施工方法是在未开挖一侧的槽段端部先放置接头管，后放入钢筋笼，再浇筑混凝土，根据混凝土的凝结硬化速度，徐徐将接头管拔出，最后在浇筑段的端面形成半圆形的接合面。在浇筑下段混凝土前，应用特制的钢丝刷子沿接头处上下往复移动数次，刷去接头处的残留泥浆，以利于新旧混凝土的结合。

2）操作要点

（1）导墙设置。

①导墙深度一般为 1～2m，其顶面略高于地面 50～100mm，以防止地表水流入导沟。导墙的厚度一般为 100～200mm，内墙面应垂直，内壁净距应为连续墙设计厚度加施工余量（一般为 40～60mm）。墙面与纵轴线距离的允许偏差为±10mm，内外导墙间距允许偏差为±5mm，导墙顶面应保持水平。

②导墙宜筑于密实的地层上，一般采用混凝土和钢筋混凝土浇筑，外墙面宜以土壁代模，避免用回填土。如需用回填土，应用黏性土分层夯实，以防漏浆。每个槽段内的导墙应设一个溢浆孔。

③导墙顶面应高出地下水位 1m 以上，以保证槽内泥浆液面高于地下水位 0.5m 以上，且不低于导墙顶面 0.3m。

④导墙混凝土强度应达 70% 以上方可拆除模板。拆除模板后，应立即在两片导墙间加木支撑，直至槽段开挖时拆除。在导墙混凝土养护期间，严禁重型机械通过、停置或作业，以防导墙开裂或变形。

（2）泥浆的配制和使用。

①泥浆的配制应参考成槽方法、地质情况、用途，泥浆的性能指标和检验方法见表 1-12。

表 1-12 泥浆的性能指标和检验方法

序号	项目			性能指标	检验方法
1	新拌制泥浆	比重		1.03～1.10	使用比重计测量
		黏度（Pa·s）	黏性土	20～25	使用黏度计测量
			砂土	25～35	
2	循环泥浆	比重		1.05～1.25	使用比重计测量
		黏度（Pa·s）	黏性土	20～30	使用黏度计测量
			砂土	30～10	

续表

序号	项目			性能指标	检验方法
3	清槽后的泥浆	比重	黏性土	1.10～1.15	使用比重计测量
			砂土	1.10～1.20	
		黏度（Pa·s）		20～30	使用黏度计测量
		含砂率（%）		≤7	使用泥浆含砂量计测量

②在施工过程中，应经常检查和控制泥浆的性能，随时调整泥浆配合比，使其适应不同地层的钻进要求，并做好以下泥浆质量检测记录。

a. 新浆拌制后静置 24h，测一次全项目（含砂量除外）。

b. 在成槽过程中，每进尺 3～5m 或每 4h 测定一次泥浆的密度和黏度，在清槽结束前测一次密度和黏度，在浇筑混凝土前测一次密度。两次取样位置均应在槽底以上 200mm 处。

c. 失水量和 pH 值应在每个槽孔的中部和底部各测一次。

d. 含砂量可根据实际情况测定。

e. 稳定性和胶体率一般在循环泥浆中不测定。

f. 如地下水含盐或泥浆受到污染，应采取措施保证泥浆质量。

③泥浆必须经过充分搅拌，常采用低速卧式搅拌机搅拌、螺旋桨式搅拌机搅拌、压缩空气搅拌和离心泵重复循环等方法。泥浆搅拌后，应在贮浆池内静置 24h 以上或加分散剂，使膨润土和黏土充分水化后方可使用。

④泥浆应进行净化回收重复使用，一般采用重力沉降法，利用泥浆和土渣的密度差，使土渣沉淀，沉淀后的泥浆进入贮浆池，尽量采用泥浆净化器净化泥浆，提高效率。如用原土造浆循环，应将高压水通过导管从钻头孔射出，不得将水直接注入槽孔中。

⑤在容易产生泥浆渗漏的土层施工时，宜适当提高泥浆黏度和增加储备量，并备好堵漏材料。如发生泥浆渗漏，应及时补浆和堵漏，使槽内泥浆的密度和黏度等指标保持正常。

（3）开挖槽段。

①挖槽前应预先将连续墙划分为若干个单元槽段，其长度一般为 3～7m，每个单元槽段由若干个开挖槽段组成。在导墙的顶面画好槽段的控制标记，如有封闭槽段，必须采用两段式成槽，以免导致最后一个槽段无法钻进。单元槽段的划分应考虑现场水文地质条件、混凝土的施工能力、钢筋的重量、吊运方法、工程结构要求及尽量减少接头数量和简化施工条件等因素。

②应根据施工组织设计确定挖槽机械、切实可行的挖槽方法和施工顺序。对钻机进行全面检查，确定各部位是否连接可靠，特别是钻头螺栓不得有松动现象，以防金属物件掉入槽孔内，影响切削进行或打坏钻头。

③钻机就位后机架应平稳，必要时以千斤顶找平、经纬仪找正，使悬挂中心点和槽段中心一致。钻机调好后应用夹轨器固定牢靠。

④挖槽过程中，应保持槽内始终充满泥浆，泥浆的使用应根据挖槽方式的不同而定。软土地基宜选用抓斗式挖槽机械，采用泥浆静置方式，随着挖槽深度的增大，不断向槽内

补充新鲜泥浆；硬土地基宜选用回转式或冲击式挖槽机械。使用钻头或切削刀具挖槽时，应采用泥浆循环方式，用泵把泥浆通过管道压送到槽底，土渣随泥浆上浮至槽顶面排出（称为正循环）；或泥浆自然流入槽内，土渣被泵管抽吸到地面上（称为反循环）。当采用砂泵排渣时，一般采用泵举式反循环方式，开始先用正循环钻进，待潜水泵电机潜入泥浆中后，再改用反循环排渣。

⑤当遇到坚硬地层或局部岩层时，可采用冲击钻将其破碎，用空气吸泥机或砂泵将土渣吸出地面。

⑥成槽时应随时掌握槽孔的垂直度，利用钻机的测斜装置观测偏斜情况，并利用纠偏装置来调整下钻偏斜。

⑦如槽壁发生较为严重的局部塌落，应及时回填并妥善处理。槽段开挖结束后，应检查槽深、槽位、槽宽及槽壁垂直度是否符合设计要求，合格后方可清槽换浆。

（4）清槽。

①当采用正循环清槽时，将钻头提高至距离槽底100~200mm，空转并保持泥浆正常循环，以中速压入泥浆，把槽孔内的浮渣置换出来。

②对采用原土造浆的槽孔成槽后可使钻头空转不进尺，同时射水，待排出泥浆相对密度降到1.1左右，即认为清槽合格。但当清槽后至浇筑混凝土间隔时间较长时，为防止泥浆沉淀和保证槽壁稳定，应用符合要求的新泥浆将槽孔的泥浆全部置换出来。

③清理槽底和置换泥浆结束1h后，槽底沉渣厚度不得大于200mm；浇混凝土前槽底沉渣厚度不得大于200mm，槽内泥浆相对密度为1.1~1.25，黏度为20~30s，含砂量应小于8%。

（5）钢筋笼的制作及安放。

①为保证钢筋笼在安装过程中具有足够的刚度，还应考虑增设斜拉补强钢筋，使纵向钢筋形成骨架，并加适当起吊附加钢筋。斜拉筋与附加钢筋必须与设计主筋焊牢。钢筋笼的质量检验标准见表1-13。

表1-13 钢筋笼的质量检验标准

项目	序号	检验项目		允许偏差或允许值（mm）
主控项目	1	主筋间距		±10
	2	钢筋笼长度		±100
	3	钢筋笼宽度		±20
	4	钢筋笼安装标高	临时结构	±20
			永久结构	±15
一般项目	1	分布筋间距		±20
	2	预埋件及槽底注浆管中心位置	临时结构	≤10
			永久结构	≤5
	3	预埋钢筋和接驳器中心位置	临时结构	≤10
			永久结构	≤5

②对于钢筋笼的主筋保护层，临时性结构主筋保护层厚度不小于50mm，永久性结构

主筋保护层厚度不小于 70mm。为防止在吊放钢筋笼时擦伤槽面,并确保钢筋保护层厚度,应在钢筋笼上设置定位钢筋环。纵向钢筋底端应距槽底 100~200mm,当采用接头管时,水平钢筋的端部至接头管或混凝土接头面应留有 100~500mm 间隙。纵向钢筋底端宜稍向内弯折,钢筋笼的内空尺寸应比导管连接处的外径大 100mm 以上。

③为保证钢筋笼的几何尺寸和相对位置准确,钢筋笼应在制作平台上成型。钢筋笼每条棱边(横向及纵向)钢筋的交点处应全部点焊,其余交点处采用交错点焊。成型时对于临时绑扎的铁丝,应将线头弯向钢筋笼的内侧。钢筋笼的接头采用搭接时,为使接头能够承受吊入时的下部钢筋笼自重,接头应焊牢。

④每节钢筋笼的主筋连接,可采用电焊接头、压接接头或套筒接头。钢筋的净距应大于 3 倍粗骨料粒径,并预留插放混凝土导管的位置。

⑤钢筋笼的吊放应使用起吊架,采用双索或四索双机抬吊,以防起吊时因钢索的收紧力而引起钢筋笼变形;同时,应注意在起吊时不得拖拉钢筋笼,以免造成弯曲变形。为避免钢筋笼吊起后在空中摆动,应在钢筋笼下端系上溜绳,用人力加以控制。

⑥钢筋笼需要分段吊入接长时,不得使钢筋笼变形;下段钢筋笼入槽后,临时穿钢管搁置在导墙上,再接长上段钢筋笼。钢筋笼吊入槽内时,吊点中心必须对准槽段中心,竖直缓慢放至设计标高,再用吊筋穿管搁置在导墙上。如钢筋笼不能顺利地插入槽内,应吊出并查明原因,采取措施加以解决,不得强行插入。

⑦为防止浇筑混凝土时钢筋笼上浮,应在导墙上预埋钢板与钢筋笼焊接固定,所有用于内部结构连接的预埋件、预埋钢筋等,应与钢筋笼焊接牢固。

(6)水下浇筑混凝土。

①混凝土配合比应符合下列要求:混凝土的实际配置强度等级应比设计强度等级高一级;水泥用量不宜少于 370kg/m³,水灰比不应大于 0.6;坍落度宜为 180~220mm,并应有一定的流动保持率;坍落度降低至 150mm 的时间一般不宜小于 1h,扩散度宜为 340~380mm;混凝土拌合物含砂率不小于 45%;混凝土的初凝时间应能符合混凝土浇筑和接头施工工艺要求,一般不宜低于 3~4h。

②接头管和钢筋就位后,应检查沉渣厚度,并在 4h 以内灌注混凝土。灌注混凝土必须使用导管,其内径一般选用 250mm,每节长度一般为 2.0~2.5m。导管要求连接牢靠,接头用橡胶圈密封,防止漏水。导管接头若用法兰连接,应设锥形法兰罩,以防拔管时挂住钢筋。导管在使用前要注意认真检查和清理,使用后要立即将黏附在导管上的混凝土清除干净。

③当单元槽段较长时,应使用多根导管灌注,导管内径与导管间距的关系一般是:导管内径分别为 150mm、200mm、250mm 时,间距分别为 2m、3m、4m,且距槽段端部均不得超过 1.5m。为防止泥浆卷入导管内,导管在混凝土内必须保持适宜的埋置深度,一般应控制在 2~4m,在任何情况下,不得小于 1.5m 或大于 6m。

④导管下口与槽底的间距,以能放下隔水栓和放出混凝土为度,一般比隔水栓长 100~200mm。隔水栓应放在泥浆液面上,为防止粗骨料卡住隔水栓,在浇筑混凝土前宜先灌入适量的水泥砂浆。隔水栓用铁丝吊住,待导管上口贮斗内混凝土的存量符合首次浇筑要求,导管底端能埋入混凝土中 0.8~1.2m 时,才能剪断铁丝,继续浇筑。

⑤混凝土灌注应连续进行，槽内混凝土面上升速度一般不宜小于2m/h，中途不得间歇。当导管中的混凝土输送不畅通时，应将导管上下提动，慢提快放，但提动距离不宜超过300mm。导管不能作横向移动，提升导管应避免碰挂钢筋笼。

⑥随着混凝土面的上升，要适时提升和拆卸导管，导管底端埋入混凝土以下一般保持2～4m，严禁把导管底端提出混凝土面。

⑦在一个槽段内同时使用两根导管灌注混凝土时，其间距不宜大于3.0m，导管距槽段端头距离不宜大于1.5m，混凝土面应均匀上升，各导管处的混凝土表面的高差不宜大于0.3m。混凝土浇筑完毕，混凝土面应高于设计要求0.3～0.5m，此部分浮浆层以后凿去。

⑧在灌注过程中应随时掌握混凝土灌注量，应有专人每30min测量一次导管埋深和管外混凝土标高。测定应取3个以上测点，用平均值确定混凝土上升状况，以决定导管的提拔长度。

（7）接头施工。

①接头管一般用10mm厚钢板卷成。槽孔较深时，做成分节拼装式组合管，各单节长度为6m、4m、2m不等，便于根据槽深接成合适的长度。外径比槽孔宽度小10～20mm，直径误差在3mm以内。接头管表面要求平整、光滑，连接紧密、可靠，一般采用承插式连接。各单节组装好后，要求上下垂直。

②接头管一般用起重机组装、吊放。吊放时要紧贴单元槽段的端部且对准槽段中心，保持接头管垂直并缓慢地插入槽内。下端放至槽底，上端固定在导墙或顶升架上。

③提拔接头管宜使用顶升架（或较大吨位起重机），顶升架上安装有大行程（1～2m）、起重量较大（50～100t）的液压千斤顶两台，配有专用高压油泵。

④提拔接头管必须掌握好混凝土的灌注时间、灌注高度，以及混凝土的凝固硬化速度，不失时机地提动和拔出，不能过早、过快和过迟、过缓。如过早、过快，则会造成混凝土壁塌落；如过迟、过缓，则由于混凝土强度增长，摩阻力增大，造成提拔不动和埋管事故。一般宜在混凝土开始灌注后2～3h即开始提动接头管，然后使管子回落。以后每隔15～20min提动一次，每次提起100～200mm，使管子在自重下回落，说明混凝土尚处于塑性状态。如管子不回落，管内又没有涌浆等异常现象，宜每隔20～30min拔出0.5～1.0m，如此重复。在混凝土灌注结束后5～8h内将接头管全部拔出。

3）重点环节、重难点及应对措施

（1）导墙变形。

出现这种情况的主要原因是导墙施工完毕后没有加纵向支撑，导墙侧向稳定不足发生导墙变形。

应对措施：导墙拆除模板后，沿导墙纵向每隔1m设两道木支撑，将两片导墙支撑起来，在导墙混凝土没有达到设计强度以前，禁止重型机械在导墙侧面行驶，防止导墙变形。

（2）钢筋笼下放。

因槽体垂直度不符合要求或漏浆等，钢筋笼在下放时容易碰到混凝土块，导致钢筋笼倾斜或侧移。

应对措施：

①技术人员操作认真，以确保钢筋笼起吊的绝对安全。钢筋笼下放时，要使钢筋笼的中心线与槽段的纵向轴线尽量重合。

②要确保回填土密实以防止漏浆。

（3）拔锁口管。

当混凝土没有凝固时就拔锁口管，会造成墙体底部漏浆，此时如果锁口管回填土不密实，混凝土会绕过锁口管，对下一连续墙的施工造成很大的障碍。

应对措施：掌握好混凝土的初凝时间，在混凝土灌注完毕时再使用液压顶升架拔锁口管。

4. 材料与设备

1）材料

（1）商品混凝土。

混凝土强度等级、坍落度等应符合设计要求。

（2）钢筋。

按设计要求选用，品种、规格应符合要求，有出厂合格证书和复试报告。

（3）膨润土。

应进行矿物成分和化学成分的检验。有未处理膨润土、钻井级膨润土和 OCMA 级膨润土三种。一般连续墙可使用未处理膨润土，地质条件复杂时宜使用钻井级膨润土或 OCMA 级膨润土。膨润土的技术指标应符合 GB/T 5005—2010《钻井液材料规范》的相关规定。

（4）黏土。

应进行物理、化学分析和矿物质鉴定，其黏粒含量应大于 45%，塑性指数大于 20，含砂量小于 5%，二氧化硅与三氧化铝含量的比值宜为 3～4。掺合物有分散剂、增黏剂等，其配方需经试验确定。

2）设备

（1）成槽设备。

包括多头回转或抓斗式成槽机、冲击钻、砂泵或空气吸泥机（包括空压机）、轨道转盘等。

（2）混凝土设备。

包括混凝土搅拌机、储料斗、电动葫芦、起重机或卷扬机、金属导管和运输设备等。

（3）制浆设备。

包括泥浆搅拌机、泥浆泵、泥浆净化器、空压机、水泵、增黏剂、软轴搅拌器、旋流器、惯性振动筛、泥浆密度秤、漏斗黏度计、秒表、量筒与量杯、失水量仪、静切力计、含沙量测定仪和 pH 试纸等。

（4）接头设备。

包括金属接头管、顶升架（包括机架、大行程千斤顶和油泵）、振动拔管机等。

（5）其他机具。

包括履带式或轮胎式起重机、钢筋切断机、对焊机、弯曲机、电焊机、铁锹、手推车、模板、脚手架、电钻、扳手等。

5. 质量控制

1）施工过程控制指标

（1）钢筋笼的制作和吊放过程中，应采取技术措施防止其变形。吊放入槽时，不得擦伤槽壁。

（2）挖槽完毕应尽快清槽、换浆、下钢筋笼，并在4h之内浇筑混凝土。在浇筑过程中，应固定钢筋笼和导管位置，并采取措施防止泥浆污染。

（3）应注意保护现场的轴线桩和水准基点桩，不变形、位移。

（4）应注意保证护壁泥浆的质量，彻底进行清底换浆，严格按规定浇筑水下混凝土，以确保墙体混凝土的质量。

2）施工质量控制指标

（1）地下连续墙主控项目检验标准见表1-14。

表1-14　地下连续墙主控项目检验标准

项目		允许偏差或允许值
墙体强度		不小于设计值
槽壁垂直度	永久结构	≤1/300
	临时结构	≤1/200
槽段深度		不小于设计值

（2）地下连续墙一般项目检验标准见表1-15。

表1-15　地下连续墙一般项目检验标准

项目		指标或允许偏差
导墙尺寸	宽度（设计墙厚+40mm）（mm）	±10
	导墙顶面平整度（mm）	±5
	导墙平面定位（mm）	≤10
	垂直度	≤1/500
	导墙顶标高（mm）	±20
沉渣厚度	永久结构（mm）	≤100
	临时结构（mm）	≤150
槽段宽度	永久结构（mm）	不小于设计值
	临时结构（mm）	不小于设计值
槽段位	永久结构（mm）	≤30
	临时结构（mm）	≤50
混凝土坍落度（mm）		180～220
地下连续墙表面平整度	永久结构（mm）	±100
	临时结构（mm）	±150
永久结构的渗漏水		无渗漏、线流，且≤0.1L/（m² · d）

（3）注意保护外露的主筋和预埋件不受损坏。

（4）地下连续墙施工，应制定出切实可行的挖槽工艺方法、施工程序和操作规程，并严格执行。挖槽时应加强检测，确保槽位、槽深、槽宽和垂直度等符合要求。遇有槽壁坍塌事故，应及时分析原因，妥善处理。

（5）钢筋笼加工尺寸，应考虑结构要求、单元槽段、接头形式、长度、加工场地、起重机起吊能力等情况，采取整体制作或整体式分节制作，同时钢筋笼应具有必要的刚度，以保证在吊放时不致变形或散架，一般应加设斜撑和横撑补强。钢筋笼的吊点位置、起吊方式和固定方法应符合设计和施工要求。在吊放钢筋笼时，应对准槽段中心并注意不要碰伤槽壁壁面，不能强行插入钢筋笼，以免造成槽壁坍塌。

（6）护壁泥浆不合格或清底换浆不彻底，均可导致大量沉渣积聚于槽底。灌注水下混凝土前，应测定沉渣厚度，符合设计要求后，才能灌注水下混凝土。

（7）当出现槽孔偏斜时，应查明槽孔偏斜的位置和程度，对偏斜不大的槽孔，一般可在偏斜处吊住钻机，上下往复扫钻，使钻孔正直；对偏斜严重的钻孔，应回填砂与黏土混合物至偏孔处 1m 以上，待沉积密实后再重复施钻。

1.2.7 高压喷射注浆帷幕施工工艺

1. 概述

高压喷射注浆帷幕施工工艺标准适用于工业与民用建（构）筑物、市政基础设施基坑（槽）高压喷射注浆帷幕施工。适用的土层有淤泥、淤泥质土、黏性土、粉土、黄土、砂土和人工填土。对于砾石直径大于 60mm、砾石含量过多以及含有大量纤维的腐殖土，喷射质量差，一般不宜采用。

2. 现行适用规范

（1）GB 50278—2010《起重设备安装工程施工及验收规范》。

（2）GB 50202—2018《建筑地基基础工程施工质量验收标准》。

（3）GB 50497—2019《建筑基坑工程监测技术标准》。

（4）JGJ 180—2009《建筑施工土石方工程安全技术规范》。

（5）JGJ 311—2013《建筑深基坑工程施工安全技术规范》。

（6）HG/T 20691—2017《高压喷射注浆施工技术规范》。

（7）DL/T 5200—2019《水利水电工程高压喷射灌浆技术规范》。

3. 施工工艺流程及操作要点

1）高压喷射注浆帷幕施工工艺流程见图 1-18。高压喷射注浆帷幕施工工艺图示见图 1-19。

（1）试验确定施工参数。

在有代表性的地段进行试验，以确定施工参数。

（2）平整场地。

先平整场地，清除桩位处地上、地下的一切障碍物，场地低洼处用黏性土料回填夯实。根据施工现场实际情况，施作临时排、截水设施，并在施工范围以外开挖废泥浆池以及施工孔位至泥浆池间的排浆沟。

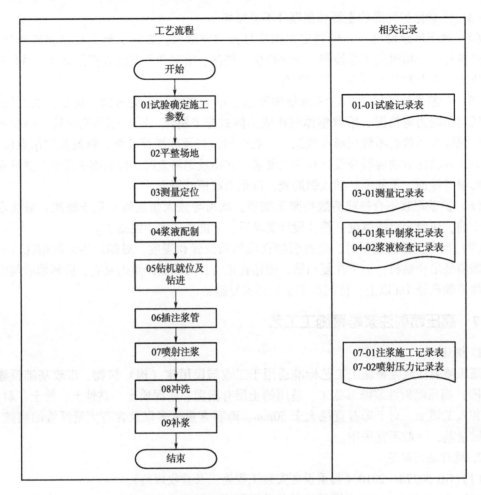

工艺流程	相关记录
开始	
01试验确定施工参数	01-01试验记录表
02平整场地	
03测量定位	03-01测量记录表
04浆液配制	04-01集中制浆记录表 04-02浆液检查记录表
05钻机就位及钻进	
06插注浆管	
07喷射注浆	07-01注浆施工记录表 07-02喷射压力记录表
08冲洗	
09补浆	
结束	

图 1-18 高压喷射注浆帷幕施工工艺流程

图 1-19 高压喷射注浆帷幕施工工艺图示

（3）测量定位。

根据施工方案，进行现场测量放样，确定帷幕的位置和范围。

（4）浆液配制。

桩机就位时，即开始按设计确定的配合比拌制水泥浆。

（5）钻机就位及钻进。

根据测量放样结果，确定钻孔的位置和深度。使用钻机进行钻孔施工，控制孔的深度和直径。

（6）插注浆管。

将制作好的注浆管安装到孔内，确保其牢固性和密封性。检查注浆管的连接处是否紧密，防止漏浆现象发生。

（7）喷射注浆。

将注浆材料按照设计比例混合，加入到高压喷射注浆机中。启动注浆机，将浆液通过注浆管注入地层中。控制注浆的压力和流量，确保其均匀性和稳定性。

（8）冲洗。

当喷浆结束后，立即清洗高压泵、输浆管路、注浆管及喷头。管内、机器内不得残存水泥浆，通常将浆液换成水，在地面上喷射，以便把泥浆泵、注浆管以及软管内的浆液全部排出。

（9）补浆。

喷射注浆作业完成后，由于浆液的析水作用，固结体一般均有不同程度的收缩，顶部出现凹穴，要及时用水灰比为 0.6 的水泥浆补灌。

2）操作要点

（1）试验确定施工参数。

施工前应确定喷射参数（喷射速度、提升速度、喷嘴直径）。尤其对于深层长桩，应根据不同深度、土质情况变化，选择合适的参数。旋喷桩施工参数见表 1-16。

表 1-16　旋喷桩施工参数

项目			单管法	二重管法	三重管法
旋喷速度（r/min）			15～20	10～20	7～14
提升速度（m/min）			15～20	10～20	11～18
机具性能	高压泵	压力（MPa）	—	—	20～30
		流量（L/min）	—	—	80～120
	空压机	压力（MPa）	—	0.5～0.7	0.5～0.7
		流量（L/min）	—	1～2	0.5～2.0
	泥浆泵	压力（MPa）	20～40	20～40	4
		流量（L/min）	60～120	60～120	80～150

（2）平整场地。

①先平整场地，清除桩位处地上、地下的一切障碍物，场地低洼处用黏性土料回填夯实。

②根据施工现场实际情况，施作临时排、截水设施，并在施工范围以外开挖废泥浆池以及施工孔位至泥浆池间的排浆沟。

（3）测量定位。

①施工前用全站仪测定旋喷桩桩点，保证桩孔中心移位偏差小于 2mm。

②对于高压旋喷注浆帷幕桩，采用二序孔或三序孔施工，以保证相邻孔喷射时间不小于 72h。全部钻孔统一编号，标明次序。

（4）浆液配制。

首先，将水加入桶中，再将水泥和外掺剂倒入，开动搅拌机搅拌 10～20min；其次拧开搅拌桶底部阀门，将浆液放入第一道过滤网（孔径为 0.8mm），过滤后的浆液流入浆液池；最后用泥浆泵将浆液抽进第二道过滤网（孔径为0.8mm），再次过滤后浆液流入浆液桶中，待压浆时备用。

（5）钻机定位及钻进。

①单管法。

a. 移动喷射钻机至设计孔位，使钻头对准旋喷桩设计中心，钻孔的倾斜度不得大于1.5%。

b. 钻机就位后，首先进行低压（0.5MPa）射水试验，用以检查喷嘴是否畅通，压力是否正常。

c. 启动钻机，同时开启高压泥浆泵低压输送清水，使钻杆沿导向架旋转并开启射流，同时缓慢下沉成孔，直到桩底设计标高，观察工作电流不应大于额定值。射水压力由0.5MPa增至1MPa，作用是减少摩擦阻力，防止喷嘴被堵。

d. 当第一根钻杆钻进后，停止射水，此时压力降为零，接长钻杆，再继续射水、钻进，直到钻至桩底设计标高。

②双重管法。

a. 移动喷射钻机到设计孔位，调整好垂直度后进行压浆、气管路试验。

b. 试验合格后，启动钻机，并用较小压力（0.5～1.0MPa）边钻进边射水，至设计标高后停止钻进，观察工作电流不应大于额定值。

③三重管法。

a. 一般采用地质钻机，钻机就位后，调整垂直度，使其符合要求。

b. 钻孔采用泥浆护壁钻进，泥浆密度为$1.1～1.25t/m^3$，孔径为130mm。

c. 开孔时要轻压慢钻，在钻进过程中随时检测钻杆的垂直度，以确保钻孔垂直。

d. 孔深达到设计深度后，提钻前要换入新浆液进行清孔约30min，以减少孔内沉淀，保证高喷管插入深度。

（6）插注浆管。

①当采用单管法和二重管法时，钻孔和插管两道工序可合二为一。

②三重管法。

a. 钻机成孔后，拔出钻杆，撤走钻机，高喷台车就位并确保其牢固平稳，再插入高喷管。

b. 高喷管下孔前，必须在地面进行试喷，检查各种机械系统是否正常，管路是否畅通。然后用胶带纸密封水嘴和气嘴。

c. 高喷管下到设计高程后，有定喷或摆喷要求的，由技术员确定喷射方向（定喷）或调整好摆角（摆喷），喷射过程中每换管一次，技术员必须校核喷射方向和角度。

（7）喷射注浆。

①单管法。

a. 钻孔至桩底设计标高后，停止射水，拧下上面第一根钻杆，放入钢球，堵住射水孔，再将钻杆装上，即可向钻机送高压水泥浆，坐底喷浆30s，等浆液从孔底冒出地面后，按设计的工艺参数，钻杆开始旋转和提升，自下而上进行喷射注浆。

b. 中间拆管时，停止压浆，待压力下降后，迅速拆除钻杆，并将剩余钻杆下沉进行搭接，搭接长度不小于 200mm，然后继续压浆，等压力上升至设计压力时，重新开始提升钻杆喷浆。

②双重管法。

a. 钻杆下沉到达设计深度后，停止钻进，旋转不停，同时关闭水阀，开启浆阀，高压泥浆泵压力增加到施工设计值，然后送气，坐底喷浆 30s，等浆液从孔口冒出地面后，按设计的工艺参数，边喷浆，边旋转，边提升，直至设计标高。

b. 中间拆管时，应先停气，后停浆。再次启动时，应先给浆再给气，喷射注浆的孔段与前段搭接不小于 200mm，防止固结体脱节。

③三重管法。

a. 高喷管达到设计深度后，依次开启高压水泵、空压机和泥浆泵进行旋转喷射，并用仪表控制压力、流量和风量，坐底喷浆 30s，等浆液从孔口冒出地面后，按设计的工艺参数提升高喷管，直至达到预期的加固高度后停止。

b. 中间拆管时，应先停气，后停高压水。再次启动时，应先给水再给气，喷射注浆的孔段与前段搭接不小于 100mm。

3) 重点环节、重难点及应对措施

(1) 帷幕灌浆时出现冒浆、漏浆、串浆等问题。

应对措施：

①通过调整浆液浓度、降低灌浆压力、限制浆液流速与流量以及应用间歇灌浆手段等方式处理浆液的冒漏问题。

②可采取同时灌浆、一泵灌一孔或先清洗串浆孔再灌浆的方式避免串浆问题。

(2) 浆液在一定条件下出现胶结凝固，导致固管现象发生，不利于水利工程防渗。另外水泥水化热反应也会缩短浆液的凝结时间，导致射浆管与孔壁的距离过大，使浆液凝结时堵在管口，水无法排流。

应对措施：

①在帷幕灌浆施工时需要封闭孔口，并把封闭器换成回旋式封闭器，同时还要对灌浆管进行定期性活动，以保证浆液在短时间内凝结。

②要定期检查浆液浓度，如果发现浓度过大，则需要及时进行稀释，稀释时要保证回浆量大于 15L/min。

(3) 在喷射过程中冒浆量超过注浆量 20% 或完全不冒浆。

应对措施：

①地层中有较大的空隙导致不冒浆，则可在浆液中掺加适量的速凝剂，缩短固结时间，使浆液在一定范围内凝固。另外，还可在空隙地段增大注浆量，填满空隙，再继续正常旋喷。

②冒浆量过大是有效喷射范围与注浆量不适应所致，可采取提高喷射压力、适当缩小喷嘴直径、加快提升和旋喷速度等措施减少冒浆量。

③冒出地面的浆液应经过滤、沉淀和调整浓度后才能回收利用，必须采用二重管旋喷法才能保证回收过程中无砂粒，回收完后再进行注浆。

4. 材料与设备

1）材料

（1）泥浆材料。

以水泥为主材，加入不同外加剂后，可具有速凝、早强、抗冻等性能。一般选用普通硅酸盐 42.5 级水泥。

（2）早强剂。

对地下水丰富的工程需要在水泥浆中掺入速凝早强剂（如氯化钙、水玻璃及三乙醇胺等）。

（3）水玻璃。

对于有抗渗要求的喷射固体，不宜使用矿渣水泥，如仅要求抗渗而无抗冻要求的可使用火山灰水泥，在水泥浆中掺入 2%～4% 的水玻璃，注浆用的水玻璃模数在 2.4～3.4 较为合适，浓度在 30～45°Bé 为宜。

（4）膨润土。

改善型泥浆是指在水泥浆中掺入膨润土，使浆液悬浮性增加，减少水泥颗粒沉淀量，以致浆液的析水率减小，稳定性增强。

（5）喷射注浆管。

包括单管、二重管和三重管等。各种喷射注浆管均由导流器（即送液器）、注浆管（即钻杆）和喷头三部分组成。

（6）高压胶管。

高压胶管是钻机和高压泵或空气压缩机之间的软性连接管路，包括输送浆液高压胶管和输送压缩空气胶管。

2）设备

（1）高喷台车。

在三重管的高压喷射注浆中，承载高压注浆管的机架台车。

（2）高压喷射注浆施工监测仪器。

一种用于记录和监测高压喷射注浆施工过程中的压力和流量等参数的仪器设备。

（3）泥浆搅拌机。

泥浆搅拌机和上料机、浆液贮存桶（简称贮浆桶）共同组成制浆系统。单机高压喷射注浆时，泥浆搅拌机的容积宜在 1.2m³ 左右，搅拌翼的旋转速度宜为 30～40r/min。

（4）高压泥浆泵。

高压泥浆泵是用于输送水泥系浆液的主要设备。在单管法和二重管法中，必须使用高压泥浆泵作为泵送设备，三重管法喷射施工则允许使用一般灌浆施工中常用的泥浆泵。

（5）高压水泵。

高压水泵是施工机械供水系统的重要组成部分，要求压力和流量稳定并能在一定范围内调节。高压喷射一般要求喷水口的压力达到 15～25MPa，出口流量为 50～100L/min。

（6）高压喷射钻机。

在软弱黏性土中，可选用小型钻机钻孔，但在砾砂土和硬黏土的地层中钻孔，一般选择质量大一点的钻机。要求钻机的钻进能力为 100m，钻孔直径为 110～150mm。钻机除有一般钻机的功能外，还要求具有带动注浆管以 10～20r/min 慢速转动和以 5～25cm/min 慢速提升的功能，如所用钻机不具备上述两项功能，则需将钻机改制，或将具有上述两项功能的旋喷机和钻机配合使用。

（7）普通泥浆泵。

主要用于三重管、多重管的施工中。

（8）空气压缩机。

主要用于提供水浆复合喷射所需的气流，和流量计、输气管组成供气系统。压力要求为 0.7MPa 以上，风量一般为 8～10m³/min，宜选用低噪声空压机。

5. 质量控制

1）施工过程控制指标

（1）高压喷射注浆施工完成后，不能随意堆放重物，防止喷射注浆帷幕变形。

（2）成桩完成 4～6 周后，才可以进行基坑开挖。

（3）在插管旋喷过程中，要注意防止喷嘴被堵，水、气、浆、压力和流量必须符合设计值，否则要拔管清洗，再重新进行插管和旋喷。使用双喷嘴时，若一个喷嘴被堵，则用复喷方法继续施工。单管法和双重管法钻孔过程中，为防止泥沙堵塞，可边射水边插管，水压力控制在 1MPa；三重管法插管过程中，高压水喷嘴、气嘴要用胶带包裹，以免泥土堵塞。

（4）水泥浆液搅拌后不得超过 4h，当超过时应经专门试验，证明其性能符合要求方可使用。

（5）钻杆的旋转和提升必须连续不中断，拆卸钻杆要保持钻杆有 0.2m 以上搭接长度，以免使旋喷固结体脱节。中途机械发生故障，应停止提升和旋喷，以防断桩，并应立即检查，排除故障。

2）施工质量控制指标

（1）高压喷射注浆帷幕施工质量主控项目。

①水泥及外掺剂质量符合设计要求。

②水泥用量符合设计要求。

③桩体强度及完整性检验符合设计要求。

（2）高压喷射注浆帷幕施工质量一般项目。

①钻孔位置允许偏差不大于 50mm。

②钻孔垂直度允许偏差不大于 1.5%H（H 为孔深度）。

③孔深允许偏差为 ±200mm。

④注浆压力符合设定参数。

⑤桩体搭接长度不小于 200mm。

⑥桩体直径允许偏差不大于 50mm。

⑦桩体中心允许偏差不大于 0.2D（D 为桩径）。

（3）由于高压旋喷桩桩体强度较低，开挖桩头时必须采用人工开挖，切不可利用机械野蛮施工，以免造成桩身质量问题。

（4）破除桩头不得采用重锤等横向侧击桩体，以防造成桩顶标高以下桩身质量问题。

（5）钻机就位后应进行水平、垂直校正，钻杆应与桩位吻合，偏差控制在 10mm 内。

（6）在喷射过程中往往有一定数量土粒随着一部分浆液沿着注浆管冒出地面，对冒浆进行观察，冒浆量小于注浆量 20% 为正常现象，超过 20% 或完全不冒浆者，应查明原因，采取相应的措施。

（7）当桩头凹陷量大对土体加固及防渗产生较大影响大时，应采取静压注浆补强。

（8）浆液材料不要受潮或变质，不得使用受潮、结块或过期的水泥，各种外加剂要分别存放。浆液材料及外加剂均应采用无毒材料。

1.3　放坡开挖

1.3.1　概述

放坡指的是为保证基坑稳定，在基坑周围设置具有一定坡度的坡面。放坡开挖简单又经济，但需具备放坡开挖的条件，即基坑不太深而且基坑平面之外有足够的空间供放坡之用，一般适用于浅基坑（三级基坑）。基坑需符合周边环境条件简单、破坏后果不严重、基坑深度小于或等于 6m、工程地质条件简单、地下水水位低、对施工影响轻微等要求。由于基坑敞开施工，因此工艺简便、造价经济、施工进度快。但这种施工方式要求具有足够的施工场地与放坡范围，同时成本应考虑土方费用。

放坡开挖基坑的施工，通常需要选择开挖土坡的坡度，验算基坑开挖各阶段的土坡稳定性，确定地面及基坑的排水组织，选择土坡坡面的防护方法以及土方开挖程序等。在有地下水且水位较高时，应进行施工降水设计，并结合邻近工程环境条件提出相应的控制措施和监测方法。

为了防止塌方，保证安全施工，在挖方或填方的开挖深度或填筑高度超过一定限度时，要在基坑边沿设置具有一定坡度的边坡。如果坡度过小，会增加开支；如果坡度过大，则不安全，因此边坡坡度应根据挖方深度、土质、施工方法、施工工期、地下水水位、坡顶荷载和气候条件以及相邻建筑物的实际情况来决定。放坡开挖常与支护结构形式相结合。土方放坡开挖时的边坡可以做成直线形、折线形、台阶形。

1.3.2　现行适用规范

（1）GB 50278—2010《起重设备安装工程施工及验收规范》。

（2）GB 51004—2015《建筑地基基础工程施工规范》。

（3）GB 50202—2018《建筑地基基础工程施工质量验收标准》。

（4）GB 50497—2019《建筑基坑工程监测技术标准》。

（5）JGJ 180—2009《建筑施工土石方工程安全技术规范》。

（6）JGJ 120—2012《建筑基坑支护技术规程》。

（7）JGJ 311—2013《建筑深基坑工程施工安全技术规范》。

1.3.3　施工工艺流程及操作要点

1. 工艺流程

放坡开挖施工工艺流程见图1-20。放坡开挖施工工艺图示见图1-21。

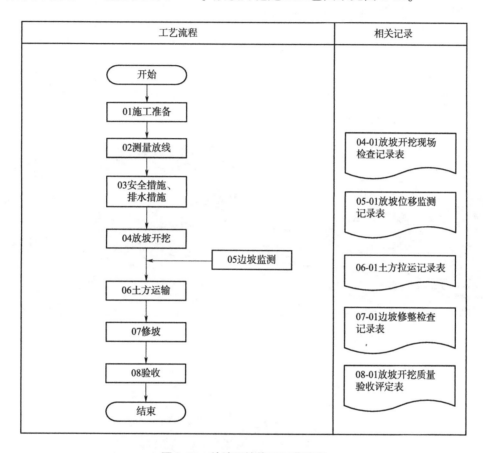

图1-20　放坡开挖施工工艺流程

（1）施工准备。

摸清工程场地情况，收集施工需要的各项资料，包括施工场地地形、地貌、地质、水文、河流、气象、运输道路、邻近道路、邻近建筑物、地下基础、管线、电缆坑基状况等基本情况，防空洞地面上施工范围内的障碍物和堆积物状况，供水、供电、通信情况，以及防洪排水系统状况等，以便为施工规划和准备提供可靠的资料和数据。

（2）测量放线。

建筑物或构筑物的位置及场地的平面控制线（桩）和水准控制点应经过复测和检查，并办完预检手续。场地平整应进行方格网桩的布置和标高测设，计算挖、填方量，并完成土方调配计划。

（3）安全措施、排水措施。

场地平整完成后，需开挖临时性排水沟，以保证边坡不被雨水冲刷塌方，基土不被地

（a）测量放线

（b）安全措施、排水措施

（c）放坡开挖

（d）土方运输

（e）修坡

图 1-21　放坡开挖施工工艺图示

面浸泡而遭到破坏。排水沟应做成不小于 0.2% 的坡度，使场地不积水。在坡度较大地区进行挖土施工时，应在距上方开口线 5~6m 处设置截水沟或排洪沟。

（4）放坡开挖。

根据测量放样结果，使用挖掘机等设备进行放坡开挖。注意避免过度破坏周围土壤和植被。

（5）边坡监测。

对施工边坡进行监测，通过相应手段获取边坡坡体变化的定量数据，可用来评价边坡的稳定性和滑坡的变形趋势，并可用来判断是否达到边坡发生灾害的预警值，以便及早预防与整治。

（6）土方运输。

选择土方机械，应根据作业区域面积的大小、机械性能、作业条件、土的类别与厚度、总土方量以及工期等因素综合考虑，以能发挥机械设备的最大效率为标准进行优化配置，并根据土方调配计划确定最优机械运行路线。

（7）修坡。

在沟槽开挖完成后，应修整边坡，使其符合设计要求。修整边坡可以采用人工修整或机械修整等方法，确保边坡的平整度和稳定性。基面清理压实、人工修整完成后，及时报验。基面验收后抓紧施工，若不能立即施工时，应做好基面保护，复工前再检验，必要时重新清理。

2. 操作要点

1）测量放线

（1）根据建设单位提供的交桩记录对各桩点进行复核测量，经复核无误后，填写接桩记录。

（2）在施工场地利于保护和放样的地方设置地面导线点，根据平面交接桩记录，采用全站仪将控制点引入场地内，放样得到地面导线点的平面坐标。

（3）根据高程交接桩记录，采用水准仪将高程引入施工场地内，在场地内均匀设置高程控制点。

（4）所设控制点均应距基坑 10m 以上，以减小施工时对控制点的影响。控制点经复核无误后，上报甲方、监理复核，经复核无误后方可投入使用。

（5）由于施工时会对控制点桩位产生影响，对正在使用的点位应每半月复核一次，当点位变化超过允许误差后，应对原坐标或高程值进行调整，并报监理复核。

（6）为保证桩位点不因扰动而丢失，把桩位标志打入地下至少 200mm。

2）选择挖土方式

当挖土深度小于 300mm、管沟宽度小于 400mm 时，可采用人工开挖。一般均采用机械开挖，以提高作业效率。

3）选择合理的开挖顺序

依据建筑及市政设施的总体施工顺序、场内及场外运输道路布置、出土方向等合理选择土方开挖顺序及流向，并符合施工方案的要求。

4）分段分层依次开挖

（1）当大面积基坑底板标高不一时，机械开挖次序一般为先整片挖至最浅标高，再挖其他较深部位。在采用分层挖土法时，可在基坑一侧修不大于 15% 的坡道，作为挖土机械和运土汽车进出的通道。基坑开挖到最后再将坡道挖掉。

（2）无支护基坑及道路应分区、分段、分层开挖，分区范围应符合总体施工计划规定，分层开挖深度按照挖土机械能力确定。

（3）采用内支撑支护、锚杆支护或土钉支护的深基坑，应按支撑、锚杆和土钉的设计层次分层开挖。施工顺序应做到先安装支撑、锚杆或土钉，后开挖下部土方。应在内支撑、锚杆或土钉达到设计要求后再开挖。采用锚杆和土钉支护的基坑可采用盆式开挖或岛式开挖。基坑周边土方应分段开挖，黏性土分段开挖长度宜取 10～15m，分层开挖深度宜取 0.5～1.0m，砂土和碎石类土分段开挖长度宜取 5～10m，分层开挖深度宜取 0.3～0.5m，开挖时坡体土层宜预留 100～200mm 进行人工修坡。

（4）按施工方案留出出土坡道。出土坡道坡率宜为 1∶7，坡道两侧坡率应符合施工方案要求。

（5）开挖基坑（槽）和管沟，不得破坏基底的结构，亦不得挖至设计标高以下。如不能准确地挖至设计标高，可在设计标高以上暂留一层土不挖，以便抄平后由人工挖出。设计无规定时，一般需暂留土层厚度，使用机械为铲运机、推土机时暂留土层厚度不小于 200mm，使用机械为挖掘机时暂留土层厚度不小于 300mm。

（6）在开挖过程中，应随时检查边坡或槽壁的状态。深度大于 1.5m 时，应根据土质变化情况做好支撑准备，以防塌陷。深基坑土方开挖时，如土质为淤泥或淤泥质土，分层开挖厚度宜为 800～1000mm。

（7）在开挖过程中，应检查基坑（槽）的中心线和几何尺寸，发现问题及时纠正。开挖距基底设计标高约 1m 时应进行抄平，并在两侧边坡上每隔 15m 测设一水平桩控制标高，以防超挖。

（8）机械施工挖不到的土方，应随时配合人工进行挖掘，并用手推车将土运到机械能挖到的地方，以便能及时清运。面积较大的基坑可配以推土机进行清边平底和送土，以提高工效。人工挖土时，对于一般黏性土可从上向下分层开挖，每层深度以 300～600mm 为宜，从开挖端逆向倒退按踏步型挖掘；开挖碎石类土时，坚硬土先用镐刨松，再向前挖掘，每层深度视翻土厚度而定，每层应清底和出土，然后逐步挖掘。

5）土石方开挖出土运输

（1）表土清除后，应对地面线进行复测，当地面线误差导致边坡坡率和占地宽度发生变化时，及时通报建设单位、监理工程师和设计单位进行处理。每挖 5m 应复测中线，测定标高及宽度，以控制边坡的大小。

（2）人工挖基坑时，操作人员之间要保持安全距离，一般大于 2.5m；多台机械开挖时，挖土机间距应大于 10m，挖土要自上而下逐层进行，严禁先挖坡脚。上、下台阶同时作业的挖掘机，应沿台阶走向错开一定的距离；在上部台阶边缘安全带进行辅助作业的挖掘机，应超出下部台阶正常作业的挖掘机最大挖掘半径 3 倍的距离，且不小于 50m。

（3）严格测定和掌控边坡的开挖（定位和坡率），采用纵横台阶法逐级开挖。

（4）每开挖至一级台阶后，及时复测，及时修整，及时采用砌块护坡。施工过程中及时测量检查，避免超挖欠挖，边挖边修整边坡，以防坍塌。

（5）边坡在开挖和防护过程中，随时以塑料布覆盖，防止雨水冲刷。每层台阶施工完成后修建临时排水沟以保证施工现场排水畅通。

（6）开挖后的弃土统一运输至弃土场堆放，运输采用自卸汽车。挖方现场及弃土场路口设专人指挥运输车辆进出，避免车辆拥堵。

6）修整边坡和清理基坑底部

（1）由基坑（槽）两端中心线引桩拉通线，用尼龙丝或细铁丝检查距基坑（槽）边的尺寸，对其边进行修整。在距坑（槽）底设计标高 500m 处，抄出水平线，并钉上小木橛，然后用人工将暂留土层挖走，最后清除基坑（槽）底浮土。

（2）基坑（槽）底经人工清理铲平后，应进行质量检查验收，发现问题及时处理。

（3）开挖的基坑边坡土体出现裂缝时，应立即修整边坡坡度，或叠置土包护坡，并加强基坑排水。地下水位较高、有流沙土层或软弱下卧层的基坑，如出现流沙或基坑隆起，应立即停止明沟排水，抛投土包反压坡脚叠置护坡，并宜采取降水及有效的边坡加固措施。

7）土坡坡面的防护

（1）土坡坡面的防护要求。

要维持已开挖基坑边坡的稳定，必须使边坡土体内潜在滑动面上的抗滑力始终保持大于该滑动面上的滑动力。在设计施工中除了要有良好的降、排水措施，有效控制产生边坡滑动力的外部荷载外，还应考虑到在施工期间，边坡受到气候季节变化以及降雨、渗水、冲刷等作用影响，使边坡土质变松，土内含水量增加，土的自重加大，导致边坡土体抗剪强度降低而又增加了土体内的剪应力，造成边坡局部滑坍或产生不利于边坡稳定的影响。因此，在边坡设计施工中，还必须采用适当的构造措施，对边坡坡面加以防护。

（2）常用的坡面防护措施。

①薄膜覆盖：在已开挖的边坡上铺设塑料薄膜，而在坡顶及坡脚处采用编织袋装土压边或用砖砌体压边，并在坡脚处设置排水沟。

②叠放砂包或土袋：用草袋、纤维袋或土工织物袋装砂（或土），沿坡脚叠放一层或数层，沿坡面叠放一层。

③水泥砂浆或细石混凝土抹面：在人工修平坡面后，用水泥砂浆或细石混凝土抹面，厚度宜为 30～50mm，并用水泥砂浆砌筑砖石护坡脚，同时，将坡面水引入基坑排水沟。抹面应预留泄水孔，泄水孔间距不宜大于 3～4m。

④挂网喷浆或混凝土：在人工修平坡面后，沿坡面挂钢筋网或钢丝网，为加强连接，可在坡面上适当插入锚筋，然后喷射水泥砂浆或细石混凝土，厚度宜为 50～60mm，坡脚同样需要处理。

8）放坡开挖排水措施

（1）边坡场地应向远离边坡方向形成排水坡势，并应沿边坡外围设置排水沟及截水沟，严禁地表水浸入坡体及冲刷坡面。

（2）边坡坡底和坡脚处应根据具体情况设置排水系统，坡底不得积水及冲刷坡脚。

（3）台阶式边坡，应在过渡平台上设置防渗排水沟。

（4）坡面有渗水时，应根据实际情况设置泄水孔，确保坡体内不积水。

9）施工监测

（1）监测工作内容。

大量的工程实践表明，在基坑放坡开挖施工中，由于岩土性质、地质埋藏条件等的复杂性，通过勘察取得的有关技术参数往往存在较大的离散性。在理论上，边坡稳定性的定量分析计算尚只限于较简单的情况。边坡设计中的一些简化假定条件与工程实施状况也往往存在一定的差异，如在施工期间难以避免因降雨积水、土体浸水而改变边坡土体抗剪强度。施工作业本身，也会发生基坑超挖、排水不畅等不利于边坡稳定的现象。因此，为了有效地预防基坑失稳事故的发生，达到预期的工程经济效益，在基坑开挖工程中，应采用理论分析、设计计算与现场监测相结合的原则。除了有合理的边坡开挖设计、选择适宜的施工方法外，还需辅以严格、系统的现场监测，实施动态信息化施工，使设计施工和监测三位一体化。

现场监测工作一般包括：变形监测、地下水动态监测、应力应变监测三个方面。

（2）监测工作的一般要求。

①监测的内容（包括对象、项目）、方法和要求应根据地质条件、现场工程环境、施工条件以及工程的安全性要求等因素综合选定。

②在施工前应对邻近的建筑物和地下管线的状况进行详细的调查。对发现的裂缝、倾斜等损坏迹象应做标记并将记录文件存档，并据此分析确定相适宜的防护措施。

③对安全要求较高的基坑边坡，还应对边坡土体的沉降加以监测。有条件时可加做边坡土体内部的分层沉降监测。

④对于实施深层降水或者采用重力排水使上层滞水的补给变化较大，并需控制浸润线的基坑边坡工程，均应进行地下水动态监测。

⑤因沉降或倾斜产生裂缝时，对裂缝变化的统计分析工作。

⑥受降水影响的监测工作的区域范围与基坑开挖深度及地下水的条件有关，宜由计算分析确定。一般以基坑上边缘30～50m为重点监测区域。当采用深层降水施工时，监测的范围可扩大到降水半径范围。

⑦对地面和边坡的开裂、凸鼓等现象可采用目测巡视，并予以记录，也可使用精密水准仪等仪器测量。

⑧土体变形的监测应有一定数量的观测点，一般不小于6个。采用精密水准仪应按照有关规范进行测量。测量用的基准点要稳固，并应设置在受开挖或降水影响以外的区域。基点数量应不小于2个。

⑨气象条件、基坑土特性及已测得数据的变动态势等综合因素按以下原则考虑。

a. 在基坑土方开挖土体卸载急剧阶段，监测时间不宜超过3～5d；在基坑维护阶段可取10～15d，并应根据气象条件加以调整。

b. 软土场地的基坑应适当加密监测的频率。监测频率应根据已测得的数据变化率随时予以调整。当现有监测结果显示土体变形速率较大或超过预控的要求存在险情时，应实施24h的连续监测。

c. 在软土地区，对施工影响区内的建筑物和地下管线应进行垂直沉降及水平位移监测，监测应持续到基坑回填后4～6个月。

d. 地下水动态监测的时间和次数宜与降水工作协调安排。

⑩调整施工进度计划和施工工艺时应参考定期监测所得的数据。由监测所得的数据均应加以整理分析，绘制沉降-时间关系曲线、沉降-水平位移关系展开曲线等与测量数据关

系相适应的图表，并应作为工程验收文件归档。

3. 重点环节、重难点及应对措施

1) 机械或人工开挖放坡未达到设计要求的应对措施

(1) 开挖前要对开挖措施进行仔细查阅，弄清开挖措施中的要求，施工前要认真查验技术交底。

(2) 测量人员在对现场进行开挖放线时应严格按图纸设计及措施要求进行，并在现场做出明显的标记。

(3) 开挖过程中各级管理人员也应熟悉开挖措施，看到不符合开挖措施或设计要求的开挖现象应及时制止，并提出正确的处理方法，使现场按要求进行开挖。

2) 边坡泡水导致边坡失稳的应对措施

(1) 边坡开挖后应做好基坑降排水工作，避免出现边坡泡水情况。

(2) 对坡脚及排水沟应做好硬化措施，避免出现坡脚及排水沟泡水情况。

1.3.4 材料与设备

1. 材料

(1) 混凝土和水泥砂浆主要用于填充边沟和形成护坡的结构。具体型号要求参考设计文件。

(2) 钢筋主要在护坡和边沟的结构中使用，以增强其稳定性和承重能力。具体型号要求参考设计文件。

(3) 石料主要用于填充护坡和边沟的结构，帮助排水、增加稳定性。具体型号要求参考设计文件。

2. 设备

1) 挖土机械

包括反铲挖掘机、装载机、推机、运机、平地机、自卸汽车、洒水车等。

2) 一般机具

包括尖头及平头铁锹、手锤、撬棍、手推车、梯子、铁镐、钢卷尺、坡度尺、20 号铅丝等。

3) 机械使用建议

(1) 机械开挖土方，应根据工程规模、土质情况、地下水位、机械设备条件以及工期要求等合理配置挖土机械。

(2) 一般的坑（槽）、路堑开挖，宜用推土机推土、装载机装车、自卸汽车运土。

(3) 大面积场地平整和开挖，宜用运机铲土。土质较硬时，可配推土机助铲，平地机平整。

(4) 作业点在地下水位以下且无排水时，宜采用拉铲或抓铲挖掘，作业效率较高。

(5) 在设有多层内支撑的基坑或开挖结束部位，可采用抓铲、长臂式反铲或小型反铲下坑作业，人工清边清底吊运出土。

(6) 自卸汽车数量应能保证挖掘机或装载机连续作业所需，汽车载重宜为挖掘机斗容量的 3~5 倍。

1.3.5　质量控制

1. 施工过程控制指标

（1）应按先降低地下水位，然后开挖，再做坡面护理的工序进行施工。

（2）开挖前应校核开挖尺寸线，检查地面排水措施和降水场地的水位标高，符合要求后方可开挖；土方开挖应按先上后下的开挖顺序，分段、分层按设计要求开挖，分层、分段开挖尺寸应符合设计工况要求，开挖过程中应确保坡壁无超挖，坡面无虚土，坡面坡度与平整度应符合设计要求。

（3）黏性土分段开挖长度宜取10～15m，分层开挖深度宜取0.5～1.0m，砂土和碎石类土分段开挖长度宜取5～10m，分层开挖深度宜取0.3～0.5m，开挖时坡体土层宜预留100～200mm进行人工修坡。施工过程中应定时检查开挖的平面尺寸、竖向标高、坡面坡度、降水水位以及排水设施，并应随时巡视坡体周围的环境变化。

（4）施工过程中应定时检查开挖的平面尺寸、竖向标高、坡面坡度、降水水位以及排水设施，并应随时巡视坡体周围的环境变化。

2. 施工质量控制指标

（1）原状地基土不得扰动、受水浸泡及受冻。

（2）开挖形成的边坡坡度及坡脚位置应符合设计要求。

（3）开挖区的标高允许偏差值为−50～0mm。

（4）开挖区的平面尺寸应符合设计要求，允许偏差值为−50～+200mm。

（5）放坡开挖施工质量标准应符合设计要求，放坡开挖施工质量标准见表1−17。

表1−17　放坡开挖施工质量标准

项目	允许偏差（mm）
坡面平整度	±20
边坡坡底及各级过渡平台的标高	±50
分层开挖的土方工程，除最下面一层土方外的其他各层土方开挖区表面标高	±50
分层放坡边坡平台宽度	−50～+100

1.4　基础工程

1.4.1　地基处理

地基处理一般是指用于改善支承建筑物的地基（或岩石）的承载能力或改善其变形性质或渗透性质而采取的工程技术措施，目的是提高土的地基承载力、增加土的刚度、减少地基沉降量、改善地基土的水力特性、改善抗震性能，以及改善特殊土的不良地基特性等。按地基处理作用机理可分为强夯法、振冲碎石桩法、排水固结法等。

选择地基处理方法，应综合考虑场地工程地质条件、水文地质条件、上部结构情况和采用天然地基存在的问题等因素，确定处理的目的、处理范围和处理后要求达到的各项技术经济指标，并在结合现场试验和当地经验的基础上，通过几种可供采用方案的比较，择优选择一种技术先进、经济合理、施工可行的方案。

1.4.1.1　强夯法

1. 概述

强夯法是反复将夯锤（质量一般为 80～400kN）提到一定高度使其自由落下（落距一般为 6～30m），给地基以冲击和振动能量，从而提高地基的承载力，改善砂土的抗液化条件，消除湿陷性黄土的湿陷性等，同时夯击能还可提高土层的均匀强度，减小将来可能出现的差异沉降。该方法适用于处理碎石土、砂土、低饱和度的粉土与黏性土、湿陷性黄土、杂填土和素填土等地基。对高饱和度的粉土与黏性土等地基，当采用在夯坑内回填块石、碎石或其他粗颗粒材料进行强夯置换时，应通过现场试验确定其适用性。强夯不得用于不允许对工程周围建筑物及设备有一定振动影响的地基加固，必须采用时，应采取防震、隔震措施。其技术参数包括夯击能量、夯击频率、夯击深度和夯击次数等。

2. 现行适用规范

（1）GB 50021—2001《岩土工程勘察规范（2009 年版）》。

（2）GB 50278—2010《起重设备安装工程施工及验收规范》。

（3）GB 50007—2011《建筑地基基础设计规范》。

（4）GB 50202—2018《建筑地基基础工程施工质量验收标准》。

（5）JGJ 180—2009《建筑施工土石方工程安全技术规范》。

（6）JGJ 79—2012《建筑地基处理技术规范》。

（7）YS/T 5209—2018《强夯地基技术规程》。

3. 施工工艺流程及操作要点

1）工艺流程

强夯法施工工艺流程见图 1-22。强夯法施工工艺图示见图 1-23。

（1）场地平整、回填。

清理并平整施工场地，布置好测斜管、沉降观测标、孔隙水压力计等。

（2）测量放样。

标出第一遍夯点位置，并测量场地高程。

（3）夯机就位。

起重机就位，使夯锤对准夯点位置。

（4）夯锤校验。

测量夯前锤顶高程，将夯锤起吊到预定高度，开启脱钩装置待夯锤脱钩自由下落后，放下吊钩，测量锤顶高程，若发现坑底倾斜，应及时将坑底填平后再进行夯击。

（5）第一次点夯。

按设计规定的夯击次数及控制标准完成一个夯点的夯击，再换夯点，完成第一遍全部夯点的夯击。

（6）场地推平、压实。

每一遍夯击完成后，将场地整平，同时测量整平后的标高。

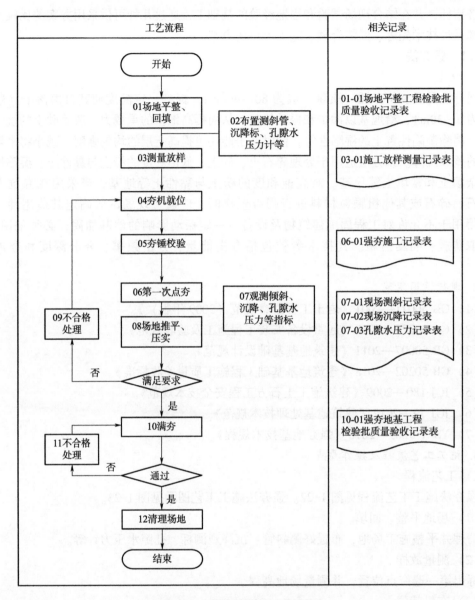

图1-22　强夯法施工工艺流程

（7）满夯。

在规定的时间间隔后，进行下一遍夯击，按上述步骤逐次完成全部夯击遍数，最后宜用夯击能量为500~2000kN·m的满夯将场地表层夯实，满夯的夯印搭接部分不应小于锤底面积的1/5~1/3，并测量夯后场地标高；柱下基础范围加强单点夯击，夯击能宜为2000~3000kN·m；当满夯完成后地坪标高低于竣工要求地坪标高时，可铺设垫层，并分层碾压密实。

（8）清理场地。

施工结束后应将场地清理恢复。

（a）场地平整、回填

（b）夯点校准

（c）场地推平、压实

（d）强夯完成

图1-23　强夯法施工工艺图示

2）操作要点

（1）夯击点布置及间距。

夯击点可根据基底平面形状进行布置。对某些基础面积较大的建筑物或构筑物，为便于施工，可按梅花形或正方形网格布置；对于办公楼、住宅建筑等，可根据承重墙位置布置夯击点，一般可采用等腰三角形布点，这样保证了横向承重墙及纵墙和横墙交接处墙基下都有夯击点；对工业厂房独立柱基础，可按柱网设置单点夯击点，间距一般为夯锤直径的3倍，即5～15m，第一遍夯击点的间距宜大，以便夯击能向深部传递。

（2）夯前原位测试。

强夯前应做好夯区岩土工程勘察，对不均匀土层适当增加钻孔和原位测试工作，掌握土质情况，作为制订强夯方案和对比夯前、夯后的加固效果之用，必要时进行现场试验性强夯，确定强夯的各项参数。

（3）夯后原位测试。

夯击后应对地基土进行原位测试，包括室内土工分析试验、标准贯入、静力触探、旁压（或野外载荷）试验，测定有关数据，以检验地基的实际影响深度。

（4）检测时间。

强夯效果的测试工作，不得在强夯后立即进行，必须根据不同土质条件间歇一至数周，以避免测得的土体强度偏低而出现较大误差，影响测试的准确性。

3）重点环节、重难点及应对措施

（1）强夯法重难点包括控制基准点和夯击点测设、夯坑推平、点夯施工测量等。

应对措施：

①开夯前应检查夯锤重量和落距，以确保单点夯击能量符合设计要求。

②每遍夯击前，应对夯击点放线进行复核，夯完后检查夯坑位置，发现偏差应及时纠正。

③按设计要求检查每个夯击点的夯击次数和每击的夯沉量。

④在夯击过程中，当发现地质条件与设计提供的数据不符时，应及时会同有关部门研究处理。

⑤强夯过程中应在现场及时对各项参数及施工情况进行详细记录。

（2）达不到下沉量控制指标。强夯最后二击的下沉量超过规定下沉量指标。

应对措施：

①在饱和淤泥、淤泥质土及含水量过大的土层上强夯，宜铺 0.5～2m 厚的砂石，再进行强夯。

②适当降低夯击能量或人工降低地下水位后再强夯。

（3）强夯后，实际加固深度局部或大部分未达到要求的影响深度，加固后的地基强度未达到设计要求。

应对措施：

①强夯前，需要探明地质情况，对存在砂卵石夹层的土层适当提高夯击能量，遇障碍物应清除。锤重、落距、夯击遍数、击数、间距等强夯参数，在强夯前应通过试夯、测试确定；两遍强夯间应间隔一定时间，对黏土或冲积土，一般为三周，地质条件良好、无地下水的土层可只间隔 1～2d。

②若影响深度不够，可增加夯击遍数或调节锤击功的大小，一般增大锤击功（如提高落距）可以使土的密度大增。

（4）强夯后表层土松散不密实，浸水后产生下陷现象。

应对措施：

①强夯完成应填平凹坑，用落距 6m 低能量夯锤满夯一遍，使夹层土密实。

②强夯处避免重型机械行驶扰动。

③冬季应将冻土融化或清除后再强夯。

4. 材料与设备

1）材料

桩体材料可用含泥量小于 5% 的碎石、卵石、角砾、圆砾等硬质材料。其最大粒径不宜大于 80mm，常用粒径为 20～50mm。

2）设备

（1）夯锤。

强夯锤质量可取 10～40t，底面形式应为圆形或多边形。

（2）起重机。

应选择 15t 以上的履带式起重机或其他特殊起重设备进行强夯施工。使用履带式起重机时，可以在臂杆端部设置辅助门架，或者采取其他安全措施，防止落锤时机架倾覆。

（3）脱钩装置。

要求有足够的强度，起吊时不产生滑钩；脱钩灵活，可保持夯锤平稳下落，同时挂钩方便快捷。

（4）推土机。

用于回填、整平夯坑。

（5）测试设备。

有标准贯入、静载试验、静力触探或轻便触探等设备，以及土工常规测试仪器。

5. 质量控制

1）施工过程控制指标

（1）检查施工过程中的各项测试数据和施工记录，不符合设计要求时应补夯或采取其他有效措施。

（2）强处理后的地基竣工验收承载力检验，应在施工结束后间隔一定时间方能进行。对于碎石土和砂土地基，其间隔时间可取 7～14d；粉土和黏性土地基可取 14～28d；当进行有孔隙水压力测试时，可按孔隙水压力消散 80% 以上时间作为间隔时间。

（3）强夯处理后的地基竣工验收时，承载力检验应采用原位测试和室内土工试验。原位测试可采用现场大压板载荷试验、标准贯入试验或动力触探等方法。

（4）竣工验收承载力可采用十字板试验、标准贯入试验、动力或静力触探试验、载荷试验等原位试验方法。试验点的数量应根据场地复杂程度和建筑物的重要性确定。对于简单场地上的一般建筑物，单位工程地基的原位试验检验点不应少于 3 个；对于复杂场地或重要建筑地基，应增加检验点数，并应进行载荷试验，载荷试验检验点数不应少于 3 个。

2）强夯地基质量检验标准

强夯地基质量检验标准见表 1-18。

表 1-18　强夯地基质量检验标准

项目分类	检查项目	允许偏差值	检查方法
主控项目	地基承载力	不小于设计值	静载试验
	处理后地基土的强度	不小于设计值	原位测试
	变形指标	设计值	原位测试

续表

项目分类	检查项目	允许偏差值	检查方法
一般项目	夯锤落距	±300mm	用钢尺量，钢索设标志
	夯击遍数	不小于设计值	计数法
	夯击顺序	设计要求	检查施工记录
	夯击击数	不小于设计值	计数法
	夯点位置	±500mm	用钢尺量
	夯击范围	设计要求	用钢尺量
	前后两遍间歇时间	设计值	检查施工记录
	场地平整度	±100mm	水准测量

1.4.1.2 · 振冲碎石桩法

1. 概述

振冲碎石桩法是指利用振动水冲法施工工艺，在地基中制成很多以石料组成的桩体。该方法对桩间土不起明显的排水固结和加密作用，它是通过碎石桩对原地基土的置换，使碎石体在原地基土中起到加筋作用。因为桩体比周围土的刚度大，所以地基应力向碎石桩集中，从而达到降低桩周土上附加应力的作用，提高整个复合地基承载力，降低复合地基的压缩性的目的。振冲碎石桩法具有适用范围广、工期短、经济实用等特点，适用于浅层软弱地基及不均匀地基的处理。振冲碎石桩施工过程中桩间距、填料量、留振时间及密实电流等参数都会对桩体密实度产生影响，留振时间越长，振冲碎石桩桩体击数越趋于均匀。

2. 现行适用规范

（1）GB 8076—2008《混凝土外加剂》。

（2）GB 50550—2010《建筑结构加固工程施工质量验收规范》。

（3）GB 50278—2010《起重设备安装工程施工及验收规范》。

（4）GB 50007—2011《建筑地基基础设计规范》。

（5）GB 50300—2013《建筑工程施工质量验收统一标准》。

（6）GB 50204—2015《混凝土结构工程施工质量验收规范》。

（7）GB 50202—2018《建筑地基基础工程施工质量验收标准》。

（8）GB/T 29733—2013《混凝土结构用成型钢筋制品》。

（9）JGJ 94—2008《建筑桩基技术规范》。

（10）JGJ 79—2012《建筑地基处理技术规范》。

（11）JGJ 106—2014《建筑基桩检测技术规范》。

（12）JGJ/T 135—2018《载体桩技术标准》。

3. 施工工艺流程及操作要点

1）工艺流程

振冲碎石桩法施工工艺流程见图1-24。振冲碎石桩法施工工艺图示见图1-25。

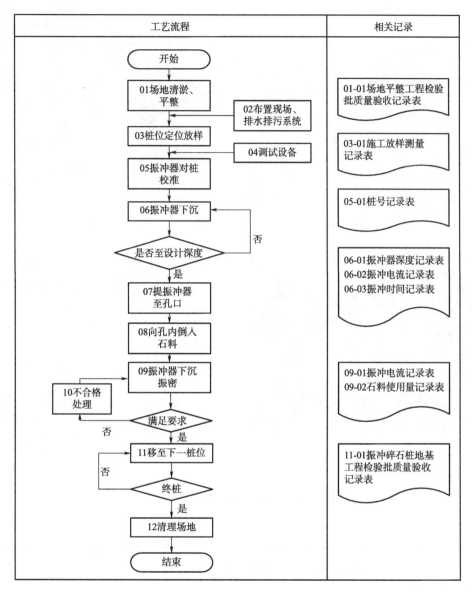

图1-24 振冲碎石桩法施工工艺流程

（1）场地清淤、平整。

清理并平整施工场地。

（2）布置现场、排水排污系统。

在施工前先进行现场的布置工作，并布置好排水排污系统。

（3）桩位定位放样。

在桩位中心打入木桩（长30cm木方）。

（4）调试设备。

振冲器对准桩位，通电、通水，检查水压、电压和振冲器空载电流值是否正常。

（a）场地清淤、平整

（b）测量放线

（c）倒入石料下沉振密

（d）连续打桩

图 1-25　振冲碎石桩法施工工艺图示

（5）振冲器对桩校准。

先打入带桩尖的套筒护壁，然后振冲器下沉，启动起重机使振冲器以 $1\sim 2m/min$ 的速度下沉，控制振冲器的额定电流，并进行记录。

（6）振冲器下沉。

当振冲器下沉到设计桩端以上 50cm 左右，若成孔困难可加大水压或增加辅助射水管。

（7）提振冲器至孔口。

重复（3）（4）步骤 $1\sim 2$ 次，完成振冲成孔，将振冲器停在桩底以上 50cm 左右处，进行清孔，待孔内循环泥浆稠度降低，即将振冲器提至孔口。

（8）向孔内倒入石料。

向孔内倾倒石料，每次下料不得超过 0.5m （可根据地层增减填料量）。

（9）振冲器下沉振密。

将振冲器下沉至孔内进行振密、拔筒、填料，振密程序一直进行至碎石桩桩顶达到设计标高以上 1.0m，确保成桩头部质量合格。

（10）移至下一桩位。

关闭振冲器和水泵，移位。

（11）清理场地。

在终桩后将场地清理干净。

2）操作要点

（1）留振时间控制。

严格控制水压、电流和振冲器在固定深度位置的留振时间。水量要充足，使孔内充满水，防止塌孔，使制桩工作得以顺利进行。水压视土质及其强度而定，一般对强度较低的软土，水压小一些；对强度较高的土，水压大些。成孔过程中水压和水量尽可能大，当接近设计加固深度时降低水压，以免影响桩底以下的土。加料振密过程中水压和水量均小些。

（2）电压一般为 380V±20V，并保持稳定。

电流一般为空载电流加 10～15A，或为额定电流的 90%。严禁在超过额定电流的情况下作业。振冲器在固定深度位置留振时间为 10～20s。

（3）填料控制。

原则上勤加料，但控制每批填料的数量。施工中，每段桩体均做到满足密实电流、填料量和留振时间三方面的规定。当达不到规定的密实电流时，向孔内继续加碎石并振密，直至电流值超过规定的密实电流值。避免出现断桩、缩径现象。

3）重点环节、重难点及应对措施

（1）桩点定位不准，将影响区域内桩位的整体布局，也将影响后续强夯的处理效果。

应对措施：将坐标控制点引至区域附近，再将区域四角控制点放好并固定，按照设计要求的平面位置尺寸将区域内所有的桩位放好样，并撒灰线和灰点。现场监理工程师对放好样的桩位进行复测，复测结果符合设计要求后方可进行桩基的定位。桩机定位前，先十字拉线定好桩位中心线，其偏差不应大于 20mm。桩机定位时，将桩管及桩尖对准桩位，其水平偏差不应大于 0.3 倍的套管外径。

（2）无法保证桩长或者充盈系数过大等异常情况。

应对措施：碎石桩施工过程中若遇到无法保证桩长、充盈系数过大等其他异常情况时，需及时将情况反馈给设计人员，设计人员到现场查看具体实际情况后进行研究决定，必要时带地质勘查人员一同到现场解决。

4. 材料与设备

1）材料

桩体材料可用含泥量小于 5% 的碎石、卵石、角砾、圆砾等硬质材料。其最大粒径不宜大于 80mm，常用粒径为 20～50mm。

2）设备

起重机（提升能力不小于 10t）、振冲器（功率为 30～75kN）、供电操作盘（装有150A 以上容量的电流表和 500V 电压表及操作开关）、供水水箱（5m×3m×2m）、清水泵

（功率 220V、供水压力 600Pa、供水量 20m²/h）、装载机及其他（料斗、导向杆、高压水管、电缆、经纬仪、水准仪等）。

5. 质量控制

1）施工过程控制指标

（1）检查各项施工记录，如有遗漏或不符合规定要求的桩或点，应采取有效的补救或整改措施。

（2）施工结束后，应间隔一定时间后方可进行质量检验。对砂土地基，不宜少于 7d；对粉土和杂填土地基可取 14～21d；对粉质黏土地基可取 21～28d。

（3）可采用单桩载荷试验，检验数量为桩数的 0.5%，且不少于 3 根。对桩体可采用重型动力触探检测方法进行随机检验。对桩间土的检验可在处理深度内采用标准贯入、静力触探等检测方法进行检验。

（4）处理后的地基竣工验收时，承载力检验应采用复合地基载荷试验。复合地基载荷试验检验数量不应少于总桩数的 0.5%，且每个单位工程不应少于 3 点。

2）施工质量控制指标

碎石桩地基质量检验标准见表 1–19。

表 1–19　碎石桩地基质量检验标准

项目分类	检查项目	允许偏差值	检查方法
主控项目	复合地基承载力	不小于设计值	静载试验
	单桩承载力	不小于设计值	静载试验
	桩长	不小于设计值	测桩管长度或用测绳测孔深
	桩径	±500mm	用钢尺量
	桩身完整性	—	低应变检测
	桩身强度	不小于设计要求	28d 试块强度
一般项目	桩位	垂直轴线≤1/6D	全站仪测量或用钢尺量
	桩顶标高	±200mm	水准测量，最上部 500mm 劣质桩体不计入
	桩垂直度	≤1/100	经纬仪测桩管
	混合料坍落度	160～220mm	坍落度仪测量
	混合料充盈系数	≥1.0	实际灌注量与理论灌注量的比
	垫层夯填度	≤0.9	水准测量

注：D 为设计孔径（mm）。

1.4.2　桩基础

桩基础施工技术是保证工程结构稳定性的重要施工方法。基础施工在实际操作中具有一定的难度，对技术水平也有很高要求，在施工前要对桩体结构进行科学设计，包括桩体高度、横截面积、埋置深度、埋置间隔等要素，同时，还要科学计算桩体的抗压系数，以确保其符合建筑施工的承载力要求。只有全方位提高桩基础的施工技术水平，加强施工质量管理，才能从根本上提高建筑结构的稳固性，保障建筑物的使用安全。

1.4.2.1 深层搅拌桩

1. 概述

水泥土搅拌桩施工方法有浆液搅拌法（简称湿法）和粉体搅拌法（简称干法），均具有施工时无振动、无噪声、无污染的特点，适用于处理淤泥、淤泥质土、素填土、软-可塑黏性土、松散-中密粉细砂、稍密-中密粉土、松散-稍密中粗砂和砾砂、黄土等土层，不适用于含大孤石或障碍物较多且不易清除的杂填土、硬塑及坚硬的黏性土、密实的砂类土以及地下水渗流影响成桩质量的土层。当用于处理泥炭土、有机质土或地下水具有侵蚀性时，应通过试验确定其适用性。

2. 现行适用规范

(1) GB 8076—2008《混凝土外加剂》。

(2) GB 50550—2010《建筑结构加固工程施工质量验收规范》。

(3) GB 50278—2010《起重设备安装工程施工及验收规范》。

(4) GB 50007—2011《建筑地基基础设计规范》。

(5) GB 50300—2013《建筑工程施工质量验收统一标准》。

(6) GB 50204—2015《混凝土结构工程施工质量验收规范》。

(7) GB 50202—2018《建筑地基基础工程施工质量验收标准》。

(8) GB/T 29733—2013《混凝土结构用成型钢筋制品》。

(9) JGJ 94—2008《建筑桩基技术规范》。

(10) JGJ 180—2009《建筑施工土石方工程安全技术规范》。

(11) JGJ 79—2012《建筑地基处理技术规范》。

(12) JGJ 106—2014《建筑基桩检测技术规范》。

(13) JGJ/T 135—2018《载体桩技术标准》。

3. 施工工艺流程及操作要点

1) 工艺流程

喷浆型深层搅拌桩施工工艺流程见图1-26。深层搅拌桩施工工艺图示见图1-27。

(1) 场地平整、回填。

清理并平整施工场地，布置好测斜管、沉降观测标、孔隙水压力计等。

(2) 测量定位。

①施工前，根据轴线交叉点坐标用全站仪定出轴线。

②根据桩位平面布置图及主要轴线，用全站仪定位，钢尺量距，确定桩位，用木桩进行现场标记。

③测量场地地面标高，确定桩顶标高，并对桩位进行标号。

(3) 搅拌机就位。

搅拌机就位，搅拌头锥尖对准桩位中心点。按要求的水灰比配制水泥浆液并进行充分搅拌，将搅拌好的水泥浆液经过滤后倒入集浆斗内。

(4) 搅拌下沉至桩底标高。

启动送浆泵，按要求的送浆流量（送浆压力）通过送浆管线将水泥浆液供给搅拌钻

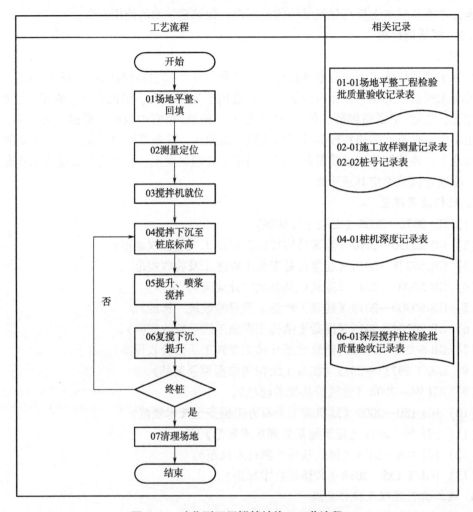

工艺流程	相关记录
开始 → 01场地平整、回填 → 02测量定位 → 03搅拌机就位 → 04搅拌下沉至桩底标高 → 05提升、喷浆搅拌 → 06复搅下沉、提升 → 终桩（否：返回04；是：向下）→ 07清理场地 → 结束	01-01场地平整工程检验批质量验收记录表 02-01施工放样测量记录表 02-02桩号记录表 04-01桩机深度记录表 06-01深层搅拌桩检验批质量验收记录表

图1-26 喷浆型深层搅拌桩施工工艺流程

（a）桩机就位

（b）搅拌桩下沉

图1-27 深层搅拌桩施工工艺图示

机。待水泥浆液流出搅拌钻机喷浆口后，启动搅拌钻机旋转下沉搅拌，也可以先进行搅拌下沉到要求深度后，再进行送浆搅拌作业。

（5）提升、喷浆搅拌。

按规定的施工参数如水灰比、泵送水泥流量（及压力）、提升速度、搅拌回转速度、搅拌深度、搅拌次数等进行连续的输送浆液、搅拌成桩施工作业，直至完成单桩施工作业任务。施工中，每班组（台班）应制作一组水泥搅拌体试块，标注制作日期，进行同等条件或标准养护。

（6）复搅下沉、提升。

单桩搅拌完成后，转移钻机至下一桩位，重复上述内容进行下一根桩的搅拌施工。

（7）清理场地。

在最后一根桩施工完成后将场地清理干净。

2）操作要点

（1）施工场地要求平整，清除杂物，在桩顶部位铺设砂垫层。

（2）钻孔前精准测放轴线和桩位，桩位布置与设计图误差在允许范围内。

（3）严格掌控桩的垂直度，留意桩基导向架对地面的垂直度，垂直度偏差不超过 1.0%。

（4）桩体搅拌要一次完成，按理论计算量往浆桶投料，投一次料，打一根桩，确保成桩质量，喷浆深度在钻杆上标线掌握。

（5）施工过程中要经常检查电流表、浆泵、输液泵。

（6）喷粉深层搅拌桩施工前应按下列事项进行检查。

①应检查搅拌机械、供粉泵、送气（粉）管路以及接头和阀门的密封性、可靠性，送气（粉）管路的长度不宜大于 60m。

②搅拌头每旋转一周，提升高度不得超过 15mm。

③搅拌头的直径应定期复核检查，其磨损量不得大于 10mm。

④当搅拌头到达设计桩底以上 1.5m 时，应开启喷粉机提前进行喷粉作业；当搅拌头提升至地面下 500mm 时，喷粉机应停止喷粉。

⑤成桩过程中，因故停止喷粉，应将搅拌头下沉至停灰面以下 1m 处，待恢复喷粉时，再喷粉搅拌提升。

3）重点环节、重难点及应对措施

（1）桩位定位的准确性难以把控。

应对措施：按照设计要求的平面位置尺寸将区域内所有的桩位放好样，并撒灰线和灰点。现场监理工程师对放好样的桩位进行复测，复测结果符合设计要求后方可进行桩基的定位。

（2）桩体所用水泥原材料及掺量的控制。

应对措施：按照设计要求，水泥为普通硅酸水泥，水泥掺量为 16%～18%（具体掺量需通过现场试桩试验确定）。水泥原材料除了应有出厂合格证和出厂检测报告外，应在现场监理工程师的见证下进行取样，送往有资质的实验室进行试验检测，其 28d 无侧限抗压强度标准值不宜小于 0.6MPa。

（3）地形不平、支撑搅拌机的机械腿支撑不平或个别机械腿支撑不牢固导致机架倾斜，钻杆不垂直。部分支腿不牢固、机架晃动大导致钻杆不垂直，垂直度偏差过大。

应对措施：

①在机架上挂垂线，在机架横梁上画出中线，只有机架垂直才能保证钻杆垂直，只有钻杆垂直才能保证桩体垂直。

②保证每条支腿都与地基充分接触受力，只有支撑牢固才能保证机架稳定，只有机架稳定才能预防钻杆倾斜。

（4）喷浆口或输浆管线堵塞。

应对措施：施工中发现有堵塞现象时，浆液输送泵应停止送浆，防止输浆管破裂，并立即将搅拌钻具提出地面进行疏通，待喷浆正常后再继续进行施工。

（5）搅拌直径小于设计值。

应对措施：施工中，质检员应经常或定期对搅拌叶片的磨损情况进行观察（或对成桩进行开挖，测量其桩体直径），必要时应对搅拌叶片尺寸进行测量，当搅拌叶片不能符合成桩直径要求时，应对搅拌叶片进行加工，符合要求后继续进行施工。

（6）输浆管路漏浆或输浆管线破裂。

应对措施：施工中发现有管路漏浆时，应查明原因加以消除；当出现输浆管线破裂时，应进行管线更换，同时估算因输浆管路漏浆或输浆管线破裂造成的浆液损失量，并补充损失的浆液。

（7）搅拌施工中停电且原因不明。

应对措施：立即人工将搅拌机械提出地面。若停电时间较短，可在原桩位上继续进行成桩工作，并复搅一倍桩径的深度。若不能在原桩位上完成成桩作业时，应征求地基处理设计人员意见，进行补桩作业。

（8）施工过程不能满足设计参数或试桩确定的参数要求。

应对措施：立即停止施工作业，及时分析原因，通知地基处理设计人员，协商解决，不得随意改变施工参数。

4. 材料与设备

1）材料

包括固化剂、外加剂和水。固化剂主要为水泥、水泥系固化材料以及石灰。

2）设备

包括深层搅拌机、起重机、灰浆搅拌机、注浆泵、冷却泵、机动翻斗车、导向架、集料斗、电气控制柜、铁锹、手推车、磅秤、提速测定仪、水泥浆流量计等。

5. 质量控制

1）施工过程控制指标

（1）施工中必须经常检查施工记录和计量记录，并对照规定的施工工艺对每根桩进行质量评定。检查重点为水泥用量、桩长、搅拌头叶片直径、搅拌头转数、提升和下沉速度、复搅次数和复搅深度、停浆处理方法等。

（2）成桩7d后，开挖浅部桩头（深度宜超过停浆面下0.5m），目测检查搅拌的均匀性，测量成桩直径。检查量为施工总桩数的5%。

（3）对相邻桩搭接要求严格的工程，应在成桩 15d 后，选取数根桩进行开挖，检查搭接质量情况。

（4）竖向承载的水泥土搅拌桩应按下列规定进行完整性和承载力检测。

①竖向承载的水泥土搅拌桩地基竣工验收时，承载力检验应采用单桩载荷试验和复合地基载荷试验方法。载荷试验宜在成桩 28d 后进行。检测数量为总桩数的 0.5% ～1% ，且每项单位工程不少于 3 根（或 3 点）。

②在成桩 28d 后，宜采用双管单动取样器钻取芯样，鉴定持力层土性，评价搅拌均匀性，检验水泥土抗拉强度；芯样直径不宜小于 80m ，钻入持力层深度不应小于 3 倍桩径，检测数量为施工总桩数的 0.5% ，且不少于 3 根。

2）施工质量控制指标

深层搅拌桩质量控制指标见表 1-20。

表 1-20　深层搅拌桩质量控制指标

项目分类	检查项目	设计及规范要求
主控项目	固化剂用量	不少于设计值
	桩长	不少于设计值
	钻孔垂直度	≤1/100
	桩身强度	不少于设计值
一般项目	水胶比	设计值
	提升速度	设计值
	旋转速度	设计值
	桩位	±20mm
	桩顶标高	±200mm
	注浆压力	设计值
	施工间歇	≤24h

1.4.2.2　高压旋喷桩

1. 概述

高压旋喷桩是以高压旋转的喷嘴将水泥浆喷入土层与土体混合，形成连续搭接的水泥加固体，施工占地少、振动小、噪声较低，但容易污染环境，成本较高。适用于处理淤泥、淤泥质土、黏性土（流塑、软塑或可塑）、粉土、砂土、黄土、素填土和碎石土等地基。

2. 现行适用规范

（1）GB 8076—2008《混凝土外加剂》。

（2）GB 50550—2010《建筑结构加固工程施工质量验收规范》。

（3）GB 50007—2011《建筑地基基础设计规范》。

（4）GB 50300—2013《建筑工程施工质量验收统一标准》。

（5）GB 50204—2015《混凝土结构工程施工质量验收规范》。

（6）GB 50202—2018《建筑地基基础工程施工质量验收标准》。

（7）JGJ 52—2006《普通混凝土用砂、石质量及检验方法标准（附条文说明）》。

（8）JGJ 94—2008《建筑桩基技术规范》。

（9）JGJ 180—2009《建筑施工土石方工程安全技术规范》。

（10）JGJ 79—2012《建筑地基处理技术规范》。

（11）JGJ 106—2014《建筑基桩检测技术规范》。

（12）JGJ/T 135—2018《载体桩技术标准》。

3. 施工工艺流程及操作要点

1）工艺流程

高压旋喷桩施工工艺流程见图1-28。高压旋喷桩施工工艺图示见图1-29。

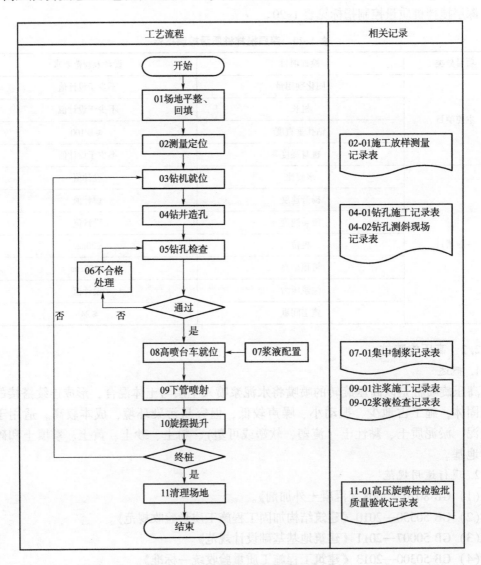

图1-28 高压旋喷桩施工工艺流程

（1）场地平整、回填。

场地平整、回填同 1.4.2.1 相关内容。

（2）测量定位。

测量定位同 1.4.2.1 相关内容。

（3）钻机就位。

钻机安放在设计孔位上，做水平校正，使钻杆轴线垂直对准孔位，并固定好钻机。

（4）钻井造孔。

钻井造孔的目的是把注浆管置入到预定深度。钻井造孔方法可根据地层条件、加固深度和机具设备等确定。成孔后，应校验孔位、孔深及垂直度是否符合设计要求。

（5）钻孔检查、高喷台车就位。

钻头换为高压旋喷钻头，尽快将钻头下至钻孔底端。同时，按要求水灰比配制水泥浆液并进行充分搅拌，将搅拌好的水泥浆液经过滤后倒入集浆斗内。

（6）下管喷射。

图 1-29　高压旋喷桩施工工艺图示

启动高压注浆泵（若采用泥浆护壁引孔，应先用清水将输浆管线冲洗干净），通过输浆管线低压将水泥浆液供给旋喷钻机，待水泥浆液从钻孔口返出后，启动钻机，旋转高压旋喷钻头，同时将注浆压力调整至可控制工作压力，先旋转数圈后，再按照确定的旋转速度、提升速度进行高压旋喷成桩工作。

（7）旋摆提升。

换卸钻杆完成后，应将高压旋喷钻头下沉至换卸钻杆前 0.10～0.15m 处继续进行高压旋喷成桩工作，直至钻头提升到设计桩顶标高以上 0.10m 停止送浆，将高压旋喷钻头提出地面，用清水将输浆管线冲洗干净。

（8）终桩。

单桩旋喷成桩完成后，转移钻机至下一孔位，重复上述内容进行下一根桩的旋喷成桩施工。需要时，施工中每班组（台班）应制作一组高压喷涂试块，标注制作日期，进行同等条件或标准养护。

（9）清理场地。

在终桩完成后将场地清理干净。

2）操作要点

（1）高压旋喷钻机进场后，应及时进行安装调试，保证机械摆放平稳，运转正常。

（2）旋喷钻头应与钻杆连接牢固，喷浆孔畅通无阻。

（3）水泥浆搅拌机应摆放平稳且加以固定。

（4）集浆坑应设置在搅浆机的一侧下方，集浆坑上方应装设过滤网。

（5）高压注浆泵应安置在集浆坑一侧附近并加以固定，其吸浆口应离坑底一定距离且不得靠近坑壁，吸口处应加过滤网。

（6）水泥浆液应充分搅拌且随用随制。

（7）高压注浆泵的控制开关应灵敏，送浆压力应可以根据需要进行调节。

（8）连接高压注浆泵和钻杆的送浆管线，应配备可以承受 1.5 倍以上使用压力的高压胶管，或钢管连接部位牢固不漏浆。

（9）高压旋喷钻机使用的钻杆应尽可能统一尺寸，以方便旋喷深度控制。

（10）选择施工场地适当位置进行试成桩工作，以检查各种施工机械设备性能及运行情况。通过试成桩确定以下施工参数：水灰比、注浆控制工作压力、旋转速度、提升速度、开始深度、终止深度等。

（11）检查各种施工设备机械性能及运行情况，协调各工种之间的施工人员配合，确定单桩施工时间，合理组织施工设备，科学安排施工班组，确保施工质量与工期。

3）重点环节、重难点及应对措施

（1）在高压旋喷施工过程中，钻孔可能会因不同原因出现事故，从而导致变形移位。移位力求最小，并放慢提速、增加喷射范围，保证质量。

（2）在高压旋喷施工过程中，会发生漏浆、串浆现象，表现为不冒浆和断续冒浆。应停止提升，待返浆正常后再提升，返浆量少的孔，放慢提速，待返浆正常后再恢复正常提速。

（3）在高压旋喷施工开始阶段可能会发生憋管（表现为泵压高、输浆管路爆破）和埋管，可先通过移孔及时补救，再分析研究，查明事故原因，提出解决方案。

（4）在高压旋喷施工过程中，可能会遇到钢筋混凝土块和砂层或碎石土层中夹杂漂石使钻进较为困难，此时可采用特种钻头。

（5）在施工中发现注浆泵压力突然升高时，注浆泵应停止送浆，防止输浆管破裂，并立即将旋喷钻具提出地面进行喷浆口疏通。这种现象一般是由于浆液过滤不彻底，使注浆泵吸入硬杂质造成的，应加强注浆泵吸入口的过滤装置检查，失效的予以更换。

（6）当换卸钻杆后没有将高压旋喷钻头下至换卸钻杆停止旋喷深度以下 0.10～0.15m 处，或旋喷注浆控制压力、旋转速度和提升速度协调严重失控而进行高压旋喷成桩作业时，易产生旋喷桩断桩（严重缩径）现象。

（7）当不同地层使用相同参数控制施工，或旋喷注浆控制压力、旋转速度和提升速度没有达到确定的施工参数而进行高压旋喷成桩作业时，易产生旋喷桩体局部缩径现象。

4. 材料与设备

1）材料

高压旋喷桩喷射注浆的主要材料为水泥，对于无特殊要求的工程宜采用强度等级为32.5级及以上的普通硅酸盐水泥。根据需要，可在水泥浆中分别加入适量的外加剂和掺合料，以改善水泥浆液的性能，如早强剂、悬浮剂等。所用外加剂或掺合剂的数量，应根据水泥土的特点通过室内配比试验或现场试验确定。

2）设备

（1）地质成孔设备。

包括地质钻机、潜孔钻机、冲击回转钻机、水井磨盘钻机、振冲设备等。

（2）搅拌制浆设备。

包括搅灌机、灰浆搅拌机、泥浆搅拌机、高速制浆设备等。

（3）供气、供水、供浆设备。

包括空压机、高压水泵、高压浆泵、中压浆泵、灌浆泵等。

（4）喷射注浆设备。

包括高压喷射注浆机、旋摆定喷提升装置、喷射管、喷头、喷嘴装置等。

（5）控制测量检测设备。

包括测量仪、测量尺、水平尺、测斜仪、密度仪、压力表、流量计等。

5. 质量控制

1）施工过程控制指标

（1）高压喷射注浆法可采用开挖检查、钻孔取芯、标准贯入试验、载荷试验、压水试验等方法进行检验。高压喷射注浆体的深度、固结体尺寸和强度等应符合设计要求。

（2）检验点应重点布置在下列部位。

①有代表性的桩位。

②施工中出现异常情况的部位。

③地质情况复杂，可能对高压喷射注浆质量产生影响的部位。

（3）检验点的数量宜为施工注浆孔数的1%，并不少于3点。

（4）质量检验宜在高压喷射注浆结束28d后进行。

（5）竖向承载旋喷桩地基竣工验收时，承载力检验应采取复合地基载荷试验和单桩载荷试验方法。

（6）载荷试验必须在桩身强度满足试验条件，并成桩28d后进行。检验数量为桩总数的0.5%～1%，且每单位工程不少于3点。

（7）高压喷射注浆施工过程中应对毗邻建筑物进行沉降观测。

2）施工质量控制指标

高压喷射注浆地基质量检验标准见表1-21。

表1-21 高压喷射注浆地基质量检验标准

检查项目		允许偏差或允许值		检查方法
		单位	数值	
主控项目	1 水泥及外掺剂质量	符合出厂要求		查看产品合格证书或抽样送检
	2 水泥用量	设计要求		查看流量表及水泥浆水灰比
	3 桩体强度或完整性	设计要求		按规定方法
	4 地基承载力	设计要求		按规定方法
一般项目	1 钻孔位置	mm	≤50	用钢尺量
	2 钻孔垂直度	%	≤1.5	经纬仪测钻杆
	3 孔深	mm	±200	用钢尺量
	4 注浆压力	按设定参数指标		查看压力表
	5 桩体搭接长度	mm	>200	用钢尺量
	6 桩体直径	mm	≤50	开挖后用钢尺量
	7 桩身中心允许偏差	mm	≤0.2D	开挖后桩顶下500mm处用钢尺量

注：D为桩径（mm）。

1.4.2.3　钻孔灌注桩

1. 概述

钻孔灌注桩具有施工噪声和振动小、能建造比预制桩直径大的桩等特点，但费工费时，成孔速度慢，泥渣污染环境。灌注桩的持力层应为碎石层，碎石含量应在50%以上，充填土与碎石无胶结或者为轻微胶结。碎石的石质要坚硬，碎石分布均匀，碎石层厚度要符合设计要求。

2. 现行适用规范

（1）GB 8076—2008《混凝土外加剂》。

（2）GB 50550—2010《建筑结构加固工程施工质量验收规范》。

（3）GB 50007—2011《建筑地基基础设计规范》。

（4）GB 50300—2013《建筑工程施工质量验收统一标准》。

（5）GB 50204—2015《混凝土结构工程施工质量验收规范》。

（6）GB 50202—2018《建筑地基基础工程施工质量验收标准》。

（7）JGJ 52—2006《普通混凝土用砂、石质量及检验方法标准（附条文说明）》。

（8）JGJ 94—2008《建筑桩基技术规范》。

（9）JGJ 79—2012《建筑地基处理技术规范》。

（10）JGJ 106—2014《建筑基桩检测技术规范》。

（11）JGJ/T 135—2018《载体桩技术标准》。

3. 施工工艺流程及操作要点

1）工艺流程

钻孔灌注桩施工工艺流程见图1-30。钻孔灌注桩施工工艺图示见图1-31。

（1）场地平整、回填。

平整场地，清除杂物，更换软土，夯填密实。钻机机座不宜直接置于不坚实的填土上，以免产生不均匀沉陷。根据施工组织设计，合理安排泥浆池、沉淀池的位置。

（2）测量放样。

桩位由专业测量人员进行测设放样，按照设计坐标放出桩位中心。用水准仪测量地面高程，确定钻孔深度，测量的误差控制在5mm以内。经验收后应采取保护措施，防止桩位变动。

（3）埋设护筒。

钻孔前设置坚固、不漏水的孔口护筒。护筒中心竖直线应与桩中心线重合，偏差不得超过50mm，竖直线倾斜不大于1%。护筒可采用挖坑埋设法，护筒底部和四周所填黏质土必须分层夯实。护筒高度宜高出地面0.3m或水面1.0～2.0m。当钻孔内有承压水时，应高于稳定后的承压水位2.0m以上。护筒的埋设深度为：黏性土中不宜小于1.0m；砂土中不宜小于1.5m；特殊情况应加深以保证钻孔和灌注混凝土顺利进行。护筒连接处要求筒内无凸出物，应耐拉、耐压，不漏水。

（4）钻机就位。

钻机安装后底座和机架应平稳，在钻进中不应产生位移或沉陷。应在成孔钻具上设置控制深度的标尺，并应在施工过程中进行观测记录。

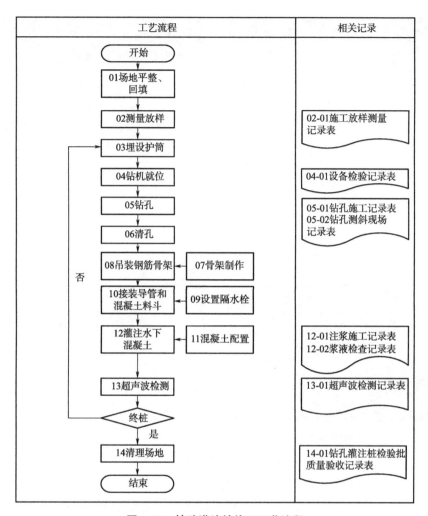

图 1-30　钻孔灌注桩施工工艺流程

（5）钻孔。

开孔的孔位必须准确。开钻时均应慢速钻进，待导向部位或钻头全部进入地层后，方可加速钻进。在钻孔排渣、提钻头除土或因故停钻时，应保持孔内具有规定的水位及要求的泥浆相对密度和黏度。处理孔内事故或因故停钻，必须将钻头提出孔外，并保持孔内水头。旋挖钻机在钻孔过程中钻机提钻甩渣复位后，应检查钻头是否对中，钻至设计标高后，相对延长旋挖筒取渣的时间，保证能够取尽钻渣，但不能加压，以免超钻。钻孔作业应连续进行，填写钻孔施工记录，经常对钻孔泥浆进行检测和试验，不符合要求时，应随时改正。应经常注意地层变化，在地层变化处均应捞取渣样，判明后记入记录表中并与地质剖面图核对。当钻孔深度符合设计要求时，采用检孔器和测绳等仪器对孔深、孔径、孔位和孔形等进行检查，确认符合设计要求后，立即填写钻孔检查单，并经驻地监理工程师认可，方可进行清孔。

（6）清孔。

在清孔过程中，应不断置换泥浆，直至灌注水下混凝土。灌注混凝土前，孔底

（a）埋设护筒

（b）钻孔

（c）吊装钢筋骨架

（d）成桩

图 1-31　钻孔灌注桩施工工艺图示

500mm 以内的泥浆相对密度应小于 1.25，含砂率不得大于 8%，黏度不得大于 28s。在容易产生泥浆渗漏的土层中应采取维持孔壁稳定的措施。在吊入钢筋骨架后，灌注水下混凝土之前，应再次检查孔内泥浆性能指标和孔底沉淀厚度，如超过规定，应进行第二次清孔，符合要求后方可灌注水下混凝土。

（7）吊装钢筋骨架。

钢筋骨架在钢筋场制作，再运至钻孔现场。其制作应符合设计及规范要求。长桩骨架宜分段制作，分段长度根据吊装条件确定，应确保骨架不变形，接头应错开。应在骨架外侧设置控制保护层厚度的垫块或钢筋，其间距竖向为 2m，横向（一个圆形平面内）不得少于 4 处。骨架顶端应设置吊环。骨架入孔一般用起重机，对于小直径桩无起重机时可采用钻机钻架等，起吊过程中应采取措施确保骨架不变形。

（8）接装导管和混凝土料斗。

导管壁厚不宜小于 3mm，直径宜为 200～250mm，直径制作偏差不应超过 2mm，导管的分节长度可视工艺要求确定，底管长度不宜小于 4m，宜采用双螺纹方扣快速接头。导管使用前应试拼装、试压，试水压力可取 0.6～1.0MPa。每次灌注后应对导管内外进行清洗。

（9）灌注水下混凝土。

开始灌注混凝土时，导管底部至孔底的距离宜为 300～500mm。应有足够的混凝土储备量。导管一次埋入混凝土灌注面以下不应少于 0.8m，导管埋入混凝土深度宜为 2～6m。严禁将导管提出混凝土灌注面，并应控制提拔导管速度，应有专人测量导管埋深及管内外混凝土灌注面的高差，填写水下混凝土灌注记录。灌注水下混凝土必须连续施工，每根桩的灌注时间应按初盘混凝土的初凝时间控制，对灌注过程中的故障应记录备案。应控制最后一次灌注量，超灌高度宜为 0.8～1.0m，凿除泛浆后必须保证暴露的桩顶混凝土强度达到设计等级。

（10）超声波检查。

利用超声波检测仪，对被检验部件的表面和内部质量进行检查。

（11）清理场地。

在终桩后将场地清理干净。

2）操作要点

（1）地基处理设计人员应明确钻孔的桩径、有效桩长（或以桩端进入某一地层深度为准）、桩体强度、桩顶标高等设计控制参数。

（2）进行场地踏勘，对既有架空电线、地下电缆、给排水管道等设施，如果妨碍施工或对安全操作有影响，应采取清除、改移、保护等措施妥善处理。

（3）选择施工现场适当位置进行试桩，试桩数量应根据工程规模及施工场地地质情况确定，且不宜少于 2 根。通过试桩验证成桩的设计参数、承载能力以及成桩质量能否符合设计要求。

（4）检查各种施工设备机械性能及运行情况，确定单桩施工时间，合理组织施工设备、人员，科学安排施工顺序，确保施工质量与工期。

3）重点环节、重难点及应对措施

（1）坍孔。

坍孔的特征是孔内水位突然下降，孔口冒细密的水泡，出渣量显著增加而不见进尺，钻机负荷显著增加等。

①坍孔原因。

a. 泥浆相对密度等指标不符合要求，使孔壁未形成坚实泥皮。

b. 因出渣后未及时补充泥浆、孔内出现承压水、通过砂砾等强透水层，使得孔内水流失而造成孔内水头高度不够。

c. 护筒埋置太浅，下端孔口漏水、坍塌；孔口附近地面受水浸湿泡软；钻机直接接触护筒，由于振动使孔口坍塌，扩展成较大坍孔。

d. 在松软砂层中钻进进尺太快。

e. 水头太高，使孔壁渗浆或护筒底形成反穿孔。

f. 清孔后泥浆的相对密度、黏度等指标降低。

g. 未及时补浆（或水），使孔内水位低于地下水位。

h. 清孔操作不当，如供水管嘴直接冲刷孔壁、清孔时间过久或清孔停顿时间过长。

i. 吊入钢筋骨架时碰撞孔壁。

②坍孔的预防和处理。

a. 在松散粉砂土或流砂中钻进时，应控制进尺速度，选用较大相对密度、黏度、胶体率的泥浆或高质量泥浆。

b. 发生孔口坍塌时，应立即拆除护筒并回填钻孔，重新埋设护筒再钻。

c. 如发生孔内坍塌，应判明坍塌位置，回填砂和黏质土（或砂砾和黄土）混合物到坍孔处以上 1～2m，如坍孔严重时应全部回填，待回填物沉积密实后再行钻进。

d. 清孔时应指定专人补浆（或水），保证孔内必要的水头高度。供水管最好不要直接插入钻孔中，应通过水槽或水池使水减速后流入钻中，避免冲刷孔壁。

e. 吊入钢筋骨架时应对准钻孔中心竖直插入，严防触及孔壁。

（2）钻孔偏斜。

①偏斜原因。

a. 钻孔中遇有较大的孤石或探头石。

b. 在有倾斜的软硬地层交界处、岩面倾斜处钻进；在粒径大小悬殊的砂卵石层中钻进，钻头受力不均。

c. 扩孔较大处，钻头摆动偏向一方。

d. 钻机底座未安置水平或产生不均匀沉陷、位移。

e. 钻杆弯曲，接头不正。

②钻孔偏斜预防和处理。

a. 钻机安装后调整好钻杆的垂直度和钻机的水平度，在钻孔过程中钻机提钻甩渣复位后，应检查钻头是否对中。

b. 钻杆接头应逐个检查，及时调整，当主动钻杆弯曲时，要用千斤顶及时调直。

（3）扩孔和缩孔。

扩孔一般表现为局部孔径过大。在地下水呈运动状态、土质松散地层处或钻筒摆动过大时，易出现扩孔现象，重则演变为坍孔。若只孔内局部发生坍塌而扩孔，钻孔仍能达到设计深度则不必处理，只是大大增加混凝土灌注量。若因扩孔后继续坍塌影响钻进，应按坍孔事故处理。

缩孔即孔径的超常缩小，一般表现为钻机钻进时发生卡钻、提不出钻头。缩孔原因有两种：一种是钻头焊补不及时，严重磨耗的钻锥往往钻出较设计桩径稍小的孔；另一种是由于地层中有软塑土（俗称橡皮土），遇水膨胀后使孔径缩小。各种钻孔方法均可能发生缩孔。为防止缩孔，前者要及时修补磨损的钻头，后者要使用失水率小的优质泥浆护壁并须快转慢进，并复钻二三次，直至使发生缩孔部位达到设计要求为止。对于有缩孔现象的孔位，钢筋笼就位后须立即灌注，以免桩身缩颈或露筋。

（4）缩径、断桩现象。

①当遇到含水砂质粉土、粉细砂地层，压灌桩料输送压力与提拔钻具速度不匹配时，易出现缩径、断桩现象。

②在饱和软土中成桩，桩机的振动力较小，当采用连打作业时，新打桩对已打桩的作用主要表现为挤压，即已打桩被新打桩挤成椭圆形或不规则形，严重的会造成已打桩缩颈和断桩。

（5）灌桩穿透现象。

当遇到含水砂质粉土、粉细砂地层，且桩间距较小，又需连续施工时，如压灌桩料输送压力过大或过小，导致与提拔钻具配合不当，易造成在施桩和已施工完成的邻桩均出现穿透的现象（俗称串桩），从而造成桩体塌陷，影响成桩质量。如遇此现象，除严格按照施工参数要求进行控制外，在场地条件许可情况下，最好采用间隔跳打方法施工。

（6）堵管现象。

成桩人员配合不熟练、配制桩料不符合施工配合比要求、配制的桩料坍落度较小、配制合格的桩料没有及时压灌（待用时间过长现象）等，都会造成堵管。查明原因，加以控制，即可解决堵管问题。

4. 材料与设备

根据工程需要组织原材料进货，不同性质材料必须分开堆放，并注明品名、产地、检验状态及检验人等。

1）材料

注浆材料主要包括水泥、石灰和混凝土三类。其中，水泥是最常用的注浆材料，它具有较高的水硬性和强度特性；石灰则是一种常见的天然材料，具有良好的渗透性能，可以有效地将水分子传导到孔隙中去；而混凝土则是一种特殊的水泥石料，既能提供抗压强度，又兼具良好的耐腐蚀性。

2）设备

钻孔灌注桩常用施工机械设备有旋挖钻机、冲击钻机、回旋钻机、汽车吊、泥浆泵、挖掘机、电焊机、对焊机等。

5. 质量控制

1）施工过程控制指标

（1）安设钻机。

钻机就位时，必须保持平稳，不发生倾斜、位移。为准确控制钻孔深度，要在机架或钢丝绳上设置标尺刻度，以便在施工中进行观测、记录。在钻进过程中应认真观察、检查桩孔是否垂直，如发现倾斜应及时加以修正。

（2）钻孔桩终孔。

钻孔桩终孔后，应对孔深、孔径、倾斜度进行检查，符合规范要求后方可清孔。这些工作应抓紧进行，以免间隔时间过长、钻渣沉淀过厚，造成清孔困难或坍孔。清孔后灌注混凝土前，应检查孔底沉淀厚度，符合设计、规范要求后方可灌注水下混凝土。摩擦桩不得以加深钻孔深度的方法代替清孔，否则可能会因为沉淀过厚、过软而使桩尖处的极限承载力大大降低。

（3）钢筋笼制作与安装。

进场钢筋应经抽检试验合格后才能使用，钢筋骨架的制作应符合设计、规范要求。长骨架应分段制作，分段长度应根据吊装条件确定，接头应错开。骨架外侧应设置控制保护层厚度的垫块，如圆形混凝土预制块或耳朵形钢筋，其间距竖向为 2m，横向（一个圆形平面内）不少于 4 处，骨架顶端应设置吊环。钢筋笼搬运和吊装时，应避免变形；安放前需通过验孔器检查孔内的状况，以确定孔内无塌方和缩孔现象等。钢筋笼安放要对准孔位，扶稳、缓放、顺直，防止碰撞孔壁，严禁墩笼、扭笼。声测管应严格按设计图纸进行设置，声测管接头及底部要密封好，顶部用木塞封闭，防止砂浆、杂物堵塞管道。检测管接头一般采用套管，套接后用液压钳压紧密封，质量应符合规范要求。

（4）灌注水下混凝土。

混凝土应有良好的和易性，在运输和灌注过程中无明显离析、泌水现象，坍落度宜为180~220mm。在灌注过程中，应经常测探孔内混凝土面的位置，及时调整导管埋置深度，控制在2~6m。为防止钢筋骨架上浮，当灌注的混凝土顶面距钢筋骨架下端1m左右时，应降低混凝土的灌注速度，以减少混凝土上升的动能作用。当钢筋骨架被埋入混凝土4m以上深度时提升导管，使导管下端高出钢筋下端2m以上，调至正常速度灌注。灌注的桩顶标高应比设计桩顶略高，以保证混凝土强度且不夹泥。多余部分混凝土在接桩前必须凿除，桩头应无松散层、无夹泥等质量缺陷。直径大于1m的桩或单桩混凝土量超过25m³的桩，每根桩应留有1组桩身混凝土试件；直径不大于1m的桩或单桩混凝土量不超25m³的桩，每个灌注台班不得少于1组。

2）施工质量控制标准

混凝土灌注桩钢筋笼质量检验标准及混凝土灌注桩质量检验标准分别见表1-22、表1-23。

表1-22 混凝土灌注桩钢筋笼质量检验标准

检查项目			允许偏差或允许值		检查方法
			单位	数值	
主控项目	1	钢筋笼 主筋间距	mm	±10	用钢尺量
	2	长度	mm	±100	用钢尺量
一般项目	1	钢筋材质检验	设计要求	抽样送检	抽样送检
	2	箍筋间距	mm	±20	用钢尺量
	3	直径	mm	±10	用钢尺量

表1-23 混凝土灌注桩质量检验标准

检查项目			允许偏差或允许值		检查方法
			单位	数值	
主控项目	1	桩位	见 GB 50202—2018 表5.1.4		基坑开挖前量护筒，开挖后量桩中心
	2	孔深	mm	+300	只深不浅，用重锤测，或测钻杆、套管长度，嵌岩桩应确保进入设计要求的嵌岩深度
	3	桩体质量	参照基桩检测技术规范。如钻芯取样，大直径嵌岩桩应钻至桩尖下50cm		参照基桩检测技术规范
	4	混凝土强度	设计要求		试件报告或钻芯取样送检
	5	承载力	参照基桩检测技术规范		参照基桩检测技术规范

续表

检查项目		允许偏差或允许值		检查方法
		单位	数值	
一般项目	1 垂直度	≤1/100		测套管或钻杆,或用超声波探测,干施工时吊垂球
	2 桩径	≥0		井径仪或超声波检测,施工时用钢尺量,人工挖孔桩不包括内衬厚度
	3 泥浆比重(黏土或砂性土中)	1.15～1.20		用比重计测量,清孔后在距孔底50cm处取样
	4 泥浆面标高(高于地下水位)	m	0.5～1.0	目测
	5 沉渣厚度 端承桩	mm	≤50	用沉渣仪或重锤测量
	摩擦桩		≤150	
	6 混凝土坍落度	mm	160～220 70～100	用坍落度仪测量
	7 钢筋笼安装深度	mm	±100	用钢尺量
	8 混凝土充盈系数	>1		检查每根桩的实际灌注量
	9 桩顶标高	+30 -50		水准测量,需扣除桩顶浮浆层及劣质桩体

1.5 设备基础

1.5.1 块式设备基础

1. 概述

块式基础工艺是以钢筋混凝土为主要材料制作成刚度很大的块体基础,其作用是固定设备、承受荷载、吸收或隔离振动,适用于工业与民用建筑施工中的一般中、小型混凝土设备基础,比如各类水泵或输送设备。常见块式设备基础见图1-32。

2. 现行适用规范

(1) GB 50278—2010《起重设备安装工程施工及验收规范》。

(2) GB 50870—2013《建筑施工安全技术统一规范》。

(3) GB 50204—2015《混凝土结构工程施工质量验收规范》。

(4) GB 50202—2018《建筑地基基础工程施工质量验收标准》。

(5) GB/T 50107—2010《混凝土强度检

图1-32 常见块式设备基础

验评定标准》。

（6）GB/T 50375—2016《建筑工程施工质量评价标准》。

（7）JGJ 180—2009《建筑施工土石方工程安全技术规范》。

3. 施工工艺流程及操作要点

1）工艺流程

块式基础施工工艺流程见图 1-33。

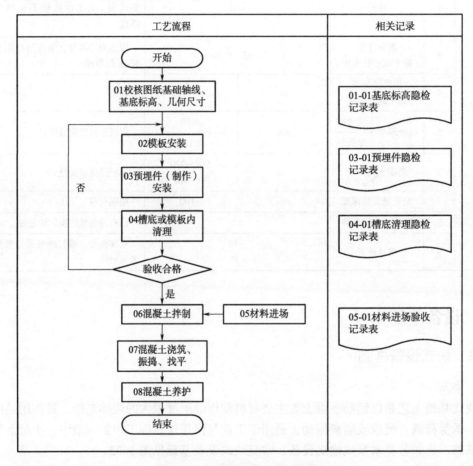

图 1-33　块式基础施工工艺流程

（1）校核图纸基础轴线、基底标高、几何尺寸。

校核图纸基础轴线、基底标高、几何尺寸均合格，并应办完隐检手续。

（2）模板安装。

安装的模板已经过检查，符合设计要求，并办完预检手续。

（3）预埋件（制作）安装。

埋在基础中的钢筋、螺栓、预埋件、设备管线均已安装完毕，并经过有关部门检查验收，并办完隐检手续。

（4）槽底或模板内清理。

在地基或基土上清除淤泥和杂物，并应有防水和排水措施。对于干燥土应用水润湿，表面不得存有积水。清除模板内的垃圾、泥土等杂物，并浇水润湿木模板，堵塞板缝和孔洞。

（5）混凝土拌制。

认真按混凝土的配合比投料；每盘投料顺序为石子→水泥→砂子（掺合料）→水（外加剂），并严格控制用水量，搅拌均匀。搅拌时间一般不少于90s。

（6）混凝土浇筑、振捣、找平。

①混凝土的下料口距离所浇筑的混凝土的表面高度不得超过2m，如自由倾落超过2m时，应采用串筒或溜槽。

②混凝土的浇筑应分层连续进行，一般分层厚度为振捣器作用部分长度的1.25倍，最大厚度不超过50cm。

③用插入式振捣器应快插慢拔，插点应均匀排列，逐点移动，顺序进行，不得遗漏，做到振捣密实。移动间距不大于振捣棒作用半径的1.5倍。振捣上一层时，应插入下层5cm，以消除两层间的接缝。平板振捣器的移动间距应能保证振捣器的平板覆盖已振捣的边缘。

④混凝土不能连续进行浇筑时，如果超过2h，应按设计要求和施工规范的规定留置施工缝。

⑤浇筑混凝土时，应经常注意观察模板、支架、螺栓、管道和预留孔洞、预埋件有无移动情况，当发现有变形或位移时，应立即停止浇筑，并及时修整和加固模板，完全处理好后，再继续浇筑混凝土。

⑥混凝土振捣密实后，表面应用木杠刮平。

（7）混凝土养护。

混凝土浇筑搓平后，应在12h左右加以覆盖和洒水，浇水的次数应能保证混凝土足够润湿。养护期一般不少于7d。

2）操作要点

（1）模板安装及预埋件安装。

支模和钢筋网铺设完成后，进行钢筋绑扎，垂直钢筋绑扎时需要注意钢筋弯钩的朝向，轴线位置经过核准后利用木架将钢筋固定在基础外模板上，钢筋绑扎中不能漏扣，插筋需要符合锚固长度要求。

（2）混凝土浇筑。

基础浇筑时，先铺设一层10cm厚混凝土，经过振捣后确保密实，通过这种方法让柱子插筋和钢筋网片的位置得到固定，然后再进行混凝土浇筑施工。混凝土浇筑需要根据实际情况分段和分层进行，浇筑要确保连续性。浇筑过程中需要注意浇筑顺序，先充满模板内边角，再浇筑中间部位。振捣过程要注意设备选择，通常情况下，基础施工中适合采用插入式振捣器进行振捣。

3）重点环节、重难点及应对措施

（1）箍筋绑扎不牢固，绑扎点松脱，箍筋滑移歪斜，负筋绑扎混乱、歪斜，间距不一。

应对措施：

①一般采用20～22号铁丝作为绑线，直径12mm以下钢筋绑扎宜用22号铁丝，直径

12～16mm 钢筋绑扎宜用 20 号铁丝，梁、柱等直径较大的钢筋绑扎用两根 22 号铁丝充当绑线。

②绑扎时要注意相邻两个箍筋采用反向绑扣形式，如绑平板钢筋网时，除了用一面顺扣外，还应加一些十字花扣，钢筋转角处要采用兜扣并加缠。对纵向的钢筋网，除了十字花扣外，也要适当加缠。

③重新调整钢筋笼骨架，并将松扣处重新绑牢。

④加强现场管理，对操作人员认真交底。

⑤钢筋必须满绑。

⑥合理安排工序，做好保护措施，预防绑扎后踩踏。

（2）混凝土浇筑完成后出现漏筋。

应对措施：浇筑混凝土应保证钢筋位置和保护层厚度正确，并加强检查；钢筋密集时，应选用适当粒径的石子，保证混凝土配合比准确并有良好的和易性；模板应充分湿润并认真堵好缝隙；混凝土振捣时严禁撞击钢筋，在钢筋密集处，可采用刀片或振动棒进行振捣；操作时，避免踩踏钢筋，如有踩弯或脱扣等现象及时调整修正；保护层混凝土要振捣密实；正确掌握脱模时间，防止过早拆除模板，碰坏棱角。

4. 材料与设备

1）材料

（1）水泥。

宜选用 325～425 号矿渣硅酸盐水泥或普通硅酸盐水泥。

（2）砂。

中、粗砂，含泥量不大于 5%。

（3）石子。

卵石或碎石，粒径 0.5～3.2cm，含泥量不大于 2%。

（4）水。

应用自来水或不含有害物质的洁净水。

（5）外加剂、掺合料。

其品种及掺量应根据需要通过试验确定。

（6）钢筋。

对按一、二、三级抗震等级设计的框架和斜撑构件（含梯段）中的纵向受力普通钢筋应采用 HRB335E、HRB400E、HRB500E、HRBF335E、HRBF400E 或 HRBF500E 钢筋。

2）材料检测

（1）水泥进场时，应对其品种、代号、强度等级、包装或散装编号、出厂日期等进行检查，并应对水泥的强度、安定性和凝结时间进行检验，检验结果应符合 GB 175—2023《通用硅酸盐水泥》的相关规定。

检查数量：按同一厂家、同一品种、同一代号、同一强度等级、同一批号且连续进场的水泥，袋装不超过 200t 为一批，散装不超过 500t 为一批，每批抽样数量不应少于一次。

检验方法：检查质量证明文件和抽样检验报告。

（2）混凝土原材料中的粗骨料、细骨料质量应符合 JGJ 52—2006《普通混凝土用砂、石质量及检验方法标准》的相关规定，使用经过净化处理的海砂应符合 JGJ 206—2010《海砂混凝土应用技术规范》的相关规定，使用再生混凝土骨料应符合 GB/T 25177—2010《混凝土用再生粗骨料》和 GB/T 25176—2010《混凝土和砂浆用再生细骨料》的相关规定。

检查数量：按照 JGJ 52—2006《普通混凝土用砂、石质量及检验方法标准（附条文说明）》的相关规定确定。

检验方法：检查抽样检验报告。

（3）混凝土拌制及养护用水应符合 JGJ 63—2006《混凝土用水标准》的相关规定。采用饮用水时，可不检验；采用中水、搅拌站清洗水、施工现场循环水等其他水源时，应对其成分进行检验。

检查数量：同一水源检查不应少于一次。

检验方法：检查水质检验报告。

（4）混凝土外加剂进场时，应对其品种、性能、出厂日期等进行检查，并应对外加剂的相关性能指标进行检验，检验结果应符合 GB 8076—2008《混凝土外加剂》和 GB 50119—2013《混凝土外加剂应用技术规范》等的相关规定。

检查数量：按同一厂家、同一品种、同一性能、同一批号且连续进场的混凝土外加剂，不超过 50t 为一批，每批抽样数量不应少于一次。

检验方法：检查质量证明文件和抽样检验报告。

（5）钢筋进场时，应按国家现行标准的规定抽取试件做屈服强度、抗拉强度、伸长率、弯曲性能和重量偏差检验，检验结果应符合相应标准的规定。

检查数量：按进场批次和产品的抽样检验方案确定。

检验方法：检查质量证明文件和抽样检验报告。

3）设备

施工设备主要包括搅拌机、手推车或翻斗车、振捣器（棒式或平板式）、铁锹（尖、平头）、刮杠、串筒或溜槽等。

5. 质量控制

1）施工过程控制指标

（1）现浇混凝土结构模板及支架的安装质量，应符合国家现行有关标准的规定和施工方案的要求。

检查数量：全数检查。

检验方法：观察。

（2）钢筋安装时，受力钢筋的牌号、规格和数量必须符合设计要求。

检查数量：全数检查。

检验方法：观察、尺量。

（3）钢筋的连接方式应符合设计要求。

检查数量：全数检查。

检验方法：观察。

（4）混凝土的强度等级必须符合设计要求。用于检验混凝土强度的试件应在浇筑地点随机抽取。对同一配合比混凝土，取样与试件留置应符合下列规定。

①每拌制 100 盘且不超过 100m³ 时，取样不得少于一次。

②每工作班拌制不足 100 盘时，取样不得少于一次。

③连续浇筑超过 1000m³ 时，每 200m³ 取样不得少于一次。

④每次取样应至少留置一组试件。

检验方法：检查施工记录及混凝土强度试验报告。

2）施工质量控制指标

（1）主控项目。

①混凝土所用的水泥、骨料、水、外加剂等必须符合施工规范和有关标准的规定。

②混凝土的配合比、原材料计量、搅拌、养护和施工缝处理，必须符合施工规范的规定。

③评定混凝土强度的试块，必须按照 GB/T 50107—2010《混凝土强度检验评定标准》的相关规定取样、制作、养护和试验，其强度必须符合施工规范的规定。

（2）一般项目。

①混凝土应振捣密实。蜂窝面积单处不大于 400cm²，累计不大于 800cm²，无孔洞。

②无缝隙、无夹渣层。

③基础表面有坡度时，坡度应正确，无倒坡现象。

④现浇结构不应有影响结构性能或使用功能的尺寸偏差；混凝土设备基础不应有影响结构性能和设备安装的尺寸偏差。

对超过尺寸允许偏差且影响结构性能和安装、使用功能的部位，应由施工单位提出技术处理方案，经监理、设计单位认可后进行处理。对经处理的部位应重新验收。

检查数量：全数检查。

检验方法：测量，检查处理记录。

现浇结构位置和尺寸允许偏差及检查方法见表 1-24。

表 1-24　现浇结构位置和尺寸允许偏差及检查方法

项目		允许偏差（mm）	检查方法
轴线位置	整体基础	15	经纬仪测量及尺量
	独立基础	10	经纬仪测量及尺量
	柱、墙、梁	8	尺量
垂直度	层高 ≤6m	10	经纬仪或吊线测量、尺量
	层高 >6m	12	经纬仪或吊线测量、尺量
	全高（H）≤300m	$H/30\,000\pm20$	经纬仪测量、尺量
	全高（H）>300m	$H/10\,000$ 且 1≤80	经纬仪测量、尺量
标高	层高	±10	水准仪或拉线测量、尺量
	全高	±30	水准仪或拉线测量、尺量

续表

项目		允许偏差（mm）	检查方法
截面尺寸	基础	+15，-10	尺量
	柱、梁、板、墙	-10，-5	尺量
	楼梯相邻踏步高差	6	尺量
电梯井	中心位置	10	尺量
	长、宽尺寸	+25.0	尺量
表面平整度		8	2m靠尺和塞尺测量
预埋件中心位置	预埋板	5	尺量
	预埋螺栓	5	尺量
	预埋管	5	尺量
	其他	10	尺量
预留洞、孔中心线位置		15	尺量

1.5.2 箱变基础

1. 概述

最早的变电站是建在地面或地下的，建成后不能整体搬迁。而箱式变电站（简称箱变）可以实现搬迁，箱变里面有变压器、高压配电柜或低压配电柜等配电设施。箱变基础就是这个箱体式变电站的安装基础，这个基础按照箱变的尺寸、重量以及电缆安装、运行维护检修等需要设计。箱变基础俗称逆变器和箱式变压器的建筑基础，通过在箱变基础上预埋钢板，为逆变器安装、箱变安装提供平衡、稳定的基础。在箱变基础处有穿通电缆的通道，为汇流箱出线至逆变器、逆变器出线至箱变低压侧提供通道。常见箱变基础见图1-34。

1）箱变基础的特点

箱变基础具有防潮、防锈、防鼠、隔热、占地小、环保等特点。

2）箱变基础的适用范围

箱变基础广泛适用于一般城市负荷密集地区、农村地区、住宅小区，以及公园配电等，有利于高压延伸，减少低压线路的供电半径，降低线损。

2. 现行适用规范

（1）GB 50203—2011《砌体结构工程施工质量验收规范》。

（2）GB 50300—2013《建筑工程施工质量验收统一标准》。

（3）GB 50870—2013《建筑施工安全技术统一规范》。

图1-34 常见箱变基础

（4）GB 50204—2015《混凝土结构工程施工质量验收规范》。

（5）GB 50202—2018《建筑地基基础工程施工质量验收标准》。

（6）GB 50026—2020《工程测量标准》。

（7）GB/T 50107—2010《混凝土强度检验评定标准》。

（8）JGJ 180—2009《建筑施工土石方工程安全技术规范》。

3. 施工工艺流程及操作要点

1）工艺流程

箱变基础施工工艺流程见图1-35。箱变基础施工工艺图示见图1-36。

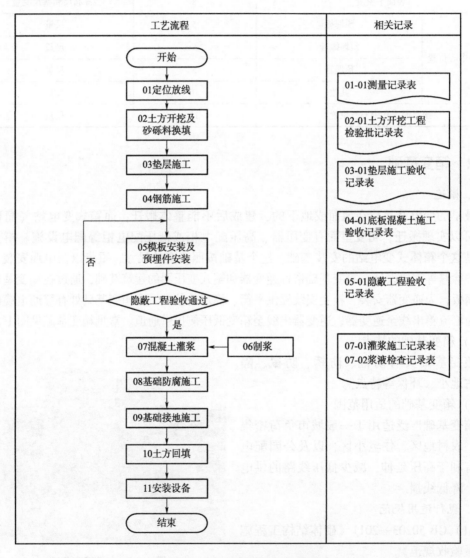

图1-35　箱变基础施工工艺流程

（1）定位放线。

清除表层浮土及扰动土，不留积水，在基面上定出基础底面标高。用全站仪放出所有

（a）定位放线

（b）土方开挖

（c）垫层施工

（d）基础接地施工

（e）土方回填

（f）安装设备

图1-36　箱变基础施工工艺图示

筏板基础的中心线、控制线。

（2）土方开挖及砂砾料换填。

测量放线控制完成后，应进行渣土、地下及地表障碍物清理，清理工作完成后进行土方分区分层开挖，完成挖方区清理、整平，并通过验收。

（3）垫层施工。

地基验槽完成后，应立即进行垫层混凝土施工，在基面上浇筑细石混凝土垫层，垫层混凝土必须振捣密实，控制好厚度和宽度，表面平整，严禁晾晒基土。

（4）钢筋施工。

垫层浇筑完成，混凝土达到强度后，进行钢筋绑扎，核对钢筋半成品，按设计图纸（工程洽商或设计变更）对加工的半成品钢筋的规格型号、形状、尺寸、外观质量等进行检验，挂牌标识。按照图纸标明的钢筋间距，从距模板端头、梁板边 5cm 起，用墨斗在混凝土垫层上弹出位置线（包括基础梁钢筋位置线）。按弹出的钢筋位置线，先铺底板下层钢筋，如设计无要求，一般情况下先铺短向钢筋，再铺长向钢筋。钢筋绑扎时，靠近外围两行的相交点每点都绑扎，中间部分的相交点可相隔交错绑扎，双向受力的钢筋必须将钢筋交叉点全部绑扎。绑扎时采用八字扣或交错变换方向绑扎，必须保证钢筋不位移。基础底板采用双层钢筋时，绑完下层钢筋后，摆放钢筋马凳或钢筋支架（间距以人踩不变形为准，一般为 1m 左右一个为宜）。在马凳上摆放纵横两个方向的定位钢筋，钢筋上下次序及绑扎方法同底板下层钢筋。基础底板和基础梁钢筋接头位置要符合设计要求，同时进行抽样检测。根据弹好的墙、柱位置线，将墙、柱伸入基础的插筋绑扎牢固，插入基础深度和甩出长度要符合设计及规范要求，同时用钢管或钢筋将钢筋上部固定，保证甩筋位置准确、垂直，不歪斜、倾倒、变位。

（5）模板安装及预埋件安装。

模板安装测量放线由专业测量人员操作，根据控制网、中心定位桩及施工图放出基础垫层支模用线及基础模板安装控制线。

穿线管安装时，按图纸设计间距，采用钢筋焊接成双层网格支撑固定架，待基础内模安装固定后，放入支撑固定架并穿好预埋管定位，再进行基础外模安装，并在预埋管两侧设置对拉加固，使其不移位。预埋件安装包括爬梯预埋、接地预埋及钢板预埋，在预埋过程中，先了解各预埋件的位置及高程。爬梯预埋须考虑模板的开孔，在制作定型模板时按设计间距进行开孔，安装时将爬梯穿入孔内，模板安装完成后进行爬梯位置加固使其不移位，再封堵模板孔洞。接地预埋先确定出口方向，将接地扁铁和预埋钢筋焊接，接地预埋布设位置为围绕箱变基础内壁一周，出口处需将基础模板开口后穿出，其余部分待模板支设安装完成后再进行安装并加固。钢板与锚固钢筋的连接在加工场焊接完成，基础面上的钢板预埋应在还剩 10cm 混凝土浇筑完成时进行，预埋结束后再将混凝土浇筑至设计高程，浇筑完成后及时检查并调整预埋钢板表面平整度，使其达到设计要求。

（6）混凝土灌浆。

浇筑混凝土垫层前，应清除基层的松散土和杂物，基层表面平整度应控制在 0～50mm 内。根据测量水平标高控制线，向下量出垫层面标高，在钢筋桩上标出控制标高线。铺设混凝土前，将基层湿润，安排运输车将混凝土运输至基坑处，地面铺设铁皮卸料，再人工溜槽入仓。混凝土铺设应从一端开始，由内向外铺设。混凝土应连续浇筑，间歇时间不得超过 30min。如间歇时间过长，应分块浇筑，接槎处按施工缝处理，接缝处混凝土应捣实压平，不显接头槎。振捣混凝土时，用铁锹摊铺混凝土，用水平控制桩控制标高，虚铺厚度略高于控制桩，然后用振捣器振捣。振捣时振捣器的移动距离不应大于作用半径的 1.5 倍，做到不漏振，确保混凝土密实。混凝土振捣密实后，以水平控制线为标志，检查平整度，凸的地方铲平，凹的地方补平。混凝土先用水平刮杠刮平，然后用木抹子把表面接头搓平。混凝土浇筑完毕后，应及时加以覆盖和浇水，浇水次数应能保持混凝土足够润湿。养护期一般不少于 7d。混凝土强度应以标准养护，以龄期为 28d 的试块抗压试验结果为准。混凝土试压块宜采用表面振动器进行机械振捣，以保证混凝土试压块的质量。

（7）基础防腐施工。

基础防腐采用环氧煤沥青涂刷两遍，厚度大于或等于 500μm。在基础防腐前完成基础混凝土表面清理工作，保证表面干燥、无尘土。基础表面有残缺部位采用水泥砂浆找平，待干燥后进行沥青防腐施工，确保沥青与基础混凝土黏结密实无分层。刷沥青防腐时，基础表面与回填土接触部分全面刷盖，打底刷盖完成后 1h 左右进行第二遍补刷，完成后进行质量验收。

（8）基础接地施工。

①接地装置的材质、规格及埋深应符合设计要求。

②接地槽底面应平整，并清除槽内一切影响接地体与土壤接触的杂物。

③接地体敷设前进行预矫正，不应有明显弯曲，接地体敷设于槽底。

④接地装置的连接要可靠，除设计规定的断开点用螺栓连接外，其余都应用焊接连接。

⑤接地装置连接前应清除连接部位的铁锈等附着物。

⑥按施工图纸的要求对接地体进行安装，接地极与主接地连接采用搭接焊连接方式。

⑦镀锌钢接地体焊接完毕后，应清除焊渣及金属飞溅物，在焊接处刷银粉漆并进行防腐处理，地下部分宜采用沥青防腐漆，镀锌钢材在锌层破坏处和钢材切断面必须进行防腐处理。

⑧接地体引出线的垂直部分和接地装置连接（焊接）部位外侧 100mm 范围内应做防腐处理。

⑨按设计、规范要求由质检员对接地网的接地电阻进行测试，检查各主要区网、点的接地电阻是否符合设计及规范要求，并出具自检报告。

（9）土方回填。

基础混凝土结构外观、风机接地系统、防腐等隐蔽验收项验收完成后，开始基础土方回填，回填土质应符合设计要求。

2）操作要点

（1）钢筋绑扎。

①墙钢筋绑扎：将预埋的插筋清理干净，按 1∶6 的比例调整其保护层厚度符合规范要求。先绑 2～4 根竖筋，并画好横筋分挡标志，然后在下部及齐胸处绑两根横筋定位，并画好竖筋分挡标志。一般情况横筋在外，竖筋在里，所以先绑竖筋，后绑横筋，横竖筋的间距及位置应符合设计要求。墙筋为双向受力钢筋，所有钢筋交叉点应逐点绑扎，在竖筋搭接范围内，水平筋不少于 3 道。横竖筋搭接长度和搭接位置，应符合设计图纸和施工

规范要求。双排钢筋之间应绑间距支撑筋和拉筋，以固定钢筋间距和保护层厚度。支撑筋或拉筋可用 $\phi 6mm$ 钢筋制作，间距 400mm 左右，用以保证双排钢筋之间的距离。在墙筋的外侧应绑扎或安装垫块，以保证钢筋保护层厚度。为保证门洞口标高位置正确，在洞口竖筋上画出标高线。门窗洞口要按设计要求绑扎过梁钢筋，锚入墙内长度要符合设计及规范要求。各连接点的抗震构造钢筋，应按设计要求进行绑扎。配合其他工程安装预埋管件、预留洞口等，其位置、标高均应符合设计要求。

②顶板钢筋绑扎：清理模板上的杂物，用墨斗弹出主筋、分布筋间距。按设计要求，先摆放受力主筋，后放分布筋。绑扎板底钢筋一般用顺扣或八字扣，除外围两根筋的相交点全部绑扎外，其余各点可交错绑扎（双向板相交点须全部绑扎）。如板为双层钢筋，两层筋之间须加钢筋马凳，以确保上部钢筋的位置。板底钢筋绑扎完毕后，及时进行水电管路的敷设和各种埋件的预埋工作。水电预埋工作完成后，及时进行钢筋盖铁的绑扎工作。绑扎时要挂线绑扎，保证盖铁两端成行成线。盖铁与钢筋相交点必须全部绑扎。钢筋绑扎完毕后，及时进行钢筋保护层垫块和盖铁马凳的安装工作。垫块厚度等于保护层厚度，如设计无要求时为 15mm。钢筋的锚固长度应符合设计要求。

（2）模板及预埋件安装。

①垫层模板采用竹胶模板拼接，用 $\phi 12mm$ 以上钢筋紧靠模板竖向嵌入地基夹住模板以稳固模板，模板顶面应与垫层混凝土标高等高。

②基础模板采用加工定型木模板块在现场拼装支设，并以方木、钢管或对拉螺栓加固。

（3）垫层施工。

基坑土方开挖至设计标高，经验槽合格后，即可浇筑混凝土垫层。若底板有防水要求，应待底板混凝土达到 25% 以上强度后再进行底板防水层施工。防水层施工完毕，应浇筑一定厚度的混凝土保护层，以避免进行钢筋安装绑扎时防水层受到破坏。

4. 材料与设备

1）材料

（1）钢筋。

①受力钢筋：钢筋混凝土结构中，按结构计算，承受拉力或压力的钢筋是所配置钢筋中的主要部分。

②架立钢筋：为满足构造上或施工上的要求而设置的定位钢筋。作用是把主要的受力钢筋（如主钢筋、箍筋等）固定在正确的位置上，并与主钢筋连成钢筋骨架，从而充分发挥各自的受力特性。

③分布钢筋：在垂直于板或梁的受力方向上设置的构造钢筋。其作用是将作用于板或梁上的荷载更均匀地传给受力钢筋，同时在施工中可通过绑扎或点焊固定主钢筋的位置，并抵抗温度应力和混凝土收缩应力。

（2）混凝土原材料。

混凝土一般是由水泥、砂、石和水所组成，为改善混凝土的某些性能，常加入适量的外加剂和掺合料。因此，混凝土主要由六大组分组成：水泥、水、粗骨料（主要为石子）、细骨料（主要为砂子）、矿物掺合料（主要为粉煤灰或其他掺合料）、外加剂（如膨胀剂、减水剂、缓凝剂等)。

在混凝土中，砂、石起骨架作用，称为骨料或集料；水泥与水形成水泥浆，包裹在骨料的表面并填充其空隙。在混凝土硬化前，水泥浆、外加剂与掺合料起润滑作用，赋予拌合物一定的流动性，便于施工操作。水泥浆硬化后，则将砂、石骨料胶结成一个结实的整体。砂、石一般不参与水泥与水的化学反应，其主要作用是节约水泥、承担荷载和限制硬化水泥的收缩。外加剂、掺合料除了起改善混凝土性能的作用外，还有节约水泥的作用。

①水泥。水泥材质和标号的选用会影响混凝土凝固和水化热过程，进而影响混凝土强度，选用的水泥质量对混凝土的成品质量起主要作用。

②水。水的 pH 值、水质、硫酸盐等含量影响混凝土强度及混凝土成品质量。

③粗骨料（主要为石子）。石子的强度及材质影响混凝土强度及混凝土成品质量。

④细骨料（主要为砂子）。砂子的含泥量、砂子本体材质、砂的有害物质含量不同程度地影响混凝土的强度及凝固时间。

⑤矿物掺合料（主要为粉煤灰或其他掺合料）。不同掺合料会影响混凝土的和易性、强度曲线、混凝土成品观感等。

⑥外加剂（如膨胀剂、减水剂、缓凝剂等）。外加剂的种类及添加量会影响混凝土的凝固时间、强度、物理性能等。

（3）混凝土拌合物。

混凝土各组成材料按一定比例配合拌制而成的尚未凝结硬化的塑性状态拌合物，称为混凝土拌合物，也称为新拌混凝土。

2）设备

主要包括挖掘机、全站仪、水平仪、钢卷尺、斗车、起重机等。

5. 质量控制

1）施工过程控制指标

（1）土方开挖。

土方开挖尺寸允许偏差见表 1-25。

表 1-25 土方开挖尺寸允许偏差

项目	序号	项目	允许偏差或允许值（mm）				
			柱基、基坑、验槽	挖方场地平整		管沟	地面基层
				人工	机械		
主控项目	1	标高	−50	±30	±50	−50	−50
	2	长度、宽度 （由设计中心线向两边量）	+200 −50	+300 −100	+500 −150	+100	—
	3	边坡	设计要求				
一般项目	1	表面平整度	20	20	50	20	20
	2	基底土性	设计要求				

（2）钢筋工程。

①钢筋原材料及钢筋加工工程。钢筋原材料及钢筋加工工程质量应符合 GB 50204—2015《混凝土结构工程施工质量验收规范》的相关规定。钢筋原材料质量检验标准见表 1-26。

表 1-26　钢筋原材料质量检验标准

项目	序号	检查项目	允许偏差或允许值
主控项目	1	力学性能检验	抽取试件做力学性能检验
	2	抗震用钢筋强度实测值	对有抗震设防要求的框架结构，其纵向受力钢筋的强度应满足设计要求；当设计无具体要求时，对一、二级抗震等级，检验所得的强度实测值应符合下列规定：①钢筋的抗拉强度实测值与屈服强度实测值的比值不应小于 1.25；②钢筋的屈服强度实测值与强度标准值的比值不应大于 1.3
	3	化学成分等专项检验	除焊接封闭环式箍筋外，箍筋的末端应做弯钩，弯钩的形式应符合设计要求；当设计无具体要求时，应符合下列规定：①箍筋弯钩的弯弧内直径应不小于受力钢筋直径。②箍筋弯钩的弯折角度：对一般结构，不应小于 90°；对有抗震等要求的结构，应为 135°。③箍筋弯钩平直部分长度：对一般结构，不宜小于箍筋直径的 5 倍；对有抗震等要求的结构，不应小于箍筋直径的 10 倍
	4	受力钢筋的弯钩和弯折	①HPB 235 级钢筋末端应做 180°弯钩，其弯弧内直径不应小于钢筋直径的 2.5 倍，弯钩的弯后平直部分长度不应小于钢筋直径的 3 倍。②当设计要求钢筋末端需做 135°弯钩时，HRB 335 级、HRB 400 级钢筋的弯弧内直径不应小于钢筋直径的 4 倍，弯钩的弯后平直部分长度应符合设计要求。③钢筋做不大于 90°的弯折时，弯折处的弯弧内直径不应小于钢筋直径的 5 倍
一般项目	1	外观质量	钢筋应平直无损伤，表面不得有裂纹、油污、颗粒状或片状老锈
	2	钢筋调直	钢筋调直宜采用机械方法，也可采用冷拉方法。当采用冷拉方法调直钢筋时，HPB 235 级钢筋的冷拉率不宜大于 4%，HRB 335、HRB 400 级和 HRB 400 级钢筋的冷拉率不宜大于 1%
	3	钢筋加工的形状、尺寸	±10mm
			±20mm
			±5mm

②钢筋安装工程。钢筋安装工程质量应符合 GB 50204—2015《混凝土结构工程施工质量验收规范》的相关规定。钢筋安装工程质量检验标准见表 1-27。

表 1-27　钢筋安装工程质量检验标准

项目	序号	检查项目	允许偏差或允许值
主控项目	1	纵向受力钢筋的连接方式	符合设计要求
	2	机械连接和焊接接头的力学性能	符合相关规程规定
	3	受力钢筋的品种、级别和数量	检查数量：全数检查 检验方法：观察，钢尺检查

项目	序号	检查项目				允许偏差或允许值
一般项目	1	接头位置和数量				接头宜设置在受力较小处，检查数量应全数检查
	2	机械连接、焊接的外观质量				符合相关规程规定
	3	机械连接、焊接的接头面积百分率				同一连接区段内，纵向受力钢筋的接头面积百分率应符合设计要求，当设计无具体要求时，应符合下列规定：①在受拉区不宜大于50%。②接头不宜设置在有抗震设防要求的框架梁端、柱端的箍筋加密区，无法避开时，采用等强度高质量机械连接接头，且不应大于50%。③直接承受动力荷载的结构构件中，不宜采用焊接接头；采用机构连接接头时，不应大于50%
	4	绑扎搭接接头面积百分率				同一连接区段内，纵向受拉钢筋搭接接头面积百分率应符合设计要求，当设计无具体要求时，应符合下列规定：①对梁类、板类及墙类构件，不宜大于25%。②对柱类构件，不宜大于50%。③当工程中确有必要增大接头面积百分率时，对梁类构件，不应大于50%；对其他构件，可根据实际情况放宽
	5	搭接长度范围内的箍筋				在梁、柱类构件的纵向受力钢筋搭接长度范围内，应按设计要求配置箍筋，当设计无具体要求时，应符合下列规定：①箍筋直径不应小于搭接钢筋较大直径的0.25倍。②受拉搭接区段的箍筋间距不应大于搭接钢筋较小直径的5倍，且不应大于100mm。③受压搭接区段的箍筋间距不应大于搭接钢筋较小直径的10倍，且不应大于200mm。④当柱中纵向受力钢筋直径大于25mm时，应在搭接接头两个端面外100mm范围内各设置两个箍筋，其间距宜为50mm
	6	钢筋安装允许偏差	绑扎钢筋网	长宽		±10mm
				网眼尺寸		±20mm
			绑扎钢筋骨架	长		±10mm
				宽、高		±5mm
			受力钢筋	间距		±10mm
				排距		±5mm
				保护层厚度	基础	±10mm
					柱、梁	±5mm
					板、墙、壳	±3mm
			绑扎箍筋、横向钢筋间距			±20mm
			钢筋弯起点位置			20mm
			预埋件	中心线位置		5mm
				水平高差		+3，0mm

（3）模板工程。

①模板工程质量应符合 GB 50204—2015《混凝土结构工程施工质量验收规范》的相关规定。模板安装工程质量检验标准见表 1-28。

表 1-28　模板安装工程质量检验标准

项目	序号	检查项目			允许偏差或允许值
主控项目	1	模板支撑、立柱位置和垫板			对照模板设计文件和施工技术方案全数观察
	2	避免隔离剂沾污			不得污染钢筋和混凝土接槎处
一般项目	1	模板安装的一般要求			①模板的接缝不应漏浆；在浇筑混凝土前，木模板应浇水湿润，但模板内不应有积水。②模板与混凝土的接触面应清理干净并涂刷隔离剂，但不得采用影响结构性能或妨碍装饰工程施工的隔离剂。③浇筑混凝土前，模板内的杂物应清理干净。④对清水混凝土工程及装饰混凝土工程，应使用能达到设计效果的模板
	2	用作模板的地坪、胎模质量			用作模板的地坪、胎模等应平整光洁，不得产生影响构件质量的下沉、裂缝、起砂或起鼓
	3	模板起拱高度			对跨度不小于 4m 的现浇钢筋混凝土梁板，其模板应按设计要求起拱；当设计无具体要求时，起拱高度宜为跨度的 3/1000
	4	预埋件、预留孔洞允许偏差	预埋钢板中心线位置		3mm
			预埋管、预留孔中心线位置		3mm
			插筋	中心线位置	—
				外露长度	—
			预埋螺栓	中心线位置	—
				外露长度	—
			预留洞	中心线位置	—
				尺寸	—
	5	模板安装允许偏差	轴线位置		5mm
			底模上表面标高		±5mm
			截面内部尺寸	基础	—
				柱、墙、梁	—
			层高垂直度	不大于 5m	—
				大于 5m	—
			相邻两板表面高低差		2mm
			表面平整度		5mm

②模板拆除质量应符合 GB 50204—2015《混凝土结构工程施工质量验收规范》的相关规定。模板拆除工程质量检验标准见表 1-29。

表 1-29 模板拆除工程质量检验标准

项目	序号	检查项目	允许偏差或允许值
主控项目	1	底模及其支架拆除时的混凝土强度	构件类型为板时，构件跨度小于 2m，底模及其支架拆除时的混凝土强度需大于设计的混凝土立方体抗压强度标准值的 50%；构件跨度大于 2m、小于 8m，底模及其支架拆除时的混凝土强度需大于设计的混凝土立方体抗压强度标准值的 75%；构件跨度大于 8m，底模及其支架拆除时的混凝土强度须大于设计的混凝土立方体抗压强度标准值的 100%。构件类型为梁时，构件跨度小于 8m，底模及其支架拆除时的混凝土强度需大于设计的混凝土立方体抗压强度标准值的 75%；构件跨度大于 8m，底模及其支架拆除时的混凝土强度需大于设计的混凝土立方体抗压强度标准值的 100%
	2	后张法预应力构件侧模和底模的拆除时间	对后张预应力混凝土结构构件，侧模宜在预应力张拉前拆除；底模支架的拆除应按施工技术方案执行，当无具体要求时，不应在结构构件建立预应力前拆除
	3	后浇带拆模和支顶	按施工技术方案执行
一般项目	1	避免拆模损伤	侧模拆除时的混凝土强度应能保证其表面及棱角不受损伤
	2	模板拆除、堆放和清运	模板拆除时，不应对楼层形成冲击荷载。拆除的模板和支架宜分散堆放并及时清运

（4）混凝土工程。

①混凝土原材料及配合比设计。混凝土工程质量应符合 GB 50204—2015《混凝土结构工程施工质量验收规范》的相关规定。混凝土原材料及配合比设计质量检验标准见表 1-30。

表 1-30 混凝土原材料及配合比设计质量检验标准

项目	序号	检查项目	允许偏差或允许值
主控项目	1	水泥进场检验	水泥进场时应对其品种、级别、包装或散装仓号、出厂日期等进行检查，并应对其强度、安定性及其他必要的性能指标进行复验。当在使用中对水泥质量有怀疑或水泥出厂超过 3 个月（快硬硅酸盐水泥超过 1 个月）时，应进行复验，并按复验结果使用。在钢筋混凝土结构、预应力混凝土结构中，严禁使用含氧化物的水泥
	2	外加剂质量及应用	在预应力混凝土结构中，严禁使用含氯化物的外加剂
	3	混凝土中氯化物、碱的总含量控制	检查原材料试验报告和氯化物、碱的总含量计算书
	4	配合比设计	符合配合比设计要求
一般项目	1	矿物掺合料质量及掺量	矿物掺合料的掺量应通过试验确定
	2	粗细骨料的质量	（1）混凝土用的粗骨料，其最大颗粒粒径不得超过构件截面最小尺寸的 1/4，且不得超过钢筋最小净间距的 3/4； （2）对混凝土实心板，骨料的最大粒径不宜超过板厚的 1/3，且不得超过 40mm
	3	拌制混凝土用水	宜采用饮用水

项目	序号	检查项目	允许偏差或允许值
一般项目	4	开盘鉴定	首次使用的混凝土配合比应进行开盘鉴定，其质量和性能应符合设计配合比的要求。开始生产时应至少留置一组标准养护试件，作为验证配合比的依据
	5	依砂、石含水率调整配合比	混凝土拌制前，应测定砂石含水率，并根据测试结果调整材料用量，提出施工配合比

②混凝土施工。混凝土施工质量应符合 GB 50204—2015《混凝土结构工程施工质量验收规范》的相关规定。混凝土施工质量验收标准见表 1-31。

表 1-31　混凝土施工质量验收标准

项目	序号	检查项目	允许偏差或允许值
主控项目	1	混凝土强度等级及试件的取样和留置	结构混凝土的强度等级必须符合设计要求。用于检查结构构件混凝土强度的试件，应在混凝土的浇筑地点随机抽取。取样与试件留置应符合下列规定：①每拌制 100 盘且不超过 100m 的同配合比的混凝土，取样不得少于一次。②每工作班拌制的同一配合比的混凝土不足 100 盘时，取样不得小于一次。③当一次连续浇筑超过 1000m 时，同一配合比的混凝土每 200m 取样不得少于一次。④每一楼层、同一配合比的混凝土，取样不得少于一次。⑤每次取样应至少留置一组标准养护试件，同条件养护试件的留置组数应根据实际需要确定
	2	混凝土抗渗及试件取样和留置	对有抗渗要求的混凝土结构，其混凝土试件应在浇筑地点随机取样。同一工程、同一配合比的混凝土，取样不应少于一次
	3	原材料每盘称量的偏差	水泥、掺合料允许偏差±2%；粗、细骨料允许偏差±3%；水、外加剂允许偏差±2%
	4	初凝时间控制	混凝土运输、浇筑及间歇的全部时间不应超过混凝土的初凝时间
一般项目	1	施工缝的位置和处理	施工缝的位置应在混凝土浇筑前按设计要求和施工技术方案确定。施工缝的处理应按施工技术方案执行
	2	后浇带的位置和浇筑	后浇带的留置位置应按设计要求和施工技术方案确定
	3	混凝土养护	混凝土浇筑完毕后，应按施工技术方案及时采取有效的养护措施，并应符合下列规定：①应在浇筑完毕后的 12h 以内对混凝土加以覆盖和保湿养护。②混凝土浇水养护的时间：对采用硅酸盐水泥、普通硅酸盐水泥或矿渣硅酸盐水泥拌制的混凝土，不得少于 7d；对掺用缓凝型外加剂或有抗渗要求的混凝土，不得少于 14d。③浇水次数应能保持混凝土处于湿润状态，混凝土养护用水应与拌制用水相同。④采用塑料布覆盖养护的混凝土，其敞露的全部表面应覆盖严密，并应保持塑料布内有凝结水。⑤混凝土强度达到 1.2N/mm² 前，不得在其上踩踏或安装模板及支架

③现浇结构外观及尺寸。

现浇混凝土质量应符合 GB 50204—2015《混凝土结构工程施工质量验收规范》的相关规定。现浇结构外观及尺寸质量检验标准见表 1-32。

表 1-32　现浇结构外观及尺寸质量检验标准

项目	序号	检查项目			允许偏差或允许值
主控项目	1	外观质量			现浇结构的外观质量不应有严重缺陷
	2	过大尺寸偏差处理及验收			现浇结构不应有影响结构性能和使用功能的尺寸偏差。混凝土设备基础不应有影响结构性能和设备安装的尺寸偏差
一般项目	1	外观质量缺陷			现浇结构的外观质量不宜有一般缺陷
	2	基础			15mm
		独立基础			10mm
		墙、柱、梁			8mm
		剪力墙			5mm
	3	垂直度	层高	≤5m	8mm
				>5m	10mm
			全高（H）		H/1000 且 ≤30mm
	4	标高	层高（H）		±10mm
			全高		±30mm
	5	截面尺寸			+8mm，−5mm
	6	电梯井	井筒长、宽对定位中心线		+25mm，0mm
			井筒全高（H）垂直度		H/1000 且 ≤30mm
	7	表面平整度			8mm
	8	预埋件			10mm
		预埋螺栓			5mm
		预埋管			5mm
	9	预留洞中心线位置			15mm

2）质量预控项目及质量预防措施

（1）钢筋工程质量验收标准见表 1-33。

表 1-33　钢筋工程质量验收标准

序号	质量预控项目	产生原因	预控措施
1	露筋	保护层垫设不到位；钢筋较密部位混凝土漏震，致使混凝土不密实，导致露筋	保护层垫块按方案要求进行垫设，保证结构保护层厚度；钢筋较密集部位加强振捣，可事先预留振捣口
2	锈蚀	钢筋堆放直接置于地面，没有相应的排水设施	钢筋堆场附近要有排水措施，雨季要进行覆盖；堆放场地应硬化或铺石子，并垫方木，防止泥土污染

序号	质量预控项目	产生原因	预控措施
3	钢筋加工成品不合格	管理人员管理不到位；没有对工人进行技术交底；对施工用机械的合格证、相关参数没有进行检查	指派专人进行后台工作的管理；进行详细交底，对于构造要求、加工精度等提出严格要求，特别是箍筋的成型及弯曲半径；制作样板，按照样板进行下料加工；梯子筋、柱筋定位筋、马凳钢筋加工尺寸准确，对该涂刷防锈漆的部位必须涂刷并涂刷美观；严格审查下料单，减少浪费；后台管理对于钢筋工程质量及减少浪费都至关重要，应尽量利用料头；梯子筋、柱筋定位筋、马凳钢筋的加工必须对钢筋切断面进行处理，不得出现马蹄或毛茬并分别存放；经常检查加工机械，避免因机械原因影响施工进度及质量
4	钢筋排距大小不一	钢筋铺设时未弹线，未进行成品保护，现场人员踩踏	绑扎前利用盒尺画出钢筋分挡线；不论墙筋或板筋均拉通线绑扎；绑扎板筋前应在模板上弹出钢筋线；应适当增加架立筋并加强成品保护，严禁不必要的攀爬、踩踏
5	钢筋搭接长度不够	钢筋下料长度不够；施工人员进行钢筋安装时未按要求作业	搭接及锚固长度原则上以图纸要求为准，如图纸不明确时应根据 GB 50204 及 11G101 中的有关要求执行；对于墙柱筋的甩筋长度（即楼板面以上的搭接长度），一般按照受拉考虑，搭接长度必须严格遵照图纸及图集要求

（2）模板工程质量验收标准见表1-34。

表1-34 模板工程质量验收标准

序号	质量预控项目	产生原因	预控措施
1	竖向结构烂根	梁板冲渣沉积在竖向结构根部；模板下口加固不到位；未用砂浆或海绵条对下口进行封堵	对模板上的垃圾进行及时清理，并在竖向结构根部留设冲渣口；对竖向结构下口进行加固，最好和满堂架可以连接受力；结构下口用砂浆或海绵条封堵
2	模板刚度不够	模板支撑用钢管架搭设不合理，立杆间距过大，底部不加扫地杆，立杆底部离地悬空，梁板底小横杆间距过大	制订模板施工方案，对支模架进行力学计算，严格按施工方案搭设
3	混凝土梁板柱节点位置不平整，柱角不直	节点模板拼缝不严密、不平整，有高低差，柱角不直	节点处模板要厚度一致，拼缝处均要贴海绵条
4	混凝土面错坎	模板拼缝不严不齐	模板拼缝后钉木板或模板条进行加固
5	梁底不平，起拱不够或过大	模板支设时未带线作业；未按要求对模板起拱	模板支设时带线作业；对模板按设计和规范要求起拱
6	竖向结构不垂直	支模板时未吊线，或者吊线没有按规范要求进行控制；模板验收时未对其垂直度进行检查	按要求吊线安装模板；过程中和验收时对模板垂直度进行严格控制

（3）混凝土工程质量验收标准见表 1-35。

表 1-35 混凝土工程质量验收标准

序号	质量预控项目	产生原因	预控措施
1	烂根	梁板清理时将垃圾冲到柱子里，柱底垃圾堆积，没有用水冲柱根，导致烂根	柱底混凝土凿毛，清理干净，打柱子混凝土前模板底预留 5cm×5cm 清扫口，打灰前用水冲干净
2	蜂窝麻面	柱角、梁角部位振捣不到位；混凝土坍落度太小，灰浆太少	控制好混凝土坍落度及振捣时间，不能漏振
3	混凝土表面裂缝	混凝土坍落度太大；未进行二次收光；养护时没有及时浇水	严格控制混凝土坍落度，不能太大；在第一次收面后，混凝土初凝前进行第二次压实；搓毛收好面后及时用塑料布覆盖，防止水分过快蒸发，并及时浇水养护，不少于 7 天

3）施工质量控制指标

（1）钢筋。

①主控项目。

a. 钢筋进场时，应符合 GB/T 1499.1—2017《钢筋混凝土用钢　第 1 部分：热轧光圆钢筋》、GB/T 1499.2—2018《钢筋混凝土用钢　第 2 部分：热轧带肋钢筋》、GB 13014—2013《钢筋混凝土用余热处理钢筋》、GB/T 1499.3—2022《钢筋混凝土用钢　第 3 部分：钢筋焊接网》、GB 13788—2024《冷轧带肋钢筋》、YB/T 4260—2011《高延性冷轧带肋钢筋》、JGJ 95—2011《冷轧带肋钢筋混凝土结构技术规程》、JGJ 19—2010《冷拔低碳钢丝应用技术规程》的相关规定，抽取试件做屈服强度、抗拉强度、伸长率、弯曲性能和重量偏差检验，检验结果符合相应标准的规定。

检查数量：按进场批次和产品的抽样检验方案确定。

检验方法：检查质量证明文件和抽样检验报告。

b. 成型钢筋进场时，应抽取试件做屈服强度、抗拉强度、伸长率和重置偏差检验，检验结果应符合国家现行相关标准的规定。

对由热轧钢筋制成的成型钢筋，当有施工单位或监理单位的代表驻厂监督生产过程，并提供原材钢筋力学性能第三方检验报告时，可仅进行重量偏差检验。

检查数量：同一厂家、同一类型、同一钢筋来源的成型钢筋，不超过 30t 为一批，每批中每种钢筋牌号、规格均应至少抽取 1 个钢筋试件，总数不应少于 3 个。

检验方法：检查质量证明文件和抽样检验报告。

c. 对按一、二、三级抗震等级设计的框架和斜撑构件（含梯段）中的纵向受力普通钢筋应采用 HRB335E、HRB400E、HRB500E、HRBF335E、HRBF400E 或 HRBFS00E 钢筋，其强度和最大力下总伸长率的实测值应符合下列规定：抗拉强度实测值与屈服强度实测值的比值不应小于 1.25；屈服强度实测值与屈服强度标准值的比值不应大于 1.30；最大力下总伸长率不应小于 9%。

检查数量：按进场的批次和产品的抽样检验方案确定。

检验方法：检查抽样检验报告。

②一般项目。

a. 钢筋应平直、无损伤，表面不得有裂纹、油污、颗粒状或片状老锈。

检查数量：全数检查。

检验方法：观察。

b. 成型钢筋的外观质量和尺寸偏差应符合现行国家标准的相关规定。

检查数量：同一厂家、同一类型的成型钢筋，不超过30t为一批，每批随机抽取3个成型钢筋试件。

检验方法：观察、尺量。

c. 钢筋机械连接套筒、钢筋锚固板以及预埋件等的外观质量应符合国家现行相关标准的规定。

检查数量：按国家现行相关标准的规定确定。

检验方法：检查产品质量证明文件；观察、尺量。

（2）混凝土原材料。

①主控项目。

a. 水泥进场时，应对其品种、代号、强度等级、包装或散装仓号、出厂日期等进行检查，并应对水泥的强度、安定性和凝结时间进行检验，检验结果应符合 GB 175—2023《通用硅酸盐水泥》的相关规定。

检查数量：同一厂家、同一品种、同一代号、同一强度等级、同一批号且连续进场的水泥，袋装不超过200t为一批，散装不超过500t为一批，每批抽样数量不应少于一次。

检验方法：检查质量证明文件和抽样检验报告。

b. 混凝土外加剂进场时，应对其品种、性能、出厂日期等进行检查，并应对外加剂的相关性能指标进行检验，检验结果应符合 GB 8076—2008《混凝土外加剂》和 GB 50119—2013《混凝土外加剂应用技术规范》的相关规定。

检查数量：同一厂家、同一品种、同一性能、同一批号且连续进场的混凝土外加剂，不超过50t为一批，每批抽样数量不应少于一次。

检验方法：检查质量证明文件和抽样检验报告。

c. 水泥、外加剂进场检验，当符合下列条件之一时，其检验批容量可扩大一倍：获得认证的产品；同一厂家、同一品种、同一规格的产品，连续三次进场检验均一次检验合格。

②一般项目。

a. 混凝土用矿物掺合料进场时，应对其品种、性能、出厂日期等进行检查，并应对矿物掺合料的相关性能指标进行检验，检验结果应符合国家现行有关标准的规定。

检查数量：同一厂家、同一品种、同一批号且连续进场的矿物掺合料，粉煤灰、矿渣粉、磷渣粉、钢铁渣粉和复合矿物掺合料不超过200t为一批，沸石粉不超过120t为一批，硅灰不超过30t为一批，每批抽样数量不应少于一次。

检验方法：检查质量证明文件和抽样检验报告。

b. 混凝土原材料中的粗骨料、细骨料质量应符合 JGJ 52—2006《普通混凝土用砂、石质量及检验方法标准（附条文说明）》的相关规定，使用经过净化处理的海砂应符合

JGJ 206—2010《海砂混凝土应用技术规范》的相关规定，再生混凝土骨料应符合 GB/T 25177—2010《混凝土用再生粗骨料》和 GB/T 25176—2010《混凝土和砂浆用再生细骨料》的相关规定。

检查数量：按 JGJ 52—2006《普通混凝土用砂、石质量及检验方法标准》（附条文说明）的相关规定确定。

检验方法：检查抽样检验报告。

c. 混凝土拌制及养护用水应符合 JGJ 63—2006《混凝土用水标准》的相关规定。采用饮用水作为混凝土用水时，可不检验；采用中水、搅拌站清洗水、施工现场循环水等其他水源时，应对其成分进行检验。

检查数量：同一水源检查不应少于一次。

检验方法：检查水质检验报告。

（3）混凝土拌合物。

①主控项目。

a. 预拌混凝土进场时，其质量应符合 GB/T 14902—2012 准《预拌混凝土》的相关规定。

检查数量：全数检查。

检验方法：检查质量证明文件。

b. 混凝土拌合物不应离析。

检查数量：全数检查。

检验方法：观察。

c. 混凝土中氯离子含量和碱总含量应符合 GB/T 50010—2010《混凝土结构设计标准》（2024 年版）的相关规定和设计要求。

检查数量：同一配合比的混凝土检查不应少于一次。

检验方法：检查原材料试验报告和氯离子、碱的总含量计算书。

d. 首次使用的混凝土配合比应进行开盘鉴定，其原材料、强度、凝结时间、稠度等应符合设计配合比的要求。

检查数量：同一配合比的混凝土检查不应少于一次。

检验方法：检查开盘鉴定资料和强度试验报告。

②一般项目。

a. 混凝土拌合物稠度应符合施工方案的要求。

检查数量：对同一配合比混凝土，每拌制 100 盘且不超过 100m³ 时，取样不得少于一次；每工作班拌制不足 100 盘时，取样不得少于一次；每次连续浇筑混凝土超过 1000m³ 时，每 200m³ 取样不得少于一次。

b. 混凝土有耐久性指标要求时，应在施工现场随机抽取试件进行耐久性检验，其检验结果应符合现行国家标准的相关规定和设计要求。

检查数量：同一配合比的混凝土，取样不应少于一次，留置试件数量应符合 GB/T 50082—2009《普通混凝土长期性能和耐久性能试验方法标准》和 JGJ/T 193—2009《混凝土耐久性检验评定标准》的相关规定。

检验方法：检查试件耐久性试验报告。

c. 混凝土有抗冻要求时，应在施工现场进行混凝土含气量检验，其检验结果应符合现行国家标准的相关规定和设计要求。

检查数量：同一配合比的混凝土，取样不应少于一次，取样数量应符合 GB/T 50080—2016《普通混凝土拌合物性能试验方法标准》的相关规定。

检验方法：检查混凝土含气量检验报告。

1.6 安全管理重点事项

1.6.1 通用管理规定

1.6.1.1 基本要求

（1）建设、勘察、设计、施工、监理、监测等单位依法对工程安全负责。

①建设工程实行施工总承包的，由总承包单位对施工现场的安全生产负总责。

②总承包单位依法将建设工程分包给其他单位的，分包合同中应明确各自在安全生产方面的权利、义务。总承包单位和分包单位对分包工程的安全生产承担连带责任。

③分包单位应服从总承包单位的安全生产管理，分包单位不服从管理导致生产安全事故的，由分包单位承担主要责任。

（2）勘察、设计、施工、监理、监测等单位应依法取得资质证书，并在其资质范围内从事建设工程活动。施工单位应取得安全生产许可证。

（3）建设、勘察、设计、施工、监理等单位的法定代表人应签署授权委托书，明确各工程项目负责人。

（4）从事工程建设活动的专业技术人员应在注册许可范围和聘用单位业务范围内从业，对签署技术文件的真实性和准确性负责，依法承担安全责任。

（5）施工企业主要负责人、项目负责人及专职安全生产管理人员应取得安全生产考核合格证书。

（6）工程一线作业人员应按照相关行业职业标准和规定进行培训并考核合格，特种作业人员应取得特种作业操作资格证书。工程建设有关单位应建立健全一线作业人员的职业教育、培训制度，定期开展职业技能培训。

（7）建设、勘察、设计、施工、监理、监测等单位应建立健全危险性较大（以下简称"危大"）分部分项工程管理责任制，落实安全管理责任，严格按照相关规定实施危大分部分项工程清单管理、专项施工方案编制及论证、现场安全管理等制度。

（8）建设、勘察、设计、施工、监理等单位法定代表人和项目负责人应加强工程项目安全生产管理，应依法设置项目安全生产管理机构，在项目主要负责人的领导下开展安全生产管理工作，建立健全从管理机构到基层班组的管理体系，依法对安全生产事故和隐患承担相应责任。

（9）管理人员的培训。

①管理人员应每年至少接受一次安全生产教育培训。

②发生造成人员死亡的生产安全事故的，其主要负责人和安全生产管理人员应重新参

加培训。

③从业人员在本生产经营单位内调整工作岗位或离岗一年以上重新上岗时，应重新接受项目和班组级的安全培训。

④生产经营单位实施新工艺、新技术或使用新设备、新材料时，应对有关从业人员重新进行有针对性的安全培训。

（10）网格员管理。

①任职要求。

a. 网格员应为总包单位职工，日常工作以现场管控为主，与作业班组同时出勤。

b. 大学专科毕业，应具备不少于 2 年的施工管理经验。

②工作职责。

a. 开展安全巡查巡视，查找安全隐患，及时纠正违章指挥、违章操作和违反劳动纪律的行为，并进行批评教育。发现重大事故隐患时，应责令停工，并及时报告。安全巡查记录应在安全管理子系统上填报（上午、下午至少各一次），作为网格员履职考核的依据。

b. 督促现场班组开展班前会活动，确保每日举行、人人参与。班前会记录应由班组安全员在安全管理系统上填报，当日未填报的，视为网格员履职不到位。

c. 开展现场安全风险辨识，将现场存在的危险源对工人进行风险告知和提醒。

d. 针对特殊危险作业，做好现场指挥及旁站监督工作。旁站记录应在安全管理子系统高风险作业巡查模块填报，作为网格员履职考核的依据。

e. 管理维护视频监控系统，确保所辖作业面视频监控正常运行，监控摄像头正对施工作业面，禁止无端关闭、遮挡监控或将摄像头对着无人区域。区域公司不定期开展视频巡检，发现视频监控不符合要求的，视为网格员履职不到位。

f. 及时传达极端天气预警信息等相关上级指令，应在接收指令后 30min 内传达至所辖全部作业面班组，并督促执行。

g. 发现现场施工存在质量问题，如原材料不合格、混凝土振捣不到位、钢筋绑扎不规范、沟槽回填不密实等现象，应立即制止施工，要求整改，并报告有关部门处理。

h. 施工现场出现异常情况时，及时上报。

③网格员培训。

a. 网格员应熟悉现场管理规定和工艺工序，掌握安全风险与控制措施，能及时上传下达现场信息，协调处理现场问题。

b. 网格员实行上岗考核制，由建设单位统一组织培训考试，考核合格方可上岗。

1.6.1.2　参建各方安全管理行为

1. 建设单位安全管理行为

建设单位必须严格遵守安全生产法律法规，保证建设工程安全生产，依法承担建设工程安全生产责任。

1）建设单位安全管理

（1）依法办理有关批准手续。

（2）向施工单位提供有关资料，并保证资料真实、准确、完整。

（3）不得提出违法要求，不得压缩合同约定的工期。

（4）在编制工程概算时，应确定安全作业环境及安全施工措施所需费用。

（5）不得要求购买、租赁和使用不符合安全施工要求的用具设备等。

（6）申领施工许可证应提供有关安全资料。

（7）依法实施拆除工程，将拆除工程发包给具有相应资质等级的施工单位。实施爆破作业的，应遵守国家有关民用爆炸物品管理的规定。

（8）组织勘察、设计等单位在施工招标文件中列出危大工程清单，要求施工单位在投标时补充完善该清单，并明确相应的安全管理措施。

（9）对于按照规定需要进行第三方监测的危大工程，建设单位应当委托具有相应勘察资质的单位进行监测。

（10）深化视频监控在施工现场的应用，建设单位组织建立视频监控巡屏机制，安排有经验的管理人员开展视频巡检。一是检查视频监控系统配置是否全覆盖作业点；二是检查视频监控摄像头是否运行正常、存储正常，是否正对作业面，有故障及时报备维修；三是检查网格员、班组长是否在岗履职；四是发现现场隐患问题时，督促及时处理。

2）建设单位安全费用支付

（1）建设单位在编制工程概（预）算时，应依据工程所在地工程造价管理机构测定的相应费率，合理确定工程安全防护、文明施工措施费。

（2）依法进行工程招投标的项目，招标方或具有资质的中介机构编制招标文件时，应按照有关规定并结合工程实际单独列出安全防护、文明施工措施项目清单。

（3）建设单位与施工单位应在施工合同中明确安全防护、文明施工措施项目总费用，以及费用支付计划、使用要求、调整方式等条款。

（4）建设单位与施工单位在施工合同中对安全防护、文明施工措施费用预付、支付计划未作约定或约定不明的，合同工期在一年以内的，建设单位预付安全防护、文明施工措施项目费用不得低于该费用总额的50%；合同工期在一年以上的（含一年），预付安全防护、文明施工措施费用不得低于该费用总额的30%，其余费用应按照施工进度支付。

（5）建设单位应及时向施工单位支付安全防护、文明施工措施费，并督促施工企业落实安全防护、文明施工措施。及时支付危大工程施工技术措施费以及相应的安全防护、文明施工措施费，保障危大工程施工安全。

2. 勘察单位安全管理行为

（1）勘察单位应按照法律法规和工程建设强制性标准进行勘察，提供的勘察文件应真实、准确，满足建设工程安全生产的需要。

（2）勘察单位在勘察作业时，应严格遵守操作规程，采取措施保证各类管线、设施和周边建筑物、构筑物的安全。

（3）勘察单位应根据工程实际及工程周边环境，在勘察文件中提出在地质及周边环境方面可能造成的工程风险。

（4）地质勘察单位接受建设单位委托开展监测工作时，应当按照监测方案开展监测，及时向建设单位报送监测成果，并对监测成果负责；发现异常时，及时向建设、设计、施工、监理单位报告，建设单位应当立即组织相关单位采取处置措施。

3. 设计单位安全管理行为

(1) 设计单位应按照法律法规和工程建设强制性标准进行设计，防止因设计不合理导致生产安全事故的发生。

(2) 设计单位应当在设计文件中注明涉及危大工程的重点部位和环节，提出保障工程周边环境安全和工程施工安全的意见，必要时进行专项设计。

(3) 设计单位应在设计文件中明确危大工程监测内容、监测频次、预警标准及监测成果报送等要求。设计单位应重点关注监测数据发展情况，及时提出防范措施和解决建议。

(4) 设计图纸应由设计单位负责人签发后执行。及时组织参建单位开展设计图纸会审和设计技术交底。

(5) 设计单位技术管理人员应建立周巡查检查机制，重点检查现场是否按照施工图及方案施工、方案是否符合现场实际等，并及时上报或解决现场发现的问题。

(6) 采用新结构、新材料、新工艺的建设工程和特殊结构的建设工程，设计单位应在设计中提出保障施工作业人员安全和预防生产安全事故的措施建议。

4. 施工单位安全管理行为

1) 施工单位安全技术管理

(1) 体系建立。各施工单位应建立健全安全技术保障体系，制定完善的安全生产技术管理制度，识别并及时更新适用的安全生产法律法规、安全技术标准及规范。编制生产组织、技术方案等技术文件时，应有安全技术保障措施，未经审批，不得进行生产。

(2) 安全技术措施及方案。危大分部分项工程专项施工方案由项目部技术部门组织编制，企业技术、安全、工程部门审核，企业总工程师（或总工程师授权人员）审核签字。企业安全生产管理部门应对安全措施与专项施工方案的编制、审核过程进行监督。安全技术措施及方案编制审核人员及部门见表1-36。

表1-36　安全技术措施及方案编制审核人员及部门

安全技术措施及方案类别	编制人员	审核部门	审批人员
一般工程的安全技术措施及方案	项目技术人员	项目技术部门	项目经理
危大工程安全技术措施及方案	项目技术负责人（企业技术管理部门）	企业技术、安全、质量等管理部门	企业总工程师（或其授权人）
超过一定规模的危大工程的安全技术措施及方案	项目技术负责人（企业技术管理部门）	企业技术、安全、质量等管理部门审核并聘请有关专家进行讨论	企业总工程师（或其授权人）

2) 项目安全教育培训

(1) 一般规定。

①施工单位应建立健全安全教育培训制度，每年年初制订项目年度安全教育培训计划，明确教育培训的类型、对象、时间和内容。

②项目负责人（B证）、专职安全生产管理人员（C证）按规定参加企业注册地所在政府相关部门组织的安全教育培训，取得相应的安全生产资格证书，并在三年有效期内完成相应学时的继续教育培训。

③施工单位应确保用于开展安全培训和安全活动的有关费用支出，并建立相应台账。做好安全教育培训记录，建立安全教育培训档案，对培训效果进行评估和改进。

④施工单位对作业人员的培训除采用传统的授课式培训方式外，鼓励采用仿真模拟培训、体验式培训、多媒体培训等方式。

（2）入场三级安全教育。

①新进场的施工人员，必须接受公司级、项目级、班组级三级安全教育培训，经考核合格后，方可上岗。

②公司级安全培训教育的主要内容包括：从业人员安全生产权利和义务；本单位安全生产情况及规章制度；安全生产基本知识；有关事故案例等。

③项目级安全培训教育的主要内容包括：作业环境及危险因素；可能遭受的职业伤害和伤亡事故；岗位安全职责、操作技能及强制性标准；安全设备设施的使用、劳动纪律及安全注意事项；自救、互救、急救方法，疏散和现场紧急情况的处理方法等。

④班组级安全培训教育的主要内容包括：本班组生产工作概况、工作性质及范围；本工种的安全操作规程；容易发生事故的部位及劳动防护用品的使用要求；班组安全生产基本要求；岗位之间工作衔接配合的安全注意事项。

⑤对工人转岗、变更工种应进行相应的安全教育培训。

⑥项目部宜在现场或办公生活区空旷位置设置安全讲评台，用于作业人员安全教育。按照教育培训要求，落实日常安全教育培训活动，并监督作业人员开展班前安全活动。

（3）日常安全教育。

①应结合季节性特点、施工要求进行日常安全教育，每月不少于一次。

②应督促各作业班组每天上岗作业前开展班前安全教育。

（4）特种作业人员安全培训。

①特种作业人员必须接受专门的安全作业培训，取得相应操作资格证书后方可上岗。除接受岗前安全教育培训，每年还须进行针对性安全培训，时间不得少于24学时。

②采用新工艺、新技术、新材料或者使用新设备，必须对相关生产、作业人员进行专项安全教育培训。

（5）规范班前会和预知危险活动。

进一步规范班前会和预知危险活动的召开方式、参加人员、主要内容和工作要求，提高活动的针对性。建立班前会活动模板，加强对网格员、班组长的教育培训，使其熟练掌握活动的步骤、要点和要求。班前会严格按照"六步法"开展，即扫码点名、班前通报、工作安排、交底培训、交流答疑、安全宣誓。要将危险源辨识结果应用到班前会和预知危险活动中，特别是要对当班作业任务进行风险辨识，提出具有针对性的防范措施，使作业班组熟知作业活动面临的安全风险和应对措施，防止活动内容与作业任务脱节。要加强日常监督检查，坚决杜绝流于形式，确保取得实效。

3）项目安全检查

（1）周安全检查。

周安全生产检查由项目经理牵头，安全部门组织，相关部门及分包单位负责人、项目专职安全管理人员参加，依据 JGJ 59—2011《建筑施工安全检查标准》及本企业施工现场安全检查标准进行，检查范围覆盖施工区、办公区及生活区。应留存书面安全检查记录，对隐患下达安全隐患整改通知书，对重大安全生产隐患下达局部停工整改令。施工单位技术管理人员应建立周安全检查机制，重点检查现场是否按照施工图及方案施工、方案是否符合现场实际等，并及时上报或解决现场发现的问题。

（2）日常安全巡查。

项目专职安全管理人员每日对施工现场进行安全监督检查，施工作业班组专、兼职安全管理人员负责每日对本班组作业场所进行安全监督检查，应填写安全员工作日志。

（3）其他安全检查。

根据上级单位要求及项目实际情况，开展各类安全专项检查、季节性安全检查及节假日安全检查。

（4）安全隐患整改。

①施工单位应建立隐患排查治理、报告和整改销项实施办法，完善有效控制和消除隐患的长效机制。

②责任部门和人员应按"五定"原则（定责任人、定时限、定资金、定措施、定预案）落实隐患整改。对暂时不能整改的隐患或问题，除采取有效防范措施外，应纳入计划，落实整改。

③安全部门对整改情况进行复查，并签字确认。

④施工单位对管辖范围内的重大隐患挂牌督办，施工单位应在建设单位主要负责人的组织下制订重大事故隐患治理方案，采取强制性监控措施，进行限期整改。

⑤针对重大隐患或重复隐患，施工单位应对整改不力的责任人进行教育并处罚。

⑥施工单位组织周检查、日常检查后，下发隐患整改通知，检查带队领导签发，并分派到具体责任人，按要求完成整改。

5. 监理单位安全管理行为

1）监理单位的法定职责

（1）监理单位应按照法律法规和工程建设强制性标准实施监理，并对建设工程安全生产承担监理责任。

（2）监理单位应审查施工单位现场安全生产规章制度的建立和实施情况，审查施工单位安全生产许可证及施工单位项目经理、专职安全生产管理人员和特种作业人员的资格，同时应核查施工机械和设施的安全许可验收手续。

（3）监理单位应审查施工组织设计中的安全技术措施或者专项施工方案是否符合工程建设强制性标准。

（4）施工组织设计中的安全技术措施或专项施工方案未经监理单位审查签字认可，施工单位擅自施工的，监理单位应及时下达工程暂停令，并将情况及时书面报告建设单位。

（5）在实施监理过程中，发现存在安全事故隐患的，应要求施工单位整改；情况严重的，应要求施工单位暂时停止施工，并及时报告建设单位；施工单位拒不整改或者不停止施工的，应及时向有关主管部门报告。

2）监理单位的安全技术管理

按照相关法规要求，编制含有安全监理内容的监理规划和监理实施细则，并在安全监理实施过程中严格执行。

（1）在施工准备阶段，监理单位审查核验施工单位提交的有关技术文件及资料，并由项目总监在有关技术文件报审表上签署意见。

（2）危大工程专项施工方案实施前，监理单位应派人参加施工单位安全技术交底；在施工阶段，对施工现场安全生产情况进行巡视检查，监督施工单位落实各项安全措施。

（3）将危大分部分项工程、易发生安全事故的薄弱环节等作为安全监理工作重点。检查安全文明施工措施费的使用情况，督促施工单位按照要求分阶段进行标准化自查自评。

1.6.1.3　危大工程安全管理规定

施工单位应当在危大工程施工前组织编制专项施工方案，并由施工单位技术负责人、总监理工程师审查签字后实施。对于超过一定规模的危大工程，施工单位应当组织召开专家论证会对专项施工方案进行论证。

施工现场管理人员应当向作业人员进行安全技术交底，并由双方和项目专职安全生产管理人员共同签字确认。施工单位应当严格按照专项施工方案组织施工，不得擅自修改专项施工方案。监理单位应当结合危大工程专项施工方案编制监理实施细则，并对危大工程施工实施专项巡视检查。

1. 方案的编制要求

1）危大工程施工方案的要求

（1）合规性要求。

危大工程施工方案必须符合国家相关法律法规和标准。同时，还需要考虑当地的地形、气候、环境等因素，确保施工方案的实施与当地的实际情况相符合。

（2）技术性要求。

危大工程施工方案需要具备高度的技术含量，包括设计、施工、监理等方面。在编制方案时，需要考虑到工程的结构、材料、设备、工艺等方面的细节问题，确保施工方案的可行性和可靠性。

（3）安全性要求。

危大工程施工方案必须具备高度的安全性。在编制方案时，需要考虑到施工现场的危险因素，如高空作业、起重等。同时，还需要制定相应的安全措施，如安全防护、应急预案等，确保施工过程中的安全。

（4）经济性要求。

危大工程施工方案需要考虑到经济性要求，包括工程的投资、施工周期、人力资源等方面。在编制施工方案时，需要根据实际情况制订合理的施工方案，避免浪费和损失。

2）危大工程专项方案主要内容

（1）工程概况：包括危大工程概况和特点、施工平面布置、施工要求和技术保证条件。

（2）编制依据：包括相关法律法规、规范性文件、标准、规范及施工图设计文件、施工组织设计等。

（3）施工计划：包括施工进度计划、材料与设备计划。

（4）施工工艺技术：包括技术参数、工艺流程、施工方法、操作要求、检查要求等。

（5）施工安全保证措施：包括组织保障措施、技术措施、监测监控措施等。

（6）施工管理及作业人员配备和分工：包括施工管理人员、专职安全生产管理人员、特种作业人员、其他作业人员等。

（7）验收要求：包括验收标准、验收程序、验收内容、验收人员等。

（8）应急处置措施：主要是安全事故应急救援。

（9）计算书及相关施工图纸。

2. 方案审核、审批程序

施工单位应当在危大工程施工前组织工程技术人员编制专项施工方案。

工程项目实行施工总承包的，专项施工方案应当由施工总承包单位组织编制。危大工程实行分包的，专项施工方案可以由相关专业分包单位组织编制。

专项施工方案应当由施工单位技术负责人审核签字、加盖单位公章，并由总监理工程师审查签字、加盖执业印章后方可实施。

危大工程实行分包并由分包单位编制专项施工方案的，专项施工方案应当由总承包单位技术负责人及分包单位技术负责人共同审核签字并加盖单位公章。

3. 专家论证、方案评审

1）专家论证、方案评审要点

（1）对于超过一定规模的危大工程，由施工单位组织召开专家论证会对专项施工方案进行论证。实行施工总承包的，由施工总承包单位组织召开专家论证会。专家论证前专项施工方案应当通过施工单位审核和总监理工程师审查。

（2）专家论证会后，应当形成论证报告，对专项施工方案提出"通过""修改后通过"或者"不通过"的一致意见。专家对论证报告负责并签字确认。

（3）论证报告结论为"通过"的，施工单位可参考专家意见自行修改完善。

（4）论证报告结论为"修改后通过"的，施工单位根据专家意见进行修改完善。修改结论经施工单位审核后，由施工单位技术负责人签字并加盖单位法人公章后报项目总监理工程师审查；项目总监理工程师审查签字、加盖执业印章和单位法人公章后，由施工单位报专家组组长审核；专家组组长审核签字后，由施工单位报建设单位审查，建设单位项目负责人审查签字并加盖单位法人公章后，方可组织实施。

（5）论证报告结论为"不通过"的，施工单位修改施工方案后应当按照规定的要求重新组织专家论证。

2）参会人员

超过一定规模的危大工程专项施工方案专家论证会的参会人员应当包括以下几类。

（1）专家。专家从地方人民政府住房城乡建设主管部门建立的专家库中选取，符合专业要求且人数不得少于 5 人，与本工程有利害关系的人员不得以专家身份参加专家论证会。

（2）建设单位项目负责人和技术负责人。

（3）有关勘察、设计单位项目技术负责人及相关人员。

（4）总承包单位和分包单位技术负责人或授权委派的专业技术人员、项目负责人、项目技术负责人、专项施工方案编制人员、项目专职安全生产管理人员及相关人员等。

（5）监理单位项目总监理工程师及专业监理工程师。

3）论证内容

对于超过一定规模的危大工程专项施工方案，专家论证的主要内容应当包括以下几方面。

（1）专项方案是否装订成册、签章齐全。

（2）专项方案内容是否完整、可行。

（3）专项方案计算书和验算依据、相关图纸是否符合相关标准规范。

（4）专项施工方案是否满足现场实际情况，是否具有针对性和可操作性，施工方案相关图纸、说明等是否符合施工及验收要求并确保施工安全。超危大工程专项施工方案审批流程见图 1-37。

4. 安全技术交底的要求

（1）详尽性：安全技术交底内容应涵盖从事作业的全部流程、步骤、操作规程和安全防护设备的使用等内容。

（2）针对性：针对从事作业人员的特殊工种和作业环境，对交底的内容进行有针对性的选择和布置。

（3）全面性：保证涵盖所有从事作业的工作人员，安全技术交底应该有计划、有步骤、有规范地实施。

（4）时效性：安全交底制度应及时更新，保障交底内容与现场实际的一致性。由于安全管理制度和环境在不断变化与升级，安全技术交底内容应根据最新的安全管理制度进行更新。

（5）操作性：安全技术交底的内容应该具有操作性，即从事工作的人员能够轻松、清晰地理解和操作。

5. 安全技术交底的流程

专项施工方案实施前，由方案编制人员或者项目技术负责人向施工现场管理人员进行方案交底，监理单位、监测单位等应派相关技术人员参加。施工现场管理人员应向作业人员进行安全技术交底，并由双方和项目专职安全生产管理人员共同签字确认，监理单位应派现场监理人员参加。

1.6.1.4　施工用电安全管理规定

（1）施工组织设计或施工方案编制。施工组织设计、施工方案编制是临时用电工作实施的前提和保障，临时用电工作实施前，电气工程师应按照 JGJ 46—2005《施工现场临时用电安全技术规范》规定，对施工现场临时用电设备设施进行系统调研，收集各施工

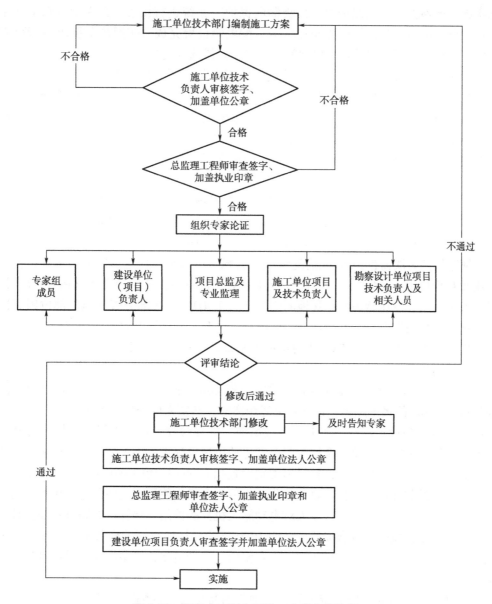

图 1-37 超危大工程专项施工方案审批流程

阶段施工机械、设备的数量及其电气数据，编制与现场实际相符、具有可操作性的临时用电施工组织设计或施工方案，用于指导临时用电施工和管理。

（2）配置专业电工、焊工。根据作业面数量、工作量等配备足够的专业电气工程师和电工，电工、电焊工属于特种作业工种，必须按国家有关规定经专门安全作业培训，取得特种作业操作资格证书，方可上岗作业，其他人员不得从事电气设备及电气线路的安装、维修和拆除。

（3）配电箱的布置与维护。临时用电实施前，施工单位应严格按照现行国家标准，采购正规厂家生产的具有 3C 认证的合格产品；进场前加强验收，避免残次品进入现场；

现场实施时严格按照"三级配电、两级漏电保护"系统进行设置，并在配电箱上粘贴总配电箱、分配电箱、开关箱标志予以区分，配电箱设置完成后按照规范要求进行可靠接地；使用过程中加强巡视检查，发现问题及时予以维修或更换。

（4）配电线路布置。临时用电实施前，施工单位应严格按照现行国家标准，根据用电设备功率，采购满足现场负荷要求、经正规厂家生产、具有 3C 认证的绝缘导线。在使用过程中严格按照规范要求，三级配电箱与二级配电箱的距离不超过 30m，开关箱距离其控制的固定式用电设备水平距离不超过 3m，架空线路不小于 2.5m，并采用 S 型绝缘挂钩将电缆进行悬挂。室外的埋设导线埋地敷设的深度不小于 0.6m。导线接头采用工业插头，方便工人使用。

（5）做好设备的保护接地和接零。场站施工现场变压器供电系统严格按照规范要求采用 TN-S 系统（俗称三相五线制），相线 L1、L2、L3 以及 N 线、PE 线严格按照规范规定的颜色设置，相线 L1（A）、L2（B）、L3（C）相序的绝缘颜色依次为黄、绿、红色；N 线的绝缘颜色为淡蓝色；PE 线的绝缘颜色为绿、黄双色；任何情况下上述颜色标记严禁混用和互相代用。总配电箱、分配电箱及架空线路终端，其保护导体（PE）等，接地电阻不大于 10Ω，变压器中性点接地的电阻不大于 4Ω。存在部分管网施工部位因离民用供电系统较远采用发电机供电的情况，发电机供电时，可采用电源中性点直接接地的三相四线制供电系统和独立设置 TN-S 接零保护系统。接地采用导电较好的扁铁、圆钢或角钢，严禁采用螺纹钢。

（6）严禁在高压线下方搭设临建、堆放材料和进行施工作业。在高压线一侧作业时，必须保持至少 6m 的水平距离，达不到上述距离时，必须采取隔离防护措施。

（7）加强设备设施管理。施工设备进场前，加强验收管理，进场的机械设备必须符合国家强制认证标准，避免不合格或明令禁止的机械设施进入施工现场。用电机械设备防护等级应与现场的环境相适应，并根据类别设置相应的间接接触电击防护措施。所有进场的设备必须经过监理单位审核验收，验收合格后方可投入使用，使用前施工单位应制定安全操作规程。生产过程中，安排专人对电动施工机具的使用、保管、维修进行安全技术教育和培训，施工机械电源线磨损后，采购 3C 认证绝缘性能良好的橡胶电缆。施工人员使用施工机具时，严格执行标准化要求，人走闸关、人走电断，设备电源线采用悬挂方式进行架空。

（8）防止人身接触或接近带电导体，加强对带电设备的隔离、屏护工作，并悬挂标示牌，以警示作业人员与带电体保持一定的安全距离，控制不安全因素。

（9）在移动有电源线的机械设备时，如电焊机、水泵、小型木工机械等，必须先切断电源，不能带电搬动。

（10）使用手持照明灯具应符合一定的要求：电源电压不超过 36V；灯体与手柄应坚固，绝缘良好，并耐热防潮湿；灯头与灯体结合牢固；灯泡外部要有金属保护网；金属网、反光罩、悬吊挂钩应固定在灯具的绝缘部位上。

（11）加强潮湿环境下的用电管理。在潮湿和易触及带电体场所的照明电压应不大于 24V，在特别潮湿的场所、导电良好的地面以及密闭金属容器内工作时照明电压应不大于 12V。

1.6.1.5　夜间施工安全管理规定

1. 总体原则

无特殊情况，原则上不安排夜间施工，杜绝为赶工而盲目安排夜间施工，严禁极端恶劣天气情况下进行夜间施工。因施工工艺要求必须连续作业、无法避免夜间施工时，应合理编制夜间施工计划及专项方案，采取必要的安全保障措施。

2. 夜间施工安全保障措施

（1）施工任务申报。夜间施工前，应严格落实地方政府报备机制及建设单位夜间施工审批机制。

（2）夜间施工管理。在施工前必须进行夜间施工安全教育和危险告知。严格执行夜间值班制度，夜间施工当班工长、网格员、安全员、监理员等应在现场值班，严格实行交接班制度，管理人员与作业人员同步上下班，严禁脱岗。

（3）分层分级建立夜间施工巡查机制，建设、施工、监理单位每天夜间对所有在建作业面（含暂停施工作业面）开展夜班巡查全覆盖。

1.6.2　基坑工程专项管理规定

1.6.2.1　土方开挖

（1）土方开挖必须编制专项施工方案，明确具体的开挖方式、开挖顺序、放坡坡度及电梯井坑、集水井坑位置等，开挖作业必须按照顺序分层开挖，严禁超挖或掏挖。

（2）土方开挖前，应对开挖范围内的管线进行调查，了解是否符合设计规定，并对施工区域的围护结构质量进行检查，检查合格后方可进行土方开挖。

（3）土方开挖及地下室结构施工过程中，每个工序施工结束后，应对该工序的施工质量进行检查，检查中发现的问题应进行整改，整改合格后方可进入下道施工工序。

（4）在挖土过程中要加强监测，如发现异常要立即停止开挖，根据基坑支护体系和周边环境的监测数据，调整基坑的施工顺序和施工方法，严禁冒险施工。

（5）土方开挖深度范围内有地下水时，应采取有效的降排水措施，确保地下水在每层土方开挖面以下 50cm，严禁有水动土作业。

（6）基坑周边应设置排水沟，必须安装防护栏杆，防护栏杆高度不应低于 1.2m，并在基坑内设置上下通道。

（7）施工现场平面、竖向布置应与支护设计要求一致，布置的重大变更应经设计认可。

1.6.2.2　基坑周边堆载控制

（1）基坑四周使用荷载不得超过设计值，同时周边堆载应符合 JGJ 311—2013《建筑深基坑工程施工安全技术规范》等规范的相关要求。

（2）基坑周边 1.2m 范围内不得堆载，3m 以内限制堆载。

（3）坑边严禁重型车辆通行。当支护设计中已考虑堆载和车辆运行时，必须按设计要求进行，严禁超载。

（4）在基坑边 1 倍基坑深度范围内建造临时住房或仓库时，应经基坑支护设计单位允许，并经企业技术负责人、工程项目总监理工程师批准。

（5）在基坑的危险部位以及临边、临空位置设置明显的安全警示标识或警戒线，在警戒线范围内摆放写有"严禁堆载"的标示牌，在基坑边 1.2m 范围内画警戒线。

（6）水平和竖向位移监测点应沿基坑周边布置，间距不宜大于 20m，每边监测点数目不应少于 3 个。

（7）对基坑边缘以外 1～3 倍开挖深度范围内需要保护的建（构）筑物、地下管线等均应监控。

（8）监测项目的变化速率连续 3 天超过报警值的 10% 时，应报警，并向上级技术部门、工程部门、安监部门报告。

1.6.2.3　基坑支护

1. 自然放坡、土钉墙

（1）自然放坡角度应根据现场土质情况确定，施工方案编制时应明确。

（2）严格按照基坑施工方案放坡，并设置排水沟、集水井等降排水措施。

（3）土方开挖时要保证周边建筑物、地下管线、道路的安全，并做好变形监测。

（4）开挖的实际土层与勘察资料明显不符，或出现异常情况时，应停止开挖。

（5）土钉墙、预应力锚杆复合土钉墙的坡度不宜大于 1：0.2。

（6）当开挖面上方的支护未达到设计要求时，严禁向下超挖。

2. 桩锚支护

（1）桩锚支护应编制专项施工方案，并严格按方案设置支护桩和锚杆。

（2）支护过程中要采取有效降水措施，并做好变形监测。

（3）支护桩顶部应设置混凝土冠梁。冠梁的宽度不宜小于桩径，高度不宜小于桩径的 0.6 倍。

（4）混凝土灌注桩宜采取间隔成桩的施工顺序，并在混凝土终凝后，再进行邻桩施工。

（5）当成孔过程中遇到不明障碍物时，应查明其性质，在确保安全的情况下方可继续施工。

（6）锚杆锚固段不宜设置在淤泥等松散填土层。注浆应采用水泥浆或水泥砂浆，注浆固结体强度要符合方案要求。

（7）锚杆机安放必须平稳，施工前清除坡面上的块石。

（8）灌注水泥浆时，要注意泵的压力，防止因管道堵塞造成事故。

3. 钢筋混凝土支撑

（1）钢筋混凝土支撑必须严格按方案施工，坚持"开槽支撑，先撑后挖，分层开挖，严禁超挖"16 字原则。

（2）基坑开挖过程中必须采取可靠降水措施，确保施工安全。

（3）严格按照基坑监测方案做好变形监测，发现异常及时暂停施工，采取确保安全措施后方可继续。

（4）钢筋混凝土支撑为水平支撑时，应设置与挡土构件连接的腰梁，当钢筋混凝土支撑位于挡土构件顶部时，可与冠梁连接。

（5）混凝土支撑强度达到方案要求后方可拆除模板，确保强度符合受力要求。

(6) 利用混凝土支撑作为人行通道，必须设置防护措施。

4. 钢支撑

(1) 钢支撑严格按照方案施工，随挖随撑、严禁超挖。

(2) 按方案布置变形监测点，并及时监测。钢支撑使用过程中应定期进行预应力监测，必要时对预应力损失进行补偿。

(3) 钢支撑连接宜采用螺栓连接，必要时可采用焊接。

(4) 支撑与冠梁、腰梁的连接应牢固，钢腰梁与围护墙体之间的空隙应填充密实；无腰梁时，钢支撑与围护墙体的连接应满足受力要求。

(5) 支撑安装完毕后，应及时检查各节点的连接状况，符合要求后方可施加预应力。预应力施加完毕后，待额定压力稳定后方可锁定。

(6) 钢支撑吊装就位时，起重机及钢支撑下方严禁站人，并做好防下坠措施。

5. 地下连续墙

(1) 对地下连续墙应编制专项施工方案，并严格执行。

(2) 基坑变形情况应按照监测方案要求定期监测，降水措施应有专人每天检查。

(3) 地下连续墙邻近的既有建筑物、地下管线、地下构筑物对地基变形敏感时，应采取有效措施控制槽壁变形，必要时使用搅拌桩进行加固。

(4) 深槽开挖要在泥浆护壁的条件下进行。

(5) 地下连续墙的导墙养护期间，严禁重型机械在附近行驶、停留或作业。

(6) 导墙强度要能承受钢筋笼、导管、钻机等静、动荷载。导墙强度达到方案要求后方可拆除模板。

(7) 钢筋笼吊装存在较大风险，必须规范操作。

(8) 地下连续墙成槽过程中及成槽后，应在导墙两侧设立警示标识。

1.6.2.4 基坑降排水

(1) 基坑的上、下部和四周必须设置排水系统，流水坡向及坡率应明显和适当，不得积水。

(2) 基坑上部排水沟与基坑边缘的距离应大于2m，排水沟底和侧壁必须做防渗处理。

(3) 基坑底部四周应设置排水沟和集水坑，宜布置于地下结构外，且距坡脚不小于0.5m。

(4) 排水沟深度和宽度应根据基坑排水量确定，集水坑大小和数量应根据地下水量大小和积水面积确定。

(5) 坡底的集水坑内设置排水设备，将水排至坡顶的排水沟，并通过三级沉淀池沉淀后排出。

(6) 降水井宜在基坑外缘环圈式布置；当基坑面积较大，且局部有深挖区域时，也可在基坑内布置。

1.6.2.5 基坑通道

(1) 基坑通道采取人车分流。

(2) 车行通道侧面应根据现场实际情况进行放坡，防止车道发生坍塌，并在车道边设置警示标识。

（3）人行通道可按全钢标准节定制式和钢管搭设式进行设置。

1.6.2.6　厚大底板钢筋支架

（1）厚大底板钢筋施工前必须编制专项施工方案，需明确钢筋支架和马镫材质、尺寸、制作方式、支撑方式、布置间距以及加固措施。

（2）当底板厚度小于1800mm时，经过计算符合要求的可采用钢筋做立柱支架；当底板厚度超过1800mm时，钢筋支架应采用型钢焊制，立柱之间设置斜撑固定，增加架体稳定性。

（3）钢筋支架经验收合格后，方可安装上层钢筋。禁止在绑扎好的钢筋上方集中堆载。

（4）底板厚度超过1.2m的，上下两层钢筋之间应设置爬梯，防止工人直接攀爬钢筋。

1.6.3　现场安全隐患辨识及管控措施

1.6.3.1　风险源分析

1. 坍塌

坍塌通常指的是物体在受到外力或重力的影响下，超过了其自身的强度极限，或者因为结构的稳定性被破坏，从而导致物体倒塌并可能造成人员伤害或伤亡的事故。坍塌可以发生在多种场合，如建筑物的倒塌、山体滑坡、挖掘工程中的土石塌方、脚手架的坍塌以及堆置物品的倒塌等。地基与基坑工程造成坍塌的主要因素有以下几方面。

（1）土体失稳、产生裂缝。

（2）放坡、支护不当，支撑失稳，边坡失稳滑坡。

（3）开挖方式不当，掏挖、超挖等。

（4）基坑边堆土、堆载超过规定要求。挖掘机、起重机等在基坑边缘停放、行驶。

（5）施工开挖或降水引起地表沉降，对周边建（构）筑物基础稳定产生影响。

（6）未对基坑进行安全监测或安全监测措施不到位等。

（7）地基土质松软，存在淤泥，底部不均匀，未填实；地基土承载力不符合设计标准要求。

（8）拉森钢板桩、槽钢支护、钻孔灌注桩、高压旋喷桩等支护施工过程中误操作、违章操作等；监护失误。

（9）拉森钢板桩、槽钢支护、钻孔灌注桩、高压旋喷桩等支护施工过程中无防护、防护装置、设施缺陷，防护不当。

（10）建筑物和其他结构缺陷。

2. 机械伤害

机械伤害主要指机械设备运动（静止）部件直接与人体接触引起的夹击、碰撞、卷入等形式的伤害。地基与基础工程造成机械伤害的主要因素有以下几方面。

（1）机械操作人员未取得作业资格证书。

（2）机械在软土场地作业，未采取铺设渣土、砂石等硬化措施，存在倾覆风险。

（3）机械设备未经进场验收便投入使用，作业过程中未设置安全警示标识，未安排专人进行指挥，或作业人员违反操作规程开展作业。

（4）机械设备未安装后视镜、倒车蜂鸣器等设施，或损坏后未及时更换，丧失相关安全警示功能。

（5）挖土机械铲斗连杆部位采用螺纹钢等其他材料代替连接销轴，存在作业过程中脱落造成机械伤害的风险。

（6）挖土机械违规作为长距离吊运工具，或超能力吊运材料。

（7）设备、装置在使用中未按规定定期检查、维修和保养。

（8）作业区域内土方机械与施工人员的安全距离不符合标准要求。

（9）空压机等各类小型机械设备传动部位未设置防护罩。

（10）作业区域地面承载力不符合机械说明书要求。

3. 物体打击

物体打击主要是由于施工过程中的物料、工具、拆卸的脚手架部件等未固定或固定不牢固，在风力或其他外力作用下产生移动或坠落，从而对作业人员造成伤害。地基与基础管道工程造成物体打击的主要因素有以下几方面。

（1）临边堆放材料不稳、过多、过高且安全距离不符合要求，且临边防护（防护栏杆及踢脚板）缺失，出现物体坠落。

（2）施工设备作业运转造成的物体打击，如起重机械在吊装材料时，钢丝绳突然断裂、歪拉斜吊、材料固定不牢固等导致物体掉落；起吊作业时作业半径内未设置安全警示、警戒，人员误闯作业区；挖土过程中反铲作业半径内违规站人等；被吊构件上表面附着物（如泥土、零散材料等）未清理等。

（3）边坡表面悬挂的泥土及施工材料等未及时清理，受外界因素扰动和自身重力影响发生脱落。

（4）材料传递时造成物体打击，主要有作业人员违规从高处往下直接抛掷建筑材料、杂物、垃圾；作业人员向上递工具、小材料时失手未抓牢。

（5）作业人员安全防护不到位，如未佩戴或未能正确佩戴安全帽。

（6）交叉作业劳动组织不合理。

（7）构筑物拆除、塔吊拆除、设备拆除、模板及脚手架拆除等作业时作业不规范，如拆除作业区域未设置警示标识，周围未设置护栏和防护隔离栅；作业平台随意放置材料；钢管、模板及小部件等未固定牢固。

（8）脚手架上材料坠落，原因如脚手架上堆放的材料不稳、过多、过高；作业平台上铺设的脚手板间隙过大；脚手架上施工时散落的材料及垃圾等未及时清理等。

4. 高处坠落

所谓高处作业，是指在距基准面2m以上（含2m）有可能坠落的高处进行作业。在此作业过程中因坠落而造成的伤亡事故，称为高处坠落事故。

1）基坑及基础工程造成高处坠落的主要因素

（1）临边作业不慎身体失去平衡。

（2）行动时误落入基坑内。

（3）坐躺在基坑边缘休息失足。

（4）基坑临边没有安全防护。

（5）安全防护设施不牢固、损坏而未及时处理。

（6）没有醒目的警示标识。

（7）未设置安全通道或安全通道不符合要求等。

2）脚手架上坠落事故的主要因素

（1）脚踩探头板。

（2）走动时踩空、绊、滑、跌。

（3）操作时弯腰、转身不慎碰撞杆件等造成身体失去平衡。

（4）坐在栏杆或脚手架上休息、打闹。

（5）站在栏杆上操作。

（6）脚手板没铺满或铺设不平稳。

（7）没有绑扎防护栏杆或栏杆损坏。

（8）操作层下没有铺设安全防护层。

（9）脚手架超载断裂。

3）悬空高处作业坠落事故的主要因素

（1）立足面狭小，作业用力过猛，身体失控，重心超出立足面。

（2）脚底打滑或不舒服，行动失控。

（3）没有系安全带、没有正确使用或在走动时取下安全带。

（4）安全带挂钩不牢固或没有牢固的挂钩位置。

5. 起重伤害

（1）未按规定编制起重吊装专项施工方案，或方案编制内容不全、无针对性。

（2）起重机无制造许可证、产品合格证、备案证明和安装使用说明书。

（3）未组织开展荷载试验，便将挖土机械作为长距离吊运工具，或超能力吊运材料。

（4）吊索规格不匹配或机械性能不符合设计要求，磨损、变形等达到报废标准而未及时进行更换。

（5）吊装现场及道路不平整、不坚实，回填土、松软土层未夯实，未铺设底板，吊机停置在斜坡上，或支腿伸展不到位。

（6）起重机司机操作证与操作机型不符、未设专职信号指挥和司索人员，或相关特种作业人员未持证上岗。

6. 车辆伤害

场内机械车辆因标志缺陷、信号缺陷、防护缺陷、操作失误、违章作业、恶劣气候与环境等造成的事故。

7. 淹溺

（1）集水井周边未设置临边防护或临边防护不牢，存在人员失足落入集水井的风险。

（2）泥浆护壁钻孔灌注桩成孔后，孔口未设置钢筋网片封闭和警示标识，存在人员失足落入孔内的风险。

（3）泥浆池周边未设置临边防护、警示标识及夜间示警灯，存在人员失足落入泥浆池的风险。

（4）基坑周边地下水丰富，地下水水位明显高于坑底高程，基坑降水、截水帷幕深度不足，存在坑底绕渗风险。

（5）基坑未设置降水井或降水井数量、深度、孔径、布置位置等参数不符合设计要求，不能有效降低坑底承压水头，开挖过程中坑底与承压水之间土体厚度不足以抵抗承压水头，出现突涌风险。

（6）基坑周边土体未硬化封闭，基坑周边及坑内未按要求设置截、排水沟，未配置足量的抽排水设施，存在坑内大量来水风险。

8. 触电

开槽施工管道工程造成触电的主要因素有以下几个方面。

（1）缺乏电气设备使用的安全知识。如用手直接触摸带电体或漏电设备外壳；带电操作高压开关或设备；带电拉接线路或安装设备；有人触电后不首先停电而直接去拉触电者等。

（2）建筑物或脚手架与户外高压线距离太近，不设置防护网。

（3）电气设备、电气材料不符合规范要求，绝缘受到磨损破坏。如配电箱未按照规范要求采购，或采购的配电箱尺寸、厚度、防腐和防火涂料、电气元件布置等不符合规范要求；配电箱、开关箱中漏电保护器的额定漏电动作电流大于 30mA，额定漏电动作时间大于 0.1s；在潮湿或有腐蚀介质场所使用的漏电保护器额定漏电动作电流大于 15mA，额定漏电动作时间大于 0.1s。

（4）对电气设备或线路的安装、维护不当。如电缆线乱搭、乱接或接线不规范，不悬挂或悬挂间距、高度不够，甚至放置地上；设备无支架、淋水受潮；设备零件缺少或破损而未及时补足、更换，敷衍了事，使设备带"病"运行等。

（5）电箱不装门、锁，电箱门出线混乱，施工现场未按照"三级配电、两级漏电保护"系统进行设置，存在一机多闸现象。

（6）电动机械设备不按规定接地接零。

（7）手持电动工具无漏电保护装置。

（8）违反机电设备的安全运行作业规程。如设备外壳不接地；带电检修或搬迁电气设备；不使用绝缘工（用）具或使用没绝缘或绝缘程度不够的工（用）具；在带电场所不设警戒或未悬挂警示标示牌，使人员误入带电场所，误触带电线路或设备，误送电等。

1.6.3.2　安全风险预控措施

1. 坍塌风险预控措施

（1）严格落实操作规程，严禁违章操作；设置专人进行指挥、监护。

（2）脚手架搭建前，对模板支撑系统进行复核计算，严格落实施工组织程序；施工中必须严格控制建筑材料、施工机械、机具或其他物料在各种支撑平台、架子及临时构筑物上的堆放数量和重量，以避免产生过大的集中荷载，造成坍塌。

（3）拆除工程必须编制施工方案和安全技术措施；周边涉及学校、企业、居民等部位的施工支护应埋设传感检测仪；定期对施工人员进行安全培训和考核，加强安全巡检等。

（4）基坑开挖前编制开挖施工专项方案，并按审批许可后的方案进行开挖。挖土时要注意土壁的稳定性，发现有裂缝及坍塌可能时，人员要立即撤离并及时处理。

（5）基坑开挖边坡应按设计要求自上而下分层实施，严禁随意开挖坡脚，严禁掏挖、超挖。施工过程中，严禁设备或重物碰撞基坑支护结构，也不得在支护结构上放置或悬挂重物。

（6）基坑支护应做到随挖随支，支护到位并且达到设计要求的强度后，方可开挖下层土方，严禁提前开挖和超挖，尽量减少暴露时间。

（7）施工机械应停在坚实的地基上，不得在基坑边 2m 范围内停、驶重型机械。

（8）土方开挖前，应查明周边影响范围内建（构）筑物情况，并采取措施保护其安全，防止开挖引起地表沉降。降水过程应进行沉降监测，发现异常情况及时采取措施。降水深度在基坑（槽）范围内不应小于基坑（槽）底面以下 0.5m。必要时应进行现场抽水试验，以验证并完善降排水方案。

（9）土方开挖过程中，应定期对基坑及周边环境进行巡视，随时检查基坑位移（土体裂缝）、倾斜、土体及周边道路沉陷或隆起、地下水涌出、管线开裂、不明气体冒出和基坑防护栏杆的安全性等。

（10）当基坑开挖过程中出现位移超过预警值、地表裂缝或沉陷等情况时，应及时报告有关方面。出现塌方险情等征兆时，应立即停止作业，组织撤离危险区域，并立即通知有关方面进行研究处理。

（11）基坑开挖后，发现地基土质松软、底部不均匀等特殊情况时，会同监理单位、设计单位确定处理措施并会签设计变更和洽谈记录。地基严禁超挖，必要时可以用砂土回填。

（12）基础不良地段基础处理内容包括：管道施工前应先进行软基处理；地基如遇淤泥则要求抛石碾压；地基土承载力不低于设计要求标准。

（13）其他相关措施同 1.6.2 相关内容。

2. 机械伤害风险预控措施

1）施工车辆及中大型机械管理措施

（1）机械设备进场前，收集、核查相关出厂合格证、产权备案证、年检合格证等资料，由相关人员组织验收，并按规定办理使用登记。

（2）建立特种设备、人员管理台账，特种作业人员按照规定经专门的安全作业培训并取得相应资格后上岗作业。

（3）严格审查设备安装方案及专项安全技术措施，落实现场作业人员和管理人员技术交底。

（4）启动设备前，对安全工器具结构是否完整、性能是否完好、是否在检验有效期等相关内容进行检查。

（5）设备、装置使用过程中定期开展检查、维修和保养，重点对设备转向、制动、灯光等机械系统运行，倒车警报安装及安全装置灵敏程度等内容进行检查。

2）小型机械设备管理措施

（1）加强作业人员安全教育培训，保证相关作业人员对设备适用范围、操作要求、安全防护等内容熟练掌握。

（2）启用设备前，对防护罩、盖或手柄等存在安全风险的运动零部件防护装置进行检查，出现破裂、变形或松动现象时及时进行更换。

（3）长期搁置不用的工具，在使用前按规定对相关使用功能进行检查，经检查合格后，方可使用。

3. 物体打击风险预控措施

（1）施工现场一般情况下严禁出现交叉作业情况，如工作需要必须进行交叉作业的，应遵守以下原则：一是作业双方签订安全管理互保协议，明确具体作业内容、作业范围、作业时间、防护措施、各级负责人及双方的具体责任等；二是制订专项施工方案并报监理单位，由监理单位组织相关单位开展专项施工方案会审，相关单位审核无意见并经监理审批后实施；三是作业前由监理组织对安全防护措施进行验收；四是作业现场双方必须安排安全监护人员；五是监理人员应做好现场旁站工作。

（2）拆除工程作业时，一是现场严格设置安全警示标识，周围应设置安全防护栏及搭防护隔离栅等，严禁无关人员进入；二是安排专人指挥以保证切实履行安全措施；三是人工拆除时，拆下的材料集中运输，并多点捆牢，不准向下乱扔；四是拆除模板间歇时，将活动的模板、钢管、构配件等固定牢固，严防突然坠落伤人。

（3）涉及脚手架作业时，应做好如下措施：一是脚手架首层要满铺木板封严。随着架子升高，每隔四步再架设一道安全兜网，以防物体坠落伤人；二是钢管双排架里口与结构外墙间用水平网无法防护时，应铺设脚手板；三是脚手架体外口内侧应用密目网进行封闭，接口要严实、牢固；四是建筑物出入口必须搭设宽于出入口通道的防护棚，棚顶应满铺不小于5cm厚的脚手板，通道两侧用密目网封闭；五是在作业层脚手架上施工完毕，要及时清理脚手板上的杂物，以防坠落伤人；六是进入施工现场的所有人员必须正确佩戴安全帽。

（4）其余物体打击风险预控措施应符合下列规定。

①应严格控制沟槽周边材料堆放的高度及安全距离等，材料及弃土堆放距沟槽边缘不应小于0.8m，且高度不应超过1.5m；临边应设置安全防护措施，防止物体坠落。

②严格进行施工设备运转管理，作业区域做好安全警戒，严禁人员进入；安排专人进行现场作业监护；起重吊装作业严格遵守"十不吊"原则；起重吊装作业前应对被吊物件进行检查，清除表面所有附着物。

③对于边坡表面及边缘散落的泥土、施工材料及时进行清理；对支护结构上的附着物、桩间土等及时进行清理。

④高处作业所用材料要堆放平稳，不得妨碍作业；制定防止材料、工具坠落伤人的措施；工具用完随手放入工具袋内；上、下传递物品时，禁止抛掷。

⑤现场作业人员应正确佩戴安全帽，且安全帽质量应符合国家标准规定。

4. 高处坠落风险预控措施

（1）脚手架施工作业时，一是要按规定搭设脚手架、铺平脚手板，不准有探头板；二是要绑扎牢固防护栏杆，挂好安全网；三是脚手架荷载不得超过270kg/m²；四是脚手架离墙面过宽时应加设安全防护；五是落实脚手架搭设验收和使用检查制度，发现问题及时处理。

（2）悬空高处作业时，一是加强施工计划和各施工单位、各工种配合，尽量利用脚手架等安全设施，避免或减少悬空高处作业；二是操作人员要加倍小心，避免用力过猛身体失稳；三是悬空高处作业人员必须穿软底防滑鞋，同时要正确使用安全带；四是患有疾病或疲劳过度、精神不振等施工人员不宜从事悬空高处作业。

（3）其余高处坠落风险预控措施应满足以下规定。

①临边必须设有牢固、有效的安全防护设施（盖板、围栏、安全网），临边防护设施如有损坏必须及时修缮，严禁擅自移动、拆除临边防护设施。

②严禁在孔洞口、沟槽临边休息、打闹或跨越。

③临边必须挂醒目的警示标识等。

④对从事高处作业的人员要坚持开展经常性的安全宣传教育和安全技术培训，当发现自身或他人有违章作业的异常行为，或发现与高处作业相关的物体和防护措施有异常状态时，要及时加以改变使之达到安全要求，从而预防、控制高处坠落事故的发生。

⑤高处作业人员的身体条件要符合安全要求。严禁患有高血压、心脏病、贫血、癫痫等不适合高处作业的人员从事高处作业；疲劳过度、精神不振和情绪低落的人员要停止高处作业；严禁酒后从事高处作业。

⑥高处作业人员的个人着装要符合安全要求。根据实际需要配备安全帽、安全带及其他劳动保护用品；不准穿高跟鞋、拖鞋或赤脚作业，而应穿软底防滑鞋；不准攀爬脚手架，也不准从高处跳上跳下。

⑦使用高凳和梯子时，单梯只许上1人操作，支设角度以60°～70°为宜，梯子下脚要采取防滑措施。移动梯子时梯子上不准站人。使用高凳时，单凳只准站1人，双凳支开后，两凳间距不得超过3m。如使用较高的梯子和高凳，还应根据需要采取相应的安全措施。

⑧登高作业前，必须检查脚踏物是否安全可靠。

⑨严禁在六级及以上强风或大雨、雪、雾天气从事露天高处作业。另外，还必须做好高处作业过程中的安全检查，如发现人的异常行为、物的异常状态，要及时加以排除，使之达到安全要求，从而防范高处坠落事故的发生。

5. 起重伤害风险预控措施

1）起重作业技术方案管理措施

（1）开展起重作业前，按规定履行专项施工方案编制、审核、审批程序，有针对性地开展安全技术交底，并留下相关文字记录。

（2）对于采用非常规起重设备、方法，且单件起吊重量在10kN及以上的危大工程，严格按照《危险性较大的分部分项工程专项施工方案编制指南》要求开展专项方案编制。

2）起重机械设备管理措施

（1）起重机械设备须按规定办理使用登记，建立设备单机档案，督促起重设备生产厂家提供生产（制造）许可证、起重机械设备产品合格证和使用说明书。

（2）起重机械须定期开展检验试验、日常维护及安全检查，检查内容主要有以下几方面。

①起重机械独立起升高度、附着间距和最高附着以上的最大悬高及垂直度是否符合规范要求。

②起重机械的安全装置是否存在不齐全、失效或者被违规拆除、破坏的情况。

③起重机械防坠安全器是否存在超过定期检验有效期、标准节连接螺栓缺失或失效的情况。

④起重机械的地基基础承载力和变形是否符合设计要求。

⑤起重机械设备是否经有相应资质的检验检测机构检验合格后投入使用。

⑥起重机械是否配备荷载、变幅等指示装置和荷载、力矩、高度、行程等限位、限制及连锁装置。

3）吊索吊具管理措施

（1）吊索吊具必须验收合格后方可使用，吊运重物时应根据不同的吊运类型选取对应吊具，并分类存放在干燥、通风的位置。

（2）定期对吊索吊具开展检查，对达到报废标准的及时进行更换、报废。报废标准包括：吊带严重磨损、穿孔、切口、撕断；承载接缝绽开、缝线磨断，吊带纤维软化、老化、弹性变小、强度减弱，纤维表面粗糙易于剥落；吊带出现死结；吊带表面有过多的点状疏松、腐蚀、酸碱烧损以及热融化或烧焦。

4）起重吊装作业管理措施

（1）起重吊装过程中应加强对特种作业人员进行资质管控，设置专职安装拆卸工、起重司机、信号工、司索工，并取得相关特种作业资格证书后，方可上岗作业。

（2）吊装过程中严格遵守起重吊装"十不吊"要求，吊运零散件时，使用专门的吊篮、吊斗等器具，严禁细长件吊运存在单点吊、长短混吊。

6. 车辆伤害风险预控措施

车辆伤害风险预控措施应满足以下规定。

1）车辆设备通用安全管理要求

（1）各类运输机械应有完整的机械产品合格证以及相关的技术资料。

（2）各类运输机械应外观整洁，牌号必须清晰完整。

（3）启动应符合下列要求：螺栓、铆钉连接紧固不得松动、缺损；制动系统各部件连接可靠，管路畅通；灯光、喇叭、指示仪表等应齐全完整；轮胎气压应符合要求。

（4）运输机械启动后，应观察各仪表指示值，检查转向机构、制动器等构件的性能和内燃机的运转情况。

（5）运载物品应与车厢捆绑稳固牢靠，并注意控制整车重心高度，轮式机具和圆形物件装运应采取防止滚动的措施，严禁货厢载人。

（6）运输超限物件时，应事先勘察路线，了解空中、地上、地下障碍，以及道路、桥梁等通过能力，制订运输方案，并在交通管理部门办理通行手续。在规定时间内按规定路线行驶。超限部分白天应插警示旗，夜间应挂警示灯。

（7）在泥泞、冰雪道路上行驶时，应降低车速，宜沿前车辙迹前进，并采取防滑措施，必要时应加装防滑链。

（8）车辆停放时，应将内燃机熄火，拉紧手制动器，关闭车门。驾驶员在离开前应熄火并锁住车门。在坡道上停放时，下坡停放应挂上倒挡，上坡停放应挂上一挡，并应使用三角木楔等塞紧轮胎。

2）占道施工安全管理要求

（1）未经许可，任何单位和个人不得占用道路从事非交通活动。因工程建设需要占用、挖掘道路，或者跨越、穿越道路架设、增设管线设施，应当事先征得道路主管部门的同意；影响交通安全的，还应当征得公安机关交通管理部门的同意。

（2）施工前应编制专项交通导行方案，合理规划现场车辆行人路线，满足社会交通流量，保障高峰期交通需求，确保车辆行人安全顺利通过施工区域。

（3）施工作业单位应当在经批准的路段和时间内施工作业，并在距离施工作业地点来车方向安全距离处设置明显的安全警示标识，采取防护措施。施工作业车辆、机械应当安装示警灯，喷涂明显的标志图案，作业时应当开启示警灯和危险报警闪光灯。

（4）对未中断交通的施工作业道路，应当加强交通安全监督检查。发生交通阻塞时，及时做好疏导工作，维护交通秩序。道路施工需要车辆绕行的，施工单位应当在绕行处设置标志。

（5）施工作业完毕，应当迅速清除道路上的障碍物，消除安全隐患，经道路主管部门和公安机关交通管理部门验收合格，符合通行要求后，方可恢复通行。

（6）夜间施工现场应规范设置明显的交通标志、安全标牌、警戒灯等，标志牌具备夜间荧光功能；作业人员按要求穿戴统一的工作服和安全帽，夜间施工应身穿反光背心等，严禁人员随意进入行车道或在行车道上停留；夜间施工需安排专人做好交通指挥工作。

7. 淹溺风险预控措施

（1）当场地内开挖的槽、坑、沟、池等积水深度超过 0.5m 时，应采取安全防护措施；在集水井、泥浆池等周边增设临边防护与警示标识；泥浆护壁钻孔灌注桩成孔后浇筑混凝土前的空档期必须设置孔口封闭保护装置。

（2）降排水系统应保证水流排入市政管网或排水渠道，应采取措施防止抽排出的水倒灌流入基坑。

（3）当采用设计的降水方法不符合设计要求时，或基坑内坡道或通道等无法按降水设计方案实施时，应反馈设计单位调整设计，制定补救措施。

（4）当支护结构或地基处理施工时，应采取措施防止打桩、注浆等施工行为造成管井的失效。

（5）当坑底下部的承压水影响到基坑安全时，应采取坑底土体加固或降低承压水头等治理措施。

（6）应进行中长期天气预报资料收集，编制晴雨表，根据天气预报实时调整施工动态。降雨前应配备设备及时排除基坑内积水。

（7）截水帷幕与灌注桩间不应存在间隙，当环境保护设计要求较高时，应在灌注桩与截水帷幕之间采取注浆加固等措施。

（8）钢板桩或钢管桩围堰施工前，其锁口应采取止水措施，施工过程中应监测水位变化，围堰内外水头差应符合安全要求。

（9）基坑边沿周边地面应按设计图纸、施工方案要求设置截、排水沟和防止地表水冲刷基坑侧壁的措施；放坡开挖时，应对坡顶、坡面、坡脚采取降排水措施。

（10）基坑底周边应按专项施工方案要求设置排水沟和集水井，并应及时排除积水。

8. 触电风险预控措施

触电风险预控措施同 1.6.1.4 相关内容。

9. 透水风险预控措施

1）工作井施工管理措施

（1）加强现场调研和实地勘测，查清工作井与周边地下水的关系，若地下水位高于井底高程，应根据降水测算结果对基坑采取连续降水措施，保证水位降至坑底 50cm 以下。

（2）施工前组织市政管线权属单位进行管线交底，排查井周的给排水管网，检测管网是否存在破损，若存在破损，应对破损部位进行修复，确保井周给排水管网无漏点。

（3）按设计要求提前对隔水、降水等结构进行施工，加强施工安全技术交底工作，严抓现场施工质量。

（4）施工过程中对周边排水管网进行保护监测，若周边排水管网被破坏，应根据透水情况确定是否组织人员撤离，并组织管网抢修。

（5）在井内配备应急逃生爬梯，遇到井内透水能迅速逃离。

（6）在井内配备足量的排水泵，根据水量大小及时投入抽排。

（7）施工过程中加强对基坑降水、基坑支护、周边管线的监测，出现预警立即启动应急预案。

2）顶管施工管理措施

（1）摸排顶管路由高程与周边地下水的关系，若地下水位高于管底高程，原则上不得采用人工顶管方式顶进；若条件受限必须采用人工顶管，应根据降水测算对管道路由进行连续降水，保证水位降至管底 50cm 以下。

（2）严格按照设计要求对出洞口、进洞口周围土体进行加固，通过钻孔取芯检测加固效果，符合设计要求后方可出洞。

（3）在出洞口、进洞口按设计要求增设止水环，防止出洞、进洞时水、砂通过机头与洞口之间的间隙涌入井内。

（4）顶管过程中监测顶管路由周边排水管涵的位移变化及流水量，若管涵位移或流水量发生变化时，应迅速排查原因，加强对顶管路由周边地下水位的监测。

（5）人工顶管时，顶管过程中机头前若遇渗水应立即汇报，停止掘进，然后由工人携带便携式取样钻机在机头前开孔，现场管理人员根据芯样及钻孔流水情况判断能否继续顶进。

（6）当掘进面的地下水量较少且渗流速度较慢时，若为上坡道，让渗水从掘进面流向工作井集水坑，根据水量大小配备相应水泵抽水；若为下坡道，对掌子面积水采用抽水机及时抽排，避免管道前端积水；若出现透水时，施工人员应立即从管内撤离至井上平台。

（7）人工顶管作业在大雨天不得开展，连续降雨后应加强顶管路由的地下水位监测，确定水位在管底以下 50cm 方可施工。

第 2 章　建（构）筑物主体结构工程

在长江大保护工程建设过程中，市政污水处理厂是水污染控制的核心，起着削减 COD、TN 等主要污染物的作用。在市政污水处理厂中，存在各种为满足污水处理需要而建的建（构）筑物，由于各建（构）筑物的功能需求不同，采用的结构形式也有区别，有钢筋混凝土框架结构、薄壁结构、大体积混凝土、砌体等，本章主要针对不同的主体结构施工工艺进行论述。

2.1　框架结构混凝土工程

2.1.1　概述

1. 工艺概述

框架结构是利用梁、柱组成的纵、横两个方向的框架形成的结构体系，同时承受竖向荷载和水平荷载。

2. 工艺特点

框架混凝土结构的主要优点是建筑平面布置灵活，可形成较大的建筑空间，建筑立面处理也比较方便；缺点是侧向刚度较小，当建（构）筑物的层数较多时，会产生较大的侧移，易引起非结构性构件（如隔墙、装饰）破坏，从而影响使用。

3. 适用范围

由于框架柱的抗侧移刚度较小，框架结构主要用在建（构）筑物层数不多、水平荷载较小的情况。适用于多层工业厂房、仓库及大多数民用建筑。长江大保护项目中相关的建（构）筑物多采用框架混凝土结构。

2.1.2　现行适用规范

（1）GB 50141—2008《给水排水构筑物工程施工及验收规范》。

（2）22G101—1《混凝土结构施工图平面整体表示方法制图规则和构造详图（现浇混凝土框架、剪力墙、梁、板）》。

（3）GB 8076—2008《混凝土外加剂》。

（4）GB 50666—2011《混凝土结构工程施工规范》。

（5）GB 50300—2013《建筑工程施工质量验收统一标准》。

（6）GB 50119—2013《混凝土外加剂应用技术规范》。

（7）GB 50204—2015《混凝土结构工程施工质量验收规范》。

（8）GB 51221—2017《城镇污水处理厂工程施工规范》。

（9）GB 50334—2017《城镇污水处理厂工程质量验收规范》。

（10）GB 55032—2022《建筑与市政工程施工质量控制通用规范》。

（11）GB 175—2023《通用硅酸盐水泥》。

（12）GB/T 50010—2010《混凝土结构设计标准》（2024 年版）。

（13）GB/T 50107—2010《混凝土强度检验评定标准》。

（14）GB/T 14902—2012《预拌混凝土》。

（15）GB/T 1499.1—2017《钢筋混凝土用钢 第 1 部分：热轧光圆钢筋》。

（16）GB/T 1499.2—2018《钢筋混凝土用钢 第 2 部分：热轧带肋钢筋》。

（17）GB/T 17656—2018《混凝土模板用胶合板》。

（18）JGJ 162—2008《建筑施工模板安全技术规范》。

（19）JGJ 130—2011《建筑施工扣件式钢管脚手架安全技术规范》。

（20）JGJ 18—2012《钢筋焊接及验收规程》。

（21）JG/T 163—2013《钢筋机械连接用套筒》。

（22）JGJ 107—2016《钢筋机械连接技术规程》。

2.1.3 施工工艺流程及操作要点

1. 工艺流程

框架结构混凝土施工工艺流程见图 2-1。

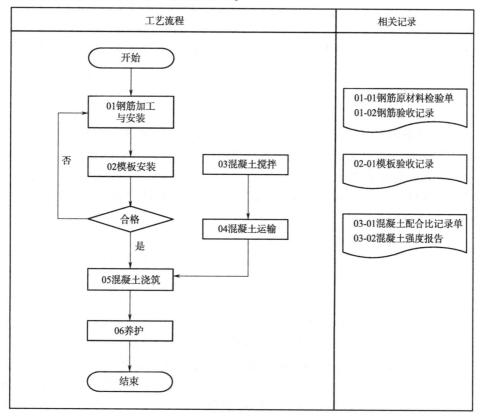

图 2-1 框架结构混凝土施工工艺流程

（1）钢筋加工与安装。

钢筋原材料进场后要进行检验，检查材质证明材料，并取样复试，合格后方能使用。钢筋应按批次，分钢种、品种、直径、类型妥善堆放，钢筋堆场应具有良好的坡度和排水措施，不得积水，要满足"下垫上盖"的基本要求。

钢筋加工需按规范要求进行操作，施工现场钢筋加工棚处应设立"钢筋加工样板牌"，以实物形式展示箍筋、拉筋等工序的标准做法。

钢筋连接分为绑扎搭接、机械连接、焊接等方式，质量需合格。

钢筋安装需符合设计和规范要求，并严格按照 22G101《混凝土结构施工图平面整体表示方法制图规则和构造详图》作业。施工现场钢筋加工样板牌见图 2-2。

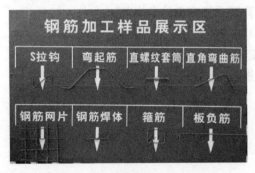

图 2-2　施工现场钢筋加工样板牌

（2）模板安装。

所有模板体系中，木模板的应用最为广泛，适用于墙、柱、梁、板等各种混凝土构件及异形构件。

①墙体模板：面板采用 15mm 厚、18mm 厚覆膜多层板，次龙骨采用 50mm×100mm 木方和 50mm×50mm 方型钢管，或采用 50mm×50mm 钢木龙骨，间距 150mm。主龙骨采用双 ϕ48mm×3.6mm 钢管，纵向起步中距距地 150mm，顶部距板底 300mm，纵横间距 450～600mm。对拉螺栓采用 ϕ14mm 通丝螺栓，地下室外墙对拉螺栓中部焊接止水钢板。

②框架柱模板：面板采用 15mm、18mm 厚覆膜多层板，次龙骨角部采用 50mm×100mm 木方，中部采用 50mm×50mm 方型钢管，或采用 50mm×50mm 钢木龙骨，间距 150mm。主龙骨采用双 ϕ48mm×3.6mm 钢管，纵向起步中距距地 150mm，顶部距板底 300mm，纵横间距 450～600mm。主龙骨也可采用成品可调框架柱柱箍或 10 号槽钢。对拉螺栓采用 ϕ16mm 通丝螺栓。

③圆形柱模板：圆形柱模板采用定型加工木模板，模板厚度 20mm，模板拼缝处采用企口连接，拼缝严密不漏浆，拆除模板后观感较好，加固采用定型卡箍箍牢，间距不大于300mm，采用脚手管斜撑调整，固定垂直度。

④框架梁模板：面板采用 15mm 厚覆膜多层板，梁底次龙骨角部采用 50mm×100mm 木方，中部采用 50mm×50mm 方型钢管，或采用 50mm×50mm 钢木龙骨，间距 150～200mm。梁侧次龙骨角部采用 50mm×100mm 木方，中部采用 50mm×50mm 方型钢管，或采用 50mm×100 木龙骨，间距 200mm。梁底、梁侧主龙骨采用双 ϕ48mm×3.6mm 钢管，对拉螺栓采用 ϕ14mm 通丝螺栓。梁底设置钢管配 U 型托独立支撑。

⑤板模板：面板采用 12mm、15mm 厚覆膜多层板，板底次龙骨采用 50mm×50mm 钢木龙骨，中心间距 250mm 布置，主龙骨采用 50mm×70mm 钢木龙骨，或 50mm×70mm 方型钢管（壁厚3.0mm），或双 ϕ48mm×3.6mm 钢管。支撑系统可采用碗扣式满堂脚手架、扣件式钢管满堂脚手架、盘扣承插式满堂脚手架。

⑥楼梯模板：面板采用15mm厚覆膜多层板，板底次龙骨采用100mm×50mm木龙骨，中心间距250mm布置，主龙骨采用100mm×100mm木方，间距1200mm。支撑系统可采用扣件式钢管脚手架，踏步采用定型木模板。

⑦门窗洞口模板：多采用木模配专用角钢模板卡具加固，木材宜采用不易变形的红白松，模板阳角处用L140mm×140mm×10mm的角钢与木模固定，阴角处用L100mm×100mm×10mm的角钢与木模固定，同时洞口模板内部加支撑。注意洞口模板下要设排气孔，洞口模板侧面加贴海绵条防止漏浆，浇筑混凝土时从窗两侧同时浇筑，避免窗模偏位。

⑧梁柱节点模板：梁柱节点处模板配置与相应梁、柱模板相同，在柱头处设置阴角定型模板，加设固定木方，用钢管短支撑将定型柱头模板顶紧。拼缝处需粘贴海绵条。模板安装示意图如图2-3所示。

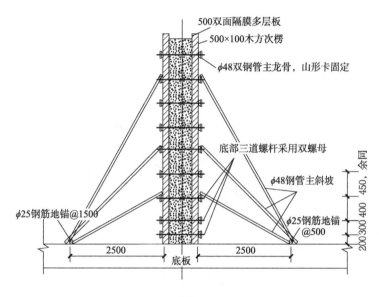

（a）墙体模板

（b）框架柱模板

（c）板模板

图2-3 模板安装示意图（单位：mm）

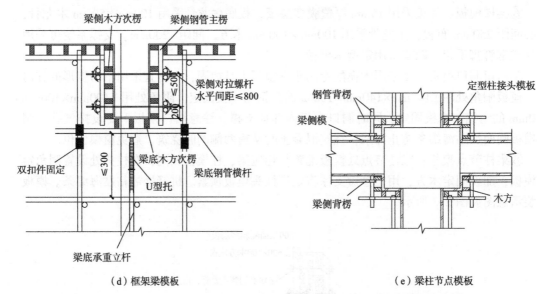

（d）框架梁模板　　　　　　　　（e）梁柱节点模板

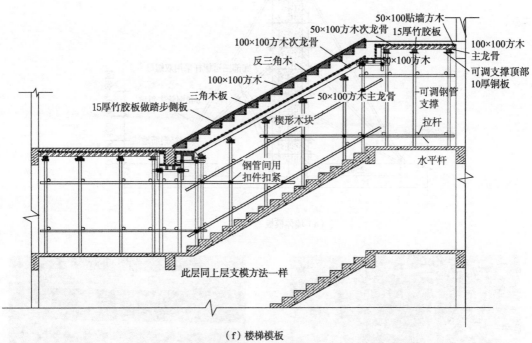

（f）楼梯模板

图 2-3　模板安装示意图（单位：mm）（续）

（3）混凝土搅拌。

长江大保护项目大多属于市政工程范畴，混凝土应优先采用商品混凝土。使用方应对商品混凝土搅拌站按规定频率进行抽检，对原材料和混凝土配合比进行过程控制，严格按照批复的混凝土配合比进行混凝土搅拌。

（4）混凝土运输。

①混凝土应采用混凝土罐车进行输送，应保持混凝土拌合物的均匀性，不产生分层离

析现象。罐车拌筒应保持 3～6r/min 的慢速转动。无论何时何地均严禁私自加水。

②应根据施工现场浇筑速度决定供货速度，比如墙体混凝土 25min/车，顶板混凝土 10min/车。

③混凝土从搅拌机卸出到运输至现场的时间不大于初凝时间的 1/2（应根据运距、混凝土初凝时间等因素按施工现场具体情况确定）。

④混凝土初凝时间控制在 4～5h。混凝土终凝时间控制在 7～8h。为保证混凝土不出现冷缝，底板混凝土初凝时间应适当增加，控制在 10h 以内。

（5）混凝土浇筑。

浇筑混凝土时为了保证混凝土的密实性和强度，必须分层浇筑和振捣，并应根据不同的振捣方法使用不同的振捣工具限制投料的厚度。如果一次投料过厚，就会因振捣不充分而影响混凝土的密实性，进而导致混凝土强度降低。因此，浇筑混凝土时必须分层进行，浇筑过程中应当采用测杆及时检查，严格限制分层厚度。

2. 操作要点

1）钢筋连接基本要求

（1）根据设计和施工方案要求，钢筋接头宜设置在受力较小处。

（2）有抗震设防要求的结构中，梁端、柱端箍筋加密区范围内尽可能不设置钢筋接头，且不应进行钢筋搭接。如必须在此连接时，应采用机械连接或焊接。

（3）同一纵向受力钢筋不宜设置两个或两个以上接头。

（4）接头末端至钢筋弯起点的距离不应小于钢筋直径的 10 倍。

（5）钢筋接头可以采用绑扎搭接、机械连接、焊接（电渣压力焊、搭接焊）。当纵向受力钢筋采用机械连接时，同一构件内的接头宜分批错开，纵向受拉钢筋接头面积百分率不得超过 50%。

（6）轴心受拉及小偏心受拉构件的纵向受力钢筋不得采用绑扎搭接。

（7）钢筋采用绑扎搭接时，受拉钢筋直径不宜大于 25mm，受压钢筋直径不宜大于 28mm。

（8）钢筋机械连接基本要求。

①加工钢筋接头的操作人员应经专业培训，合格后持证上岗作业。

②机械连接接头的混凝土保护层应符合设计、规范及标准图集要求，且不得小于 0.75 倍钢筋最小保护层厚度和 15mm 的较大值。

③机械连接接头之间的横向净间距不宜小于 25mm。

④螺纹接头安装后应使用专用扭力扳手校核拧紧扭矩。

⑤机械连接接头的使用范围、工艺要求、套筒材质及质量要求等应符合现行行业标准。

2）钢筋安装基本要求

（1）钢筋放置要求。

当设计无具体要求时，纵横两个方向钢筋交叉时，基础底板短跨方向上部主筋宜放置于长跨方向主筋之下，短跨方向下部主筋置于长跨方向下部主筋之上；楼板短跨方向上部主筋宜放置于长跨方向主筋之上，短跨方向下部主筋置于长跨方向下部主筋之下；次梁上下主筋置于主梁上下主筋之上；框架连梁的上下主筋置于框架主梁的上下主筋之上；当梁与柱或墙侧平时，梁该侧主筋置于柱或墙竖向纵筋之内；墙体水平筋在外、竖向筋在内；地下室外墙及人防墙体竖向钢筋在水平钢筋外侧。

（2）钢筋安装要点。

①双向受力钢筋绑扎时应将钢筋交叉点全部绑扎，控制钢筋不位移，不得漏绑。

②绑扎采用22号火烧丝或镀锌铅丝，为防止钢筋跑位，丝扣不能一顺扣，要间隔采用正反八字扣。对于主筋与箍筋垂直部位采用缠扣绑扎方式。

③对于主筋与箍筋拐角部位采用套扣绑扎方式。

④墙体钢筋绑扎时应对面绑扎，扎完应将绑扎丝头弯向混凝土内，即保证所有绑扎丝头最后一律朝向混凝土内部。

⑤钢筋安装应采用专用定位件固定钢筋的位置。混凝土框架梁、柱保护层内，不宜采用金属定位件。

（3）起步钢筋的要求。

①墙体水平起步筋距顶板（梁）小于或等于50mm。暗柱起步箍筋距顶板（梁）25mm。

②墙体竖向起步筋距暗柱边主筋间距为设计墙体竖向钢筋间距。

③当墙体水平钢筋向上排布时，在楼板高度范围内起步钢筋不取消。

④框架柱箍筋在梁高度范围内应加密设置，梁箍筋在柱截面宽度范围内起步钢筋取消。

⑤框架柱起步箍筋距楼板（梁）上表面小于或等于50mm。

⑥楼板第一根起步钢筋（包括上下铁）距支座（墙、梁等）边小于或等于50mm。

⑦框架柱起步箍筋距支座边小于或等于50mm。

3）模板安装基本要求

（1）木模板及其支撑系统所用的木材，不得有脆性、严重扭曲，受潮后应不易变形。

（2）对结构平整度要求高的工程，所用木方应当两面刨平、刨直，尺寸偏差控制在±1mm，多层板切割应当用木工台锯切割，切割面应当顺滑，断面与平面呈90°。

（3）钉子的长度应为木板厚度的1.5～2倍，木板与木板相叠处至少钉2颗钉子。第二块板的钉子要向第一块模板方向斜钉，使拼缝严密。

（4）木胶合板应整张直接使用，尽量减少随意锯截，造成浪费。木胶合板板面尽量不钻孔洞，遇有预留孔洞，可用普通木板及时进行修补。

（5）木模板加工后应当平放，下部垫100mm×100mm木方防止被水浸泡，木模板加工完成后平整摆放高度不宜超过1m。

4）混凝土搅拌操作要点

（1）每次浇筑混凝土前1.5h左右，由施工现场专业工长填写申报"混凝土浇筑申请书"，由建设（监理）单位和技术负责人或质量检查人员批准，每一台都应填写。

（2）试验员依据砂石含水率，调整混凝土配合比中的材料用量，换算每盘的材料用量，写配合比板，经施工技术负责人校核后，挂在搅拌机旁醒目处。

（3）水泥、掺合料、水、外加剂的计量误差为±2%，粗、细骨料的计量误差为±3%。

投料顺序为：石子→水泥、外加剂粉剂→掺合料→砂子→水→外加剂液剂。

（4）为使混凝土搅拌均匀，自全部掺合料装入搅拌筒中起，到混凝土开始卸料止，混凝土搅拌的最短时间与搅拌机机型及是否掺外加剂有关，如强制式搅拌机在不掺外加剂时，搅拌时间不少于 90s，掺外加剂时，搅拌时间不少于 120s。

（5）用于承重结构及抗渗防水工程的混凝土，采用预拌混凝土的，在混凝土出厂前由混凝土供应单位自行组织有关人员进行开盘鉴定。现场搅拌的混凝土由施工单位组织建设（监理）单位、搅拌机组、混凝土试配单位进行开盘鉴定，共同认定试验室签发的混凝土配合比确定的组成材料是否与现场施工所用材料相符，以及混凝土拌合物性能是否符合设计要求和施工需要。如果混凝土和易性不好，可以在维持水灰比不变的前提下，适当调整砂率、水及水泥量，至和易性良好为止。

5）混凝土运输操作要点

混凝土自搅拌机卸出后，应及时运输到浇筑地点。在运输过程中，要防止混凝土离析、水泥浆流失。如混凝土运到浇筑地点有离析现象时，必须在浇筑前进行二次拌和。

混凝土从搅拌机中卸出至浇筑完毕的时间见表 2-1。

表 2-1　混凝土从搅拌机中卸出至浇筑完毕的时间　　　　（单位：min）

混凝土强度等级	气温	
	≤25℃	>25℃
≤C30	120	90
>C30	90	60

注：掺用外加剂或采用快硬水泥拌制混凝土时，应按试验结果确定。

泵送混凝土时必须保证混凝土泵连续工作，如果发生故障，停歇时间超过 45min 或混凝土出现离析现象，应立即用压力水或其他方法冲洗管内残留的混凝土。用水冲出的混凝土严禁用在永久建筑结构上。

6）混凝土浇筑的操作要点

混凝土自吊斗口下落的自由倾落高度不得超过 2m，浇筑高度如超过 2m 必须采取措施，如使用串筒或溜管等降低混凝土自由倾落高度。

浇筑混凝土时应分段分层连续进行，浇筑层高度应根据混凝土供应能力、一次浇筑方量、混凝土初凝时间、结构特点、钢筋疏密综合考虑决定，一般为振捣器作用部分长度的 1.25 倍。

使用插入式振捣器应快插慢拔，插点要均匀排列，逐点移动，顺序进行，不得遗漏，做到均匀振实，移动间距不大于振捣作用半径的 1.25 倍（一般为 300～400mm）。振捣上一层时应插入下层 5～10cm，以使两层混凝土结合牢固。振捣时，振捣棒不得触及钢筋和模板。表面振动器（或称平板振动器）的移动间距，应保证振动器的平板覆盖已振实部分的边缘。

浇筑混凝土应连续进行。如必须间歇，其间歇时间应尽量缩短，并应在前层混凝土初凝之前，将次层混凝土浇筑完毕。间歇的最长时间应按所用水泥品种、气温及混凝土凝结条件确定，一般超过 2h 应按施工缝处理（当混凝土的凝结时间小于 2h 时，则应当执行混凝土的初凝时间）。

浇筑混凝土时应经常观察模板、钢筋、预留孔洞、预埋件和插筋等有无移动、变形或堵塞情况，发现问题应立即处理，并应在已浇筑的混凝土初凝前修整完好。

（1）混凝土柱的浇筑。

混凝土柱浇筑前底部应先填 5～10cm 厚与混凝土配合比相同的减石子砂浆，柱混凝土应分层浇筑振捣，使用插入式振捣器时每层厚度不大于 50cm，振捣棒不得触动钢筋和预埋件。

柱高在 2m 之内，可在柱顶直接下灰浇筑；超过 2m 时，应采取措施（用串筒）或在模板侧面开洞口安装斜溜槽分段浇筑。每段高度不得超过 2m，每段混凝土浇筑后将洞模板封闭严实，并用箍箍牢。

浇筑混凝土柱的分层厚度应当经过计算确定，并且应当计算每层混凝土的浇筑量，用专制料斗容器称量，保证混凝土的分层准确，并用混凝土标尺杆计量每层混凝土的浇筑高度，混凝土振捣人员必须配备充足的照明设备，保证振捣人员能够看清混凝土的振捣情况。

混凝土柱应一次浇筑完毕，如需留施工缝应留在主梁下面。无梁楼板应留在柱帽下面。在与梁板整体浇筑时，应在混凝土柱浇筑完毕后停歇 1～1.5h，使其初步沉实，再继续浇筑。

浇筑完后，应及时将伸出的搭接钢筋整理到位。

（2）梁、板混凝土浇筑。

梁、板应同时浇筑，浇筑应由一端开始用"赶浆法"进行，即先浇筑梁，根据梁高分层浇筑成阶梯形，当达到板底位置时再与板的混凝土一起浇筑，随着阶梯形不断延伸，梁板混凝土浇筑连续向前进行。

和板连成的整体高度大于 1m 的梁，允许单独浇筑，其施工缝应留在板底以下 2～3mm 处。浇捣时，浇筑与振捣必须紧密配合，第一层下料慢些，梁底充分振实后再下第二层料，用"赶浆法"保持水泥浆沿梁底包裹石子向前推进，每层均应振实后再下料，梁底及梁侧部位要注意振实，振捣时不得触动钢筋及预埋件。

梁柱节点钢筋较密时，宜用小粒径石子同强度等级的混凝土浇筑，并用小直径振捣棒振捣。

浇筑板混凝土的虚铺厚度应略大于板厚，用平板振捣器在垂直浇筑方向来回振捣，厚板可用插入式振捣器顺浇筑方向拖拉振捣，并用铁插尺检查混凝土厚度，振捣完毕后用长木抹子抹平。施工缝处或有预埋件及插筋处用木抹子找平。浇筑板混凝土时不允许用振捣棒铺摊混凝土。

宜沿次梁方向浇筑楼板，施工缝应留置在次梁跨度的中间 1/3 范围内。施工缝的表面应与梁轴线或板面垂直，不得留斜坡。施工缝宜用木板或钢丝网挡牢。

施工缝处须待已浇筑混凝土的抗压强度不小于 1.2MPa 时，才允许继续浇筑。在继续浇筑混凝土前，施工缝混凝土表面应凿毛，剔除浮动石子和混凝土软弱层，并用水冲洗干净后，先浇一层同配比减石子砂浆，然后继续浇筑混凝土，应细致操作振实，使新旧混凝土紧密结合。

（3）强混凝土浇筑。

如柱、墙的混凝土强度等级相同时，可以同时浇筑；反之，宜先浇筑混凝土柱，预埋强锚固筋，待拆柱模后，再绑强钢筋、支模、浇筑混凝土。

强浇筑混凝土前，先在底部均匀浇筑 5～10cm 厚与墙体混凝土同配比的减石子砂浆，并用铁锹入模，不应用料斗直接灌入模内（该部分砂浆的用量也应当经过计算，使用容器计量）。

浇筑墙体混凝土应连续进行，间隔时间不应超过 2h，每层浇筑厚度按照规范的规定实施，因此必须预先安排好混凝土下料点位置和振捣器操作人员数量。

振捣棒移动间距应小于 40cm，每一振点的延续时间以表面泛浆为度，为使上下层混凝土结合成整体，振捣器应插入下层混凝土 5～10cm。振捣时注意钢筋密集及洞口部位，为防止出现漏振，须在洞口两侧同时振捣，下灰高度也要大体一致。大洞口的洞底模板应开口，并在此处浇筑振捣。

墙体混凝土浇筑高度应高出板底 20～30mm。混凝土墙体浇筑完毕之后，将上口甩出的钢筋加以整理，用木抹子按标高线将墙上表面混凝土找平。

（4）楼梯混凝土浇筑。

楼梯段混凝土自下而上浇筑，先振实底板混凝土，达到踏步位置时再与踏步混凝土一起浇捣，不断连续向上推进，并随时用木抹子（或塑料抹子）将踏步上表面抹平。

楼梯混凝土宜连续浇筑，多层楼梯的施工缝应留置在楼梯段 1/3 的部位。

所有浇筑的混凝土模板面应当扫毛，扫毛时应当顺一个方向扫，严禁随意扫毛，影响混凝土表面的观感。

7）养护的操作要点

混凝土浇筑完毕后，应在 12h 以内加以覆盖和浇水，浇水次数应能保持混凝土有足够的湿润状态，养护期一般不少于 7d。

2.1.4　材料与设备

1. 材料

1）钢筋的力学性能要求

现行国家相关标准规定：对有抗震设防要求的结构，其纵向受力钢筋的性能应符合设计要求；当设计无具体要求时，对按一、二、三级抗震等级设计的框架和斜撑构件（含梯段）中的纵向受力钢筋应采用 HRB335E、HRB400E、HRB500E、HRBF335E、HRBF400E 或 HRBF500E 钢筋，其强度和最大力下总伸长率的实测值应符合下列规定。

（1）钢筋的抗拉强度实测值与屈服强度实测值的比值不应小于 1.25。

（2）钢筋的屈服强度实测值与屈服强度标准值的比值不应大于 1.30。

（3）钢筋的最大力下总伸长率不应小于 9%。

2）钢筋重量偏差的要求

钢筋原材实际重量与理论重量的偏差须符合规范要求。

3）模板选型

所有模板体系中，木模板应用最为广泛，适用于墙、柱、梁、板各种混凝土构件及异形构件，但其周转次数少、刚度小、可连接性差等缺点导致木模板不适用于超高层建筑结构。模型选型应符合下列要求。

（1）模板结构或构件的木材应当选择质量好的材料，不得使用有腐朽、霉变、虫蛀、折裂、枯竭的木材。

（2）当需要对模板结构或构件木材的强度进行测试检验时，应按 GB 50005—2017《木结构设计标准》的检验标准进行。

（3）施工现场制作的木构件，其木材含水率应符合下列规定。

①制作的原木、方木结构，不应大于 25%。

②板材和规格材，不应大于 20%。

③受拉构件的连接板，不应大于 18%。

④连接件，不应大于 15%。

4）胶合板材料要求

（1）胶合板板材表面应平整光滑，具有防水、耐磨、耐酸碱的保护膜，并应有保温性能好、易脱模、可两面使用等特点。板材厚度不应小于 12mm，并应符合 GB/T 17656—2018《混凝土模板用胶合板》的相关规定。

（2）各层板的原材含水率不应大于 15%，且同一胶合板各层原材间的含水率差别不应大于 5%。

（3）胶合板应采用耐水胶，其胶合强度不应低于木材或竹材顺纹抗拉的强度，并应符合环境保护的要求。

（4）进场的胶合板除应具有出厂质量合格证外，还应保证外观及尺寸合格。

（5）常用木胶合板的厚度宜为 15mm、18mm。

5）混凝土原材料

（1）水泥：水泥品种、强度等级应根据设计要求确定。质量符合现行国家水泥标准。工期紧时可做水泥快测。

（2）砂、石子：根据结构尺寸、钢筋密度、混凝土施工工艺、混凝土强度等级的要求确定石子粒径、砂子细度。砂、石质量符合现行国家标准。

（3）水：自来水或不含有害物质的洁净水。

（4）外加剂：根据施工组织设计要求，确定是否采用外加剂。外加剂须经试验合格后，方可在工程中使用。

（5）掺合料：根据施工组织设计要求，确定是否采用掺合料。质量符合现行国家标准。

6）混凝土拌合物

（1）混凝土进场查验质量证明文件，包括混凝土配合比通知单、混凝土质量合格证、混凝土运输单等资料。

（2）混凝土进场检查其拌合物工作性，应检验坍落度或维勃稠度，预拌混凝土的坍落度检查应在交货地点进行，坍落度大于 220mm 的混凝土，可根据需要测定其坍落扩展度，扩展度的允许偏差为 30mm。

（3）混凝土严禁直接加水。对于不符合要求的混凝土一律退场。

2. 施工机具

1）钢筋施工

包括钢筋弯曲机、切断机、车丝机、调整机、电焊机等。

2）模板施工

包括木工锯、墨斗等。

3）混凝土施工

包括混凝土搅拌机、磅秤（或自动上料系统）、双轮手推车、小翻斗车、尖锹、平锹、混凝土吊斗、插入式振捣器、木抹子、铁插尺、胶皮水管、铁板、串筒、塔式起重机、混凝土标尺杆、砂浆称量器等。

2.1.5　质量控制

1. 钢筋工程

（1）在浇筑混凝土之前，应进行钢筋隐蔽工程验收，其内容如下。

①纵向受力钢筋的品种、规格、数量、位置等，必须符合设计要求。

②钢筋的连接方式、接头位置、接头数量、接头面积百分率等，必须符合设计及现行验收规范要求。

③箍筋、横向钢筋的品种、规格、数量、间距等，必须符合设计及现行规范要求。

④预埋件的规格、数量、位置等，必须符合设计要求。

（2）钢筋安装位置的偏差应符合如下要求。

在同一检验批内，抽样数量应符合规范规定且不少于 3 个。确定检验批总数量时，梁、柱和独立基础应按有代表性的自然间确定，大空间结构的板可按纵、横轴线划分为检查面后确定，大空间结构的墙可按相邻轴线间高度 5m 左右划分检查面后确定。钢筋安装位置的允许偏差和检查方法见表 2-2。

表 2-2　钢筋安装位置的允许偏差和检查方法

序号	项目		允许偏差（mm）	检查方法
1	绑扎钢筋网	长、宽	±10	尺量
		网眼尺寸	±20	尺量连续三挡，取最大偏差值
2	绑扎钢筋骨架	长	±10	尺量
		宽、高	±5	尺量
3	纵向受力钢筋	锚固长度	−20	尺量两端、中间各一点，取最大偏差值
		间距	±10	
		排距	±5	
4	纵向受力钢筋、箍筋的混凝土保护层厚度	基础	±10	尺量
		柱、梁	±5	尺量
		板、墙、壳	±3	尺量

续表

序号	项目		允许偏差（mm）	检查方法
5	绑扎箍筋、横向钢筋间距		±20	尺量连续三挡，取最大偏差值
6	钢筋弯起点位置		20	尺量，沿纵、横两个方向测量，并取其中偏差的较大值
7	预埋件	中心线位置	5	尺量
		水平高差	+3, 0	塞尺量测

2. 模板工程

木模板安装的允许偏差及检验方法见表2-3。

表2-3　木模板安装的允许偏差及检查方法

项次	项目		允许偏差（mm）	检查方法
1	轴线位置		5	尺量
2	底模上表面标高		±5	水准仪或拉线测量、尺量
3	模板内部尺寸	基础	±10	尺量
		柱、墙、梁	±5	尺量
		楼梯相邻踏步高差	5	尺量
4	柱、墙垂直度	层高≤6m	8	水准仪或拉线测量、尺量
		层高>6m	10	水准仪或拉线测量、尺量
5	相邻模板表面高差		2	尺量
6	表面平整度		5	水准仪或拉线测量、尺量
7	预留洞	中心线位置	10	尺量
		尺寸	+10, 0	尺量

3. 混凝土工程

（1）水泥进场时，应对其品种、代号、强度等级、包装或散装编号、出厂日期等进行检查，并应对水泥的强度、安定性和凝结时间进行检验，检验结果应符合 GB 175—2023《通用硅酸盐水泥》的相关规定。

（2）混凝土外加剂进场时，应对其品种、性能、出厂日期等进行检查，并应对外加剂的相关性能指标进行检验，检验结果应符合 GB 8076—2008《混凝土外加剂》和 GB 50119—2013《混凝土外加剂应用技术规范》等的相关规定。

（3）预拌混凝土进场时，其质量应符合 GB/T 14902—2012《预拌混凝土》的相关规定。

（4）混凝土拌合物不应离析。混凝土中氯离子含量和碱总含量应符合 GB/T 50010—2010《混凝土结构设计标准（2024 年版）》的相关规定。

（5）首次使用的混凝土配合比应进行开盘鉴定，其原材料、强度、凝结时间、稠度等应符合设计配合比的要求。

（6）混凝土的强度等级必须符合设计要求。用于检验混凝土强度的试件应在浇筑地点随机抽取。

（7）现浇结构的外观质量不应有严重缺陷。对已经出现的严重缺陷，应由施工单位提出技术处理方案，并经监理单位认可后进行处理；对裂缝或连接部位的严重缺陷及其他影响结构安全的严重缺陷，技术处理方案应经设计单位认可，对经处理的部位应重新验收。

（8）现浇结构不应有影响结构性能或使用功能的尺寸偏差；混凝土设备基础不应有影响结构性能和设备安装的尺寸偏差。对超过尺寸允许偏差且影响结构性能和安装、使用功能的部位，应由施工单位提出技术处理方案，经监理、设计单位认可后进行处理。对经处理的部位应重新验收。

（9）应对混凝土质量缺陷采取预控措施，混凝土质量缺陷预控措施见表 2-4。

表 2-4 混凝土质量缺陷预控措施

序号	质量预控项目	产生原因	预控措施
1	混凝土强度不足（伴随有抗渗能力降低、耐久性降低，会影响结构的承载能力）	（1）组成混凝土的原材料达不到质量要求； （2）配合比不准，水灰比大； （3）搅拌不均、混凝土离析、和易性不好； （4）商品混凝土运输距离过长，浇筑等待时间过长，或在浇筑时自由倾落高度过大，振捣不密实，振捣时间过长； （5）养护不到位	（1）对原材料进行严格控制，材料进场后严格按规定进行取样试验，未做试验或试验不合格的材料不准使用； （2）商品混凝土入场前审核混凝土开盘鉴定书，对混凝土标号、浇筑部位、外加剂的品种及含量、水泥品种、粗细骨料及添加剂的数量和配合比进行重点审核，同时还要对混凝土的坍落度进行抽样检查，检查、审核无误后方可允许混凝土进场浇筑； （3）混凝土运输及等待过程中保持不停地慢速搅拌，运输距离不能太远，运到现场后如发生离析或者严重泌水时应当进行二次搅拌； （4）混凝土浇筑卸料自由倾泻高度不大于 3m，大于 3m 时应当设串筒、溜槽等，大于 10m 时应当设置减速装置，下料堆积高度小于 1m； （5）振捣到位，既不过振也不漏振，让有经验的振捣工施工，新工人或技术不熟练的工人要有专人帮带； （6）混凝土浇筑后及时覆盖养护，养护时间符合规范要求
2	蜂窝（混凝土结构局部由于砂浆少、石子多等原因出现疏松、石子间隙过大等现象，产生类似蜂巢的窟窿）	（1）混凝土配合比不当或砂、石、水泥材料加水量计量不准，造成砂浆少、石子多； （2）混凝土搅拌时间不够，未拌和均匀，和易性差； （3）混凝土未分层下料，下料不当或下料过高，振捣不实或漏振，振捣时间不够； （4）模板拼缝不严，水泥浆流失； （5）钢筋较密，使用的石子粒径过大或坍落度过小； （6）基础、柱、墙根部未作间歇就继续灌注上部混凝土	（1）严格控制混凝土配合比，经常检查，做到计量准确，混凝土拌和均匀，坍落度适合； （2）混凝土下料高度超过 3m 应设串筒或溜槽；浇筑应分层下料，分层振捣，防止漏振或过振； （3）模板拼缝应堵塞严密，浇筑过程中应随时检查模板支撑情况，防止漏浆； （4）基础、柱、墙根部应在下部浇完间歇 1～1.5h，沉实后再浇上部混凝土，避免出现"烂根"

序号	质量预控项目	产生原因	预控措施
3	麻面（混凝土局部表面出现缺浆和许多小凹坑、麻点，形成粗糙面，但无钢筋外露现象）	（1）模板表面粗糙或黏附水泥浆渣杂物未清理干净，拆除模板时混凝土表面被黏坏； （2）模板未浇水湿润或湿润不够，构件表面混凝土的水分被吸去，使混凝土失水过多出现麻面； （3）模板拼缝不严，局部漏浆； （4）模板隔离剂涂刷不匀，局部漏刷或失效，混凝土表面与模板黏结造成麻面； （5）混凝土振捣不实，气泡未排出，停在模板表面形成麻点	（1）模板面清理干净，不得粘有干硬水泥砂浆等杂物。浇筑混凝土前，模板应浇水充分湿润，模板缝隙应用双面胶、油毡纸、泥子等堵严，应选用长效的模板隔离剂，涂刷均匀，不得漏刷； （2）混凝土应分层均匀振捣密实，至排除气泡为止； （3）表面作抹灰的，可不处理，表面无抹灰的，应在麻面部位浇水充分湿润后，用原混凝土配合比去石子砂浆，将麻面抹平压光
4	孔洞（混凝土结构内部有尺寸较大的空隙，局部缺失混凝土或蜂窝特别大，钢筋局部或全部裸露）	（1）在钢筋较密的部位或预留孔洞和埋件处，混凝土下料被卡住，未振捣就继续浇筑上层混凝土； （2）混凝土离析，砂浆分离，石子成堆，严重跑浆，又未进行振捣； （3）混凝土一次下料过多、过厚、过高，振捣器振捣不到，形成松散孔洞； （4）混凝土内掉入工具、木块、泥块等杂物，混凝土被卡住	（1）在钢筋密集处及复杂部位，采用细石混凝土浇灌，使混凝土充满模板，并认真分层振捣密实；预留孔洞处，应在两侧同时下料，侧面加开浇灌门，严防漏振； （2）砂石中混有黏土块、模板工具等杂物掉入混凝土内，应及时清除干净； （3）将孔洞周围的松散混凝土和软弱浆膜凿除，用压力水冲洗，湿润后用高强度等级细石混凝土仔细浇筑、捣实
5	露筋（混凝土内部主筋、副筋或箍筋局部裸露在结构构件表面）	（1）灌筑混凝土时，钢筋保护层垫块位移、垫块太少或漏放，致使钢筋紧贴模板外露； （2）结构构件截面小，钢筋过密，石子卡在钢筋上，使水泥砂浆不能充满钢筋周围，造成露筋； （3）混凝土配合比不当产生离析，靠模板部位缺浆或模板漏浆； （4）混凝土保护层太小，保护层处混凝土振捣不实，振捣棒撞击钢筋或踩踏钢筋，使钢筋位移，造成露筋； （5）木模板未浇水湿润，吸水黏结或脱模过早，拆除模板时缺棱掉角，导致漏筋	（1）应保证钢筋位置和保护层厚度正确，并加强检查，钢筋密集时，应选用适当粒径的石子，保证混凝土配合比准确和良好的和易性； （2）浇灌高度超过 3m，应用串筒或溜槽进行下料，以防止离析； （3）模板应充分湿润并认真堵好缝隙； （4）混凝土振捣严禁撞击钢筋，操作时，避免踩踏钢筋，如有踩弯或脱扣等及时调整直正； （5）正确掌握脱模时间，防止过早拆除模板，碰坏棱角

续表

序号	质量预控项目	产生原因	预控措施
6	缝隙、夹渣（混凝土内存在水平或垂直的松散混凝土夹层）	（1）施工缝或变形缝处未清除表面水泥薄膜和松动石子，未除去软弱混凝土层并充分湿润就灌筑混凝土； （2）施工缝处锯末、泥土、混凝土块等杂物未清除或未清除干净； （3）混凝土浇灌高度过大，未设串筒、溜槽，造成混凝土离析； （4）施工缝处未灌接缝砂浆层，接缝处混凝土未很好振捣	（1）认真按设计及施工质量验收规范要求处理施工缝及变形缝表面，接缝处锯末、泥土、混凝土块等杂物应清理干净并洗净； （2）混凝土浇灌高度大于 3m 应设串筒或溜槽，接缝处浇灌前应先浇 50～100mm 厚原配合比无石子砂浆，以利于接合良好，并加强接缝处混凝土的振捣密实； （3）缝隙夹层不深时，可将松散混凝土凿去，洗刷干净后，用 1∶2 或 1∶2.5 水泥砂浆填实；缝隙夹层较深时，应清除松散部分和内部夹杂物，用压力水冲洗干净后支模，灌细石混凝土或将表面封闭后进行压浆处理
7	缺棱掉角（结构或构件边角处混凝土局部掉落，不规则，棱角有缺陷）	（1）木模板未充分浇水湿润或湿润不够，混凝土浇筑后养护不好，造成脱水，强度低，或模板吸水膨胀将边角拉裂，拆除模板时，棱角被粘掉； （2）低温施工过早拆除侧面非承重模板； （3）拆除模板时，边角受外力或重物撞击，或保护不好，棱角被碰掉； （4）模板未涂刷隔离剂，或涂刷不均	（1）木模板在浇筑混凝土前应充分湿润，混凝土浇筑后应认真浇水养护； （2）拆除侧面非承重模板时，混凝土应具有 1.2N/mm² 以上强度；拆除模板时注意保护棱角，避免用力过猛过急；吊运模板时防止撞击棱角，运输时，将成品阳角用草袋等保护好，以免碰损； （3）如缺棱掉角，可将该处松散颗粒凿除，冲洗充分湿润后，视破损程度用 1∶2 或 1∶2.5 水泥砂浆抹补齐整，或支模用比原来高一级混凝土捣实补好，认真养护
8	裂缝（有干缩裂缝、外力引起的裂缝、大体积混凝土水化热造成的温度应力裂缝等）、冷缝	（1）养护不到位，混凝土坍落度过大，混凝土发生收缩； （2）温度过高、覆盖不好、养护不良、水分蒸发过快、水灰比太大、水泥用量过大、使用粉砂等造成混凝土塑性裂缝； （3）结构、构件下地基产生不均匀沉陷，模板、支撑没有固定牢固，产生裂缝； （4）楼板混凝土强度未达到 1.2N/mm²，过早上人、上料； （5）模板、支撑没有固定牢固，拆除模板过早，拆除模板时混凝土受到剧烈振动； （6）大体积混凝土内外温差过大； （7）混凝土浇筑不连续，未及时覆盖	（1）控制混凝土的水灰比及骨料质量；在温度高、气候干燥的环境里浇筑混凝土，特别是浇筑薄型的墙板构件时，浇筑完成后要及时进行覆盖养护，避免混凝土中的水分过快蒸发； （2）严格按规范要求，混凝土强度达到 1.2N/mm² 以上时再上人上料，上料前在混凝土支座处垫上方木，防止外力对混凝土造成过强的冲击导致混凝土出现裂缝； （3）检查模板及模板支撑系统，符合设计要求后再浇筑混凝土；混凝土达到拆除模板强度要求后再拆除模板，模板拆除时，采取措施避免造成剧烈振动； （4）大体积混凝土应采用水化热较低的矿渣水泥或粉煤灰水泥配制，并对混凝土采取降温及温控措施； （5）混凝土浇筑要连续，浇筑后应及时采用塑料薄膜进行覆盖

续表

序号	质量预控项目	产生原因	预控措施
9	混凝土气泡	（1）混凝土材料级配不合理，粗骨料偏多，细骨料较少，碎石材料中针片状颗粒含量过多，砂率偏小。水泥用量和水灰比不合理； （2）施工方法不当，混凝土没有分层浇筑或分层厚度偏高，由于气泡行程长，即使振捣的时间达到要求，气泡也不能完全排出； （3）振捣工艺不当，混凝土振捣不充分，截面变化处不容易振捣，气泡不易溢出； （4）墙体大型预留洞口底模未设排气孔，混凝土对称下料时产生气囊，或钢制模板封闭太严，表面排气困难； （5）不合理使用脱模剂，混凝土结构面层的气泡一旦接触到黏稠脱模剂，即使合理地振捣，气泡也很难沿模板上升排出	（1）从设计上控制水灰比和外加剂中引气剂含量，在符合施工要求坍落度的情况下，尽量减小水灰比，外加剂中引气剂含量不得大于规定； （2）对高标号、高性能混凝土要选用引气气泡小、分布均匀稳定的引气型外加剂； （3）严禁施工人员往混凝土中任意加水，二次调配混凝土后要将混凝土搅拌均匀后再使用； （4）从施工工艺上减少气泡的产生，选用具有消泡化学成分的脱模剂，尽可能地选用优质、表面光滑的模板材料； （5）从施工方法上减少气泡的产生，应分层布料、分层振捣，分层的厚度以不大于 50cm 为宜（否则气泡不易排出），同时应注重混凝土的振捣，要根据振捣器的作用半径均匀布点、快插慢拔，严防出现混凝土的欠振、漏振和超振现象

2.2 薄壁结构混凝土工程

2.2.1 概述

1. 工艺概述

薄壁结构指结构的厚度远小于其长度和宽度，一般由金属或钢筋混凝土制成。薄壁钢筋混凝土结构广泛应用于民用和工业建筑中，也大量应用于特种结构（烟囱、水塔、水池）、公路、桥梁、隧道、矿井、水利工程、海洋工程等。

2. 工艺优点

（1）薄壁钢筋混凝土结构塑形灵活。可以根据需要，选择合理而美观的结构形式，便于浇筑成各种形状和尺寸的建（构）筑物。

（2）取材容易，造价较低。钢筋和混凝土已是基础性建筑材料，钢筋市场供应充足，产品质量可靠，混凝土可厂拌或自拌，其中用料最多的砂、石等可就地取材，也可有效地利用矿渣、粉煤灰等工业废料。

（3）耐火性能较好，耐久性好。钢筋在混凝土保护层的保护下，在火灾发生时，不至于很快达到软化温度而导致结构破坏。钢筋被混凝土包裹保护，耐腐蚀且不易生锈，密实的混凝土有较高的强度和耐久性。钢筋混凝土结构一般不需维护，使用寿命较长。

（4）整体性能好。钢筋混凝土结构整体性能好，具有良好的抗震、抗风、抗撞击和抗爆炸冲击能力。

3. 工艺缺点

薄壁现浇钢筋混凝土结构的缺点是自重大、抗裂性能差、现浇施工时耗费模板多、工期长、隔热隔音性能较差。长江大保护项目中所涉及的构筑物涉水较多，容易发生渗漏。

4. 适用范围

长江大保护项目中污水处理厂的生化池、高效沉淀池、反硝化滤池、二沉池、储泥池等大多为长方体或圆柱体构筑物，均属于薄壁钢筋混凝土结构。

2.2.2　现行适用规范

（1）GB 50108—2008《地下工程防水技术规范》。

（2）GB 50208—2011《地下防水工程质量验收规范》。

（3）GB 50164—2011《混凝土质量控制标准》。

（4）GB 50119—2013《混凝土外加剂应用技术规范》。

（5）GB 50204—2015《混凝土结构工程施工质量验收规范》。

（6）GB 50334—2017《城镇污水处理厂工程质量验收规范》。

（7）GB 50202—2018《建筑地基基础工程施工质量验收标准》。

（8）GB 50497—2019《建筑基坑工程监测技术标准》。

（9）GB/T 50107—2010《混凝土强度检验评定标准》。

（10）GB/T 50375—2016《建筑工程施工质量评价标准》。

（11）JGJ 162—2008《建筑施工模板安全技术规范》。

（12）JGJ 55—2011《普通混凝土配合比设计规程》。

（13）JGJ/T 10—2011《混凝土泵送施工技术规程》。

（14）JGJ 18—2012《钢筋焊接及验收规程》。

（15）JGJ/T 317—2014《建筑工程裂缝防治技术规程》。

2.2.3　施工工艺流程及操作要点

1. 工艺流程

薄壁结构混凝土施工工艺流程见图 2-4。

2. 操作要点

1）定位测量放线

（1）建立平面测量系统。

①控制点引测：坐标控制点与业主提供的坐标基准点联测，根据坐标导线点在场区引测控制点，控制点要求埋深 1.5m，用混凝土浇筑并以钢柱标记，并测定高程作为工程定位放线依据，施工期间进行不定期复测。

②控制网布设：根据场内导线控制点，沿距池壁开挖线约 1m 远位置测设各径向控制基准点，埋设外控基准点，要求埋深 0.5m，浇注混凝土稳固并妥善保护。

（2）建立高程测量系统。

为确保工程的各构筑物、道路、排水管道各类标高的准确性，按平面控制网范围各设置 4~5 个水准点，水准点的测量与设置应参照勘察单位提供的国家三角网点进行，测量

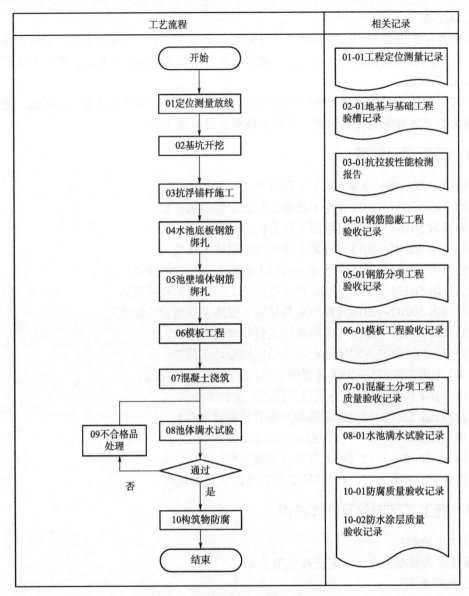

工艺流程	相关记录
开始	01-01工程定位测量记录
01定位测量放线	02-01地基与基础工程验槽记录
02基坑开挖	03-01抗拉拔性能检测报告
03抗浮锚杆施工	04-01钢筋隐蔽工程验收记录
04水池底板钢筋绑扎	05-01钢筋分项工程验收记录
05池壁墙体钢筋绑扎	06-01模板工程验收记录
06模板工程	07-01混凝土分项工程质量验收记录
07混凝土浇筑	08-01水池满水试验记录
09不合格品处理 08池体满水试验	10-01防腐质量验收记录
通过 否 是	10-02防水涂层质量验收记录
10构筑物防腐	
结束	

图 2-4 薄壁结构混凝土施工工艺流程

误差符合水准测量要求，经验收后，按测量规范要求予以保护，设置明显保护标志，并在施工期间定期进行复测。

（3）定位放线。

①基础开挖尺寸：按设计基础尺寸，并周边预留 300mm 作施工操作面开挖基础。

②基础开挖放坡：土方开挖按 1:1 放坡，施工中若遇特殊情况及时调整。

2）基坑开挖。

按照图纸和施工方案要求进行支护、开挖和降水。

3）抗浮锚杆施工（该工序为非强制性工序，实际施工以设计为依据）

（1）地基验槽合格之后，按照设计图纸浇筑混凝土基础垫层，垫层浇筑之前要洒水湿润基底，浇筑完成后要覆盖塑料薄膜并至少连续洒水养护 7d。

（2）根据设计锚固长度以及规范要求加工锚杆钢筋，并考虑基础锚固段长度。

（3）锚杆设 ϕ6mm 定位支架，沿锚杆长度方向均匀布置，间距 2m。钢筋定位支架制作应平顺，焊接牢固。

（4）锚杆位置与底板预埋管道位置冲突时，将锚杆向 A 轴或 B 轴方向偏移 0.2～0.5m，确保管道与锚杆错开布置。

（5）钻孔垂直度允许偏差宜小于 1%，孔位允许偏差应为±50mm，成孔深度达到设计要求，入岩不低于 4m。

（6）锚孔成孔后，将连接空压机的高压风管置入孔内底部，清孔时间不小于 3min；做好孔口维护，及时清理渣土，防止孔口渣土落入孔内。

（7）下锚前应检查注浆管有无破裂或堵塞，接口处是否牢固。杆体下至孔位后，应测量顶部标高，并做记录。

（8）采用先插杆后注浆工艺，灌浆管随杆体一起制作。注浆体设计强度为 M30，注浆体为水泥砂浆，砂径不应大于 2mm，水灰比为 0.4～0.5，灌浆压力为 0.4MPa。

4）水池底板钢筋绑扎

（1）底板钢筋绑扎的工艺流程为：画钢筋位置线→绑扎集水坑钢筋→绑扎底板下铁钢筋→放马凳→绑扎底板上铁钢筋→绑扎墙插筋。

（2）基础底板钢筋绑扎之前，应在垫层上根据结构底板钢筋网的间距和地梁的位置线，先用黑墨弹出控制轴线、每道分界线（柱墙上、跨中板带分界线）和柱线，墙、地梁位置用红油漆做好标志，再用红墨弹出底板钢筋位置线。钢筋必须定位、弹线，验线合格后，按照统一的原则布筋，从而确保分界处钢筋直螺纹的有效连接。底板钢筋绑扎可采用跳扣绑扎。

（3）要求有相同的铺设顺序，即对于底板下筋，短向受力筋在下，长向受力筋在上；对于底板上筋，长向受力筋在下，短向受力筋在上。箍筋转角与受力钢筋交叉点均应绑扎牢固，绑扎箍筋采用兜扣。

（4）分界处钢筋按照图纸及规范设置钢筋接头，提前画出分界处钢筋节点详图，并由技术负责人签认后，按此进行下料及钢筋绑扎。

（5）基础底板大于或等于 ϕ18mm 的钢筋采用直螺纹机械连接接头，相邻接头面积百分率为 50%，通长配置。钢筋绑扎前，先在基础垫层上画出每一道钢筋分挡线，第一挡出墙边不大于 1/2 钢筋间距，然后依据钢筋位置线摆放、绑扎底板下铁。

（6）在下铁钢筋下放置垫块，以确保底板钢筋保护层厚度，第一块出墙边 300mm。

（7）在板底短向的钢筋上放置撑筋@ 1000mm×1000mm。撑筋采用 ϕ16mm 的钢筋。

（8）采用直螺纹连接的底板、地梁钢筋及箍筋，不得绑在套筒上，可适当调整钢筋间距，以保证保护层厚度。

（9）所有钢筋交错点均绑扎，且必须牢固。同一水平直线上相邻绑扣呈"八"字形，朝向混凝土体内部，同一直线上相邻绑扣露头部分朝向正反交错。

（10）绑扎底板钢筋时，应严格按钢筋绑扎顺序施工，控制好外形尺寸，绑扎完后用水准仪复测一遍板顶钢筋标高，不得超过允许偏差。

（11）墙插筋在基础底板内的位置必须按施工图要求设置，按照设计要求伸入底板，并保证其锚固长度。

（12）薄壁结构混凝土工程池体结构不设置后浇带，水池防水钢筋混凝土外墙及水池周边其他构筑物的防水钢筋混凝土墙体进行水平施工缝施工时，沿池体基础上 600mm 处环形埋设 3mm 厚钢板止水带（300mm×3mm），与池壁钢筋焊接牢固，止水带焊接完成后进行焊缝探伤试验检测，合格后组织参建各方进行工序举牌验收。

二沉池底板钢筋制作与绑扎安装图示见图 2-5。

（a）二沉池基础底板钢筋绑扎　　　　　　　（b）基础钢筋面钢筋绑扎

（c）基础钢筋弯钩长度检查　　　　　　（d）膨胀带细部做法（隔离网片设置）

图 2-5　二沉池底板钢筋制作与绑扎安装图示

5）池壁墙体钢筋绑扎

（1）池壁钢筋绑扎工艺流程为：搭设脚手架→利用脚手架作支撑点绑一道弧向切线（水平）钢管（脚手架钢管）→立两端（池转角）竖筋→挂上线（封顶水平线）→底部（中部）绑定位弧向横筋→立竖筋→绑横筋→绑支撑筋。

（2）脚手架的搭设应适用、坚固，双排立杆搭设，立杆底部基础浇筑 5cm 混凝土垫层，下垫 5mm×200mm×200mm 木板，上中下设置三道抛撑加固，满铺脚手板，最上层操作面立杆要超出脚手板 1.5m。

（3）利用脚手架作支撑点绑一道横向（水平）钢管（脚手架钢管），钢管应顺直，位置必须准确（内外两道），设置于封顶标高下 300～500mm 为宜。

（4）沿池壁内心角每60°立两端竖筋，竖筋下部固定在水平弧形钢筋上，上部固定在钢管上。

（5）底部（中部）绑定位横筋。上、下线挂好后绑底部（中部）定位弧向钢筋，并在底部定位钢筋及上部钢管上用彩笔画上钢筋位置线（或点），位置线应均匀，间距符合设计图纸及规范要求。

（6）竖筋按画好的线（或点）竖立，底部留有保护层空隙，上部按水平线定位，每竖立一根钢筋随后绑扎固定，下部绑在弧形定位钢筋上，上部绑在定位钢管上。

（7）竖向钢筋立好后，在间距1～2m竖向钢筋上用彩笔画水平间距线（点），间距线（点）必须符合设计图纸及规范要求。横向钢筋按水平弧线（点）绑扎，绑扎应牢固并符合设计要求。

（8）绑支撑筋：竖、横向钢筋绑扎完毕后，按设计图纸要求绑扎池壁支撑钢筋，支撑钢筋间距、数量应符合设计要求，并绑扎牢固。

（9）墙上开孔，当孔洞尺寸小于或等于300mm时，洞边不再另加钢筋，当孔洞尺寸大于300mm时，应设洞边加筋，按照设计图纸进行施工。当图纸未交代时，洞口每侧各设两根钢筋，其面积不得小于被洞口截断的钢筋面积，且不小于$2\phi12mm$。

（10）完成池体钢筋绑扎后，为保证钢筋保护层厚度符合标准，在池体内外侧绑扎水泥砂浆标准垫块，并保持1m间距按梅花形固定。

二沉池池壁钢筋制作与绑扎安装图示见图2-6。

（a）池壁钢筋绑扎

（b）腋角加强筋绑扎

（c）池壁钢筋检查验收

（d）二沉池进水槽钢筋绑扎

图2-6 二沉池池壁钢筋制作与绑扎安装图示

6）模板工程

（1）为了保证混凝土的施工质量，池壁模板主要采用覆膜多层木模板，以达到清水混凝土的效果。支撑体系采用木方、扣件式脚手架，对拉螺栓部位采用双排钢管固定。主要构筑物模板周转次数不超过三次，模板周转过程中如果出现边角损坏，必须进行处理才能再次使用，不能保证混凝土表面质量的模板要弃用。

（2）水池墙体选用木模体系，下部底板及导墙先浇筑600mm，剩余池体一次浇筑到顶。

（3）池壁模板采用木模板一次性支模完成。池壁采用内、外楞固定模板：内楞采用 ϕ48mm×3.6mm 钢管做竖向背楞，间距100mm，模板之间采用木方连接，将两块模板拼接在方木同一侧，并用钉子将两块板固定在方木上；外横楞采用 HRB400ϕ18mm 钢筋，将其按二沉池或贮泥池的曲率半径特制加工成曲线钢筋，以400mm间距布置两道钢筋外楞，每一道外楞钢筋在同一层面池壁整圈布置。

（4）内外弧形墙模板选用木模体系，选用 915mm×1830mm×15mm 覆膜多层板，次龙骨为 100mm×100mm 方木，竖立放置，间距100mm，主龙骨选用双根 ϕ48mm 扣件式钢管，间距400mm。

（5）池体支撑：选用 ϕ48mm×3.5mm 扣件式钢管作为模板支撑选用 ϕ5.5mm 钢丝绳作为缆风绳。

（6）底板混凝土浇筑前预埋 ϕ25mm 地锚，作为池体模板支撑点；池体外侧模板支撑支在基坑护坡上，支撑与边坡接触部位下垫 50mm 厚通长脚手板。为了保证整体墙模刚度和稳定性，另沿高度方向设三道抛地斜撑，从而形成整套墙体模板体系。

（7）池壁穿墙螺栓选用 ϕ14mm 对拉型止水螺栓，下部 1/2 范围内间距为 400mm×400mm，其余部位为 600mm×400mm。螺栓中部焊接钢板止水片，在模板内侧与螺栓连接处加设锥形橡胶头。

二沉池池壁螺栓固定图示见图 2-7。

7）混凝土浇筑

（1）混凝土基础底板整体性、抗渗性要求高，混凝土连续浇筑，自然流淌坡度（1∶6左右），采取"斜向分层、一次到底、梯级浇筑、逐渐倒退"的方式组织施工，每层的浇筑厚度约为 50cm，浇筑及间歇的全部时间不超过混凝土初凝时间。

（2）池体墙体为抗渗混凝土（C30P8、膨胀带C35P8），为保证池体不出现冷缝，在池体混凝土浇筑前，要根据该段墙体的长度、混凝土的浇筑速度、混凝土的初凝时间等参数，确定墙体每层浇筑厚度，不超过 50cm。

（3）同一施工段的混凝土必须连续浇筑，并在下层混凝土初凝之前将上一层混凝土浇筑完毕。按照"歇车不歇泵"的原则，确保混凝土的持续供应，避免因摊铺距离过远、层间接槎不及时而产生冷缝。以间距8m布置通长标尺筋，每500mm用红漆做明显标志。由布置在二沉池东西侧两台天泵分别连续浇筑，每层每次浇筑混凝土厚度500mm，由于商品混凝土搅拌站距离浇筑地点只有 1.5km，每层每次浇筑混凝土控制在 30～40m³，并随浇随振，每罐混凝土在 40～60min 内完成浇筑，根据浇筑方量、场地、现场情况安排 8 台罐车连续进行运输浇筑。

（a）二沉池池壁模板加固
（主龙骨φ48mm扣件式钢管）

（b）二沉池进水槽模板加固

（c）φ5.5mm钢丝绳作为缆风绳

（d）设置φ14mm对拉型止水螺栓

图 2-7　二沉池池壁螺栓固定图示

（4）振捣混凝土全部采用插入式振捣棒，操作时要做到"快插慢拔"，在振捣上层混凝土时，应插入下层混凝土 5cm 左右深度，消除两层之间的暗缝，每一插点要掌握好振捣时间，一般为 20～30s，避免过振或漏振，一般应视混凝土表面呈水平不再显著下沉，不再出气泡，表面泛出灰浆为准。

（5）振动器插点要均匀排列，每次移动的距离不大于 0.4m；振捣时注意振捣棒与模板的距离不小于 150mm，并避免碰撞钢筋、模板、预埋件；钢筋工巡回检查钢筋位置，如有移位，必须立即调整到位。

（6）混凝土表面的浮浆较厚，浇筑后 5～8h 内初步用长刮尺刮平，用木抹子滚压两遍，初步分散水泥浆。待表面收干后，再用钢抹子搓平压实，以防止表面裂缝出现。第二遍抹压可以用手压压痕的方法控制抹压时间。

（7）底板混凝土达到上人条件后立即进行底板放线，随即进行蓄水养护，在后浇带周围砌筑 120mm×120mm 挡水台，蓄水养护深度为 10cm，养护时间 14d，并采取搭跳板、马道的方式进行上部结构施工。

（8）池体浇筑混凝土前，先均匀浇筑厚度为 30～50mm 的与混凝土同成分的砂浆，再浇筑混凝土，并随浇随铺。混凝土自由下料高度应控制在 2m 以内，如高度超过 2m，应使用串筒、溜槽下料，以防止混凝土发生离析现象。

（9）池体混凝土浇筑应连续进行，一般接缝不应超过 1h。混凝土应分层分段连续进行浇筑。每层浇筑厚度控制在 50cm 以内，现场制作分层尺杆以控制浇筑厚度。整体浇完一层后再从头浇筑上一层混凝土，严禁一次浇筑到顶。

（10）池体混凝土浇筑高度应高出相应位置平面板底标高 20mm，终凝后，在顶板下外表面以上 5mm 处统一弹线切割，剔除混凝土的浮浆层，露出石子。

（11）按照设计位置留设底板及池体膨胀加强带，膨胀加强带带宽为 2000mm，混凝土采用 C35P8 并内掺 14%HWK 膨胀抗裂剂。膨胀加强带应在其两侧用密孔钢丝网将带内混凝土与带外混凝土分开。钢丝网做法：10 目拨花钢丝网、5 目钢丝网、3 目钢丝网各一层，绑扎于钢筋骨架上。

（12）侧墙施工时第一道施工缝留于底板内底面之上至少 600mm 处，其他部位施工缝参照第一道施工缝设置，底板与侧墙相交处不得留置施工缝，施工缝按下列要求处理。

①施工缝内设 300mm 宽、3mm 厚的止水钢板。

②前层混凝土表面硬化后（混凝土抗压强度不小于 2.5N/mm²），表层凿毛洗净，并保持湿润，但不得积水。

③后层混凝土浇筑前，施工缝处应先铺一层与混凝土配合比相同的水泥砂浆，其厚度宜为 15～30mm。

④混凝土应细致捣实，使新旧混凝土结合紧密。

二沉池混凝土浇筑及养护图示见图 2-8。

8）池体满水实验

（1）对于水工构筑物，应在构筑物内充水至设计水位，灌水的顺序为第一次充水至设计水位的 1/3，第二次充水至设计水位的 2/3，第三次充水至设计水位。

（2）对水池的充水应先充至池壁底部水平施工缝以上，检查底板有无明显渗漏情况，然后再充水到第一次充水深度，进行水池满水试验。

（3）充水的速率按 2m/d 递升，相邻两次充水间隔不小于 24h。每次充水后，测读 24h 的水位下降值，计算渗水量。在充水过程中，随时对构筑物进行外观检查，如发现渗水量过大，应停止充水，进行处理后，再继续充水直至设计水位。

（4）在构筑物经充水至设计水位的水浸泡 24h 后，读取水位读数及蒸发量读数，计算水处理构筑物的实际渗水量，渗水量在符合规范要求后，满水试验即可完成。

二沉池满水试验图示见图 2-9。

9）构筑物防腐

（1）池体混凝土达到设计强度，渗漏修补已经完成，表面温度裂缝及自然收缩裂缝基本完成，清理基层表面的浮尘、污物、油脂、积水等，达到清洁干燥的效果。

（2）用 1：2.5～1：3 的水泥砂浆找平结构面缺陷部位，阴阳角部位应抹成半径约 10mm 的小圆角，以便涂料施工。

（3）所有穿墙管线安装牢固，接缝严密，收头圆滑，不得有任何松动现象。

（a）混凝土施工缝处理

（b）二沉池基础混凝土施工

（c）二沉池池壁、进水槽混凝土浇筑

（d）二沉池基础混凝土浇筑

（e）混凝土薄膜养护

（f）混凝土浇筑后养护

图 2-8　二沉池混凝土浇筑及养护图示

（4）水池内防腐（底板、顶板、池壁、框架柱）选用 JRK 三防一体涂料。构筑物的外壁进行防腐处理时，地面以下部分至地面以上 0.2m 外侧池壁采用环氧沥青涂刷 2 遍，厚度要求不小于 400μm，构筑物外侧池壁距地面 0.2m 以上部分采用建筑物外墙涂料（浅灰色）。

（a）二沉池满水试验蓄水24h　　　　　（b）满水试验举牌验收

图2-9　二沉池满水试验图示

二沉池混凝土池体三防一体（RJK涂刷）图示见图2-10。

图2-10　二沉池混凝土池体三防一体（RJK涂刷）图示

2.2.4　材料与设备

1. 材料

（1）水泥。

水泥品种、强度等级应根据设计要求确定。质量符合现行国家标准。工期紧时可做水泥快测。

（2）砂、石子。

根据结构尺寸、钢筋密度、混凝土施工工艺、混凝土强度等级的要求确定石子粒径、砂子细度，砂、石质量应符合现行国家标准。

（3）水。

自来水或不含有害物质的洁净水。

（4）外加剂。

根据施工组织设计要求，确定是否采用外加剂。外加剂须经试验合格后，方可在工程上使用。

（5）掺合料。

根据施工组织设计要求，确定是否采用掺合料，掺合料的质量应符合现行国家标准。

（6）隔离剂。

水质隔离剂。

2. 施工机具

包括反铲挖土机、自卸汽车运输车、钢筋切割机、钢筋弯曲机、电焊机、移动式汽车吊、车载混凝土输送泵、混凝土标尺杆、布料机、振捣棒、平板振捣器、圆盘磨光机、多功能潜孔冲击钻等。机械设备配置见表2-5。

表 2-5　机械设备配置

序号	设备名称	型号规格	额定功率（kW）	生产能力	使用部位
1	挖掘机	H300	300	900m³/t	池体基础
2	自卸汽车	东风	155	5t	池体基础
3	装载机	ZL	162	750m	池体基础
4	蛙式打夯机		1.1		土方回填
5	喷雾车	CA141		4000L	厂区
6	起重机			25t	材料吊运
7	钢筋调直机	GT4-14	4.0	—	钢筋加工
8	钢筋切断机	GQL-50	4.0	—	钢筋加工
9	钢筋弯曲机	GW-40	3.0	—	钢筋加工
10	木工圆盘锯	MJ104A	2.5	—	木材加工
11	单面压刨机	MB105A	3.0	—	木材加工
12	平板振动器	ZB11	1.5		混凝土振捣
13	水泵	150QJ/20-66/11	7.5		降排水

2.2.5　质量控制

1. 施工过程控制指标

1）混凝土抗渗

薄壁混凝土水池施工质量的控制要点主要是防渗漏。混凝土中水的渗透是由两种原因造成：一是与混凝土本身空隙大小和空隙的连通程度有关，空隙率越大，渗透率越高；二是由于施工中拌和、运输、浇捣和养护不良造成的。

第一种渗漏可通过选材及调整配合比来控制，选择水化热较低的水泥以及较小的水灰比。

第二种渗漏可通过严格把控在施工过程中的运输、浇筑、振捣及养护等各环节的作业质量来控制。具体可采用以下措施。

（1）做好基坑降排水工作，严防地下水及地面水流入基坑造成积水而影响混凝土的正常硬化，导致混凝土的强度及抗渗性能降低。当地面水及地下水不多时可采用盲沟降水。当构筑物埋置深而地下水位较高时，应采用井点降水，在主体混凝土结构施工前必须做好基础混凝土的浇筑及养护，使其起到辅助防线作用。

（2）固定模板用的对拉螺栓中间必须设止水片，并焊接牢固，在割除外露螺栓时需凹入混凝土3cm，并用防水砂浆二次抹平，第二次表面抹平时掺入微膨胀水泥，确保对拉螺栓处不渗漏。

（3）为防止离析，浇筑混凝土入模自由倾落高度不得超过1.5m。

（4）必须确保钢筋保护层厚度，严禁露筋。

（5）施工缝应尽可能少留或不留。施工缝采用钢板止水带嵌入，并将接缝处混凝土凿毛清洗，用同级配的砂浆摊平，灌入第一层混凝土时应轻倒，避免砂浆挤散，形成蜂窝。如发现接缝不平，先凿平，然后在施工缝上下 20cm 内用环氧沥青漆刷涂外层。

（6）应根据一次浇捣混凝土的数量，配备足够的材料和设备保证混凝土的连续浇捣，避免产生冷缝，引起渗漏。

（7）混凝土必须浇捣密实，采用机械振捣时，插入式振捣器插入间距不应超过有效半径的 1.5 倍。要避免欠振、漏振和过振。

（8）浇捣预埋件、预埋管附近和钢筋密集处，应适当调整石子粒径，防止渗水。应避免振捣器触及模板、止水带和埋设件等。

（9）当混凝土进入终凝（浇捣后约 4～6h），即应开始浇水养护，养护时间不少于 14d。

（10）拆除模板时混凝土表面温度与周围气温之差不得超过 15～20℃，以防混凝土表面出现裂缝。

（11）混凝土的地下部分，拆除模板后应及时回填土。要严格控制回填土的含水率及压实指标，同时做好基坑周围的散水坡，防止回填土干裂和地下水入侵。

2）混凝土的抗裂

（1）严格按抗渗要求进行施工。

（2）模板须均匀涂刷脱模剂，少量木模要浇水湿透。拆除模板必须在混凝土达到足够强度后进行，严禁重撬模板。

（3）混凝土浇捣完毕后严禁重物碰撞。

（4）基底必须稳固，防止施工中或施工后产生沉降。

（5）振捣必须均匀，严格控制振捣时间。

（6）养护必须及时，加强混凝土早期养护，适当延长养护时间。

（7）模板支撑点必须稳固，防止沉陷、跑模、胀裂。

3）大体积混凝土的施工

薄壁结构的基础底板厚度超过 1m，属于大体积混凝土施工，大体积混凝土施工时除了上述措施外，还需增加以下技术措施。

（1）混凝土中掺加缓凝剂，减缓浇筑速度，以利于散热。

（2）浇筑薄层混凝土，控制每层浇筑厚度不大于 30～50cm，以加快热量的散发，并使温度分布均匀，同时便于振捣密实，以提高弹性模量。

（3）加强早期养护，提高抗拉强度。混凝土浇捣后，表面及时覆盖，并洒水养护。夏季适当延长养护时间。对薄壁结构要适当延长拆除模板时间。拆除模板时，罐体中部和表面温差不应大于 20℃，以防止急剧冷却，造成表面裂缝。基础混凝土拆除模板后应及时回填。

（4）混凝土拌制温度要低于 25℃，浇筑时要低于 30℃。浇筑后控制混凝土与大气温度差不大于 25℃，混凝土本身内外温差在 20℃以内。加强养护过程的测温工作，发现温差过大，及时覆盖保温。使混凝土缓慢降温，缓慢收缩，有效降低约束应力，提高结构抗拉能力。

2. 施工质量控制指标

1) 混凝土质量控制

（1）主控项目。

混凝土的强度等级必须符合设计要求。用于检验混凝土强度的试件应在浇筑地点随机抽取。

检查数量：对同一配合比混凝土，取样与试件留置应符合下列规定。

①每拌制 100 盘且不超过 100m^3 时，取样不得少于一次。

②每工作班拌制不足 100 盘时，取样不得少于一次。

③连续浇筑超过 1000m^3 时，每 200m^3 取样不得少于一次。

④每一楼层取样不得少于一次。

⑤每次取样应至少留置一组试件。

检验方法：检查施工记录及混凝土强度试验报告。

（2）一般项目。

①后浇带的留设位置应符合设计要求。后浇带和施工缝的留设及处理方法应符合施工方案要求。

检查数量：全数检查。检验方法：观察。

②混凝土浇筑完毕后应及时进行养护，养护时间和养护方法应符合施工方案要求。

检查数量：全数检查。检验方法：观察、检查混凝土养护记录。

2) 钢筋安装质量控制

（1）主控项目。

①钢筋安装时，受力钢筋的牌号、规格和数量必须符合设计要求。

检查数量：全数检查。检验方法：观察、尺量。

②钢筋应安装牢固。受力钢筋的安装位置、锚固方式应符合设计要求。

检查数量：全数检查。检验方法：观察、尺量。

（2）一般项目。

钢筋安装时受力钢筋保护层厚度的合格率应达到 90% 及以上，且不得有超过表 2-6 中数值 1.5 倍的尺寸偏差。

检查数量：在同一检验批内，对梁、柱和独立基础，应抽查构件数量的 10%，且不应少于 3 件；对墙和板，应按有代表性的自然间抽查 10%，且不应少于 3 间；对大空间结构，墙可按相邻轴线间高度 5m 左右划分检查面，板可按纵、横轴线划分检查面，抽查 10%，且均不应少于 3 面。钢筋安装的允许偏差和检查方法见表 2-6。

表 2-6　钢筋安装的允许偏差和检查方法

项目		允许偏差（mm）	检查方法
绑扎钢筋网	长、宽	±10	尺量
	网眼尺寸	±20	尺量连续三挡，取最大偏差值
绑扎钢筋骨架	长	±10	尺量
	宽、高	±5	尺量

续表

项目		允许偏差（mm）	检查方法
纵向受力钢筋	锚固长度	−20	尺量
	间距	±10	尺量两端、中间各一点，取最大偏差值
	排距	±5	尺量两端、中间各一点，取最大偏差值
纵向受力钢筋、箍筋的混凝土保护层厚度	基础	±10	尺量
	柱、梁	±5	尺量
	板、墙、壳	±3	尺量
绑扎箍筋、横向钢筋间距		±20	尺量连续三挡，取最大偏差值
钢筋弯起点位置		20	尺量
预埋件	中心线位置	5	尺量
	水平高差	+3，0	塞尺量测

注：检查中心线位置时，沿纵、横两个方向量测，并取其中偏差的较大值。

3）模板安装质量控制

（1）主控项目。

①模板及支架用材料的技术指标应符合现行国家标准的相关规定。进场时应抽样检验模板和支架材料的外观、规格和尺寸。

检查数量：按国家现行相关标准的规定确定。

检验方法：检查质量证明文件，观察、尺量。

②现浇混凝土结构模板及支架的安装质量应符合现行国家标准的相关规定和施工方案的要求。

检查数量：按现行国家标准的相关规定确定。

检验方法：按现行国家标准的相关规定执行。

③后浇带处的模板及支架应独立设置。

检查数量：全数检查。

检验方法：观察。

④支架竖杆和竖向模板安装在土层上时，应符合下列规定。

a. 土层应坚实、平整，其承载力或密实度应符合施工方案的要求。

b. 应有防水、排水措施。对冻胀性土，应有预防冻融措施。

c. 支架竖杆下应有底座或垫板。

检查数量：全数检查。

检验方法：观察；检查土层密实度检测报告、土层承载力验算或现场检测报告。

（2）一般项目。

①模板安装质量应符合下列规定。

a. 模板的接缝应严密。

b. 模板内不应有杂物、积水或冰雪等。

c. 模板与混凝土的接触面应平整、清洁。

d. 用作模板的地坪、胎膜等应平整、清洁，不应有影响构件质量的下沉、裂缝、起砂或起鼓。

e. 对清水混凝土及装饰混凝土构件，应使用能达到设计效果的模板。

检查数量：全数检查。

检验方法：观察。

②隔离剂的品种和涂刷方法应符合施工方案的要求。隔离剂不得影响结构性能及装饰施工。不得污染钢筋、预应力筋、预埋件和混凝土接槎处。不得对环境造成污染。

检查数量：全数检查。

检验方法：检查质量证明文件，观察。

③模板的起拱应符合 GB 50666—2011《混凝土结构工程施工规范》的相关规定，并应符合设计及施工方案的要求。

检查数量：在同一检验批内，对梁，跨度大于 18m 时应全数检查，跨度不大于 18m 时应抽查构件数量的 10%，且不应少于 3 件；对板，应按有代表性的自然间抽查 10%，且不应少于 3 间；对大空间结构，板可按纵、横轴线划分检查面，抽查 10%，且不应少于 3 面。

检验方法：使用水准仪或尺量。

④现浇混凝土结构多层连续支模应符合施工方案的规定。上下层模板支架的竖杆宜对准。竖杆下垫板的设置应符合施工方案的要求。

检查数量：全数检查。

检验方法：观察。

⑤固定在模板上的预埋件和预留孔洞不得遗漏，且应安装牢固。有抗渗要求的混凝土结构中的预埋件，应按设计及施工方案的要求采取防渗措施。预埋件和预留孔洞的位置应符合设计和施工方案的要求。当设计无具体要求时，其位置偏差应符合表 2-7 的规定。

表 2-7　预埋件和预留孔洞的安装允许偏差

项目		允许偏差（mm）
预埋板中心线位置		3
预埋管、预留孔中心线位置		3
插筋	中心线位置	5
	外露长度	+10，0
预埋螺栓	中心线位置	2
	外露长度	+10，0
预留洞	中心线位置	10
	尺寸	+10，0

注：检查中心线位置时，沿纵、横两个方向量测，并取其中偏差的较大值。

检查数量：在同一检验批内，对梁、柱和独立基础，应抽查构件数量的 10%，且不应少于 3 件；对墙和板，应按有代表性的自然间抽查 10%，且不应少于 3 间；对大空间结构墙可按相邻轴线间高度 5m 左右划分检查面，板可按纵、横轴线划分检查面，抽查 10%，且均不应少于 3 面。

检验方法：观察、尺量。

⑥现浇结构模板安装的允许偏差及检查方法见表2-8。

表2-8　现浇结构模板安装的允许偏差及检查方法

项目		允许偏差（mm）	检查方法
轴线位置		5	尺量
底模上表面标高		±5	水准仪或拉线测量、尺量
模板内部尺寸	基础	±10	尺量
	柱、墙、梁	±5	尺量
	楼梯相邻踏步高差	5	尺量
柱、墙垂直度	层高≤6m	8	经纬仪或吊线测量、尺量
	层高>6m	10	经纬仪或吊线测量、尺量
相邻模板表面高差		2	尺量
表面平整度		5	2m靠尺和塞尺量测

注：检查轴线位置当有纵、横两个方向时，沿纵、横两个方向量测，并取其中偏差的较大值。

检查数量：在同一检验批内，对梁、柱和独立基础，应抽查构件数量的10%，且不应少于3件；对墙和板，应按有代表性的自然间抽查10%，且不应少于3间；对大空间结构，墙可按相邻轴线间高度5m左右划分检查面，板可按纵、横轴线划分检查面，抽查10%，且均不应少于3面。

⑦预制构件模板安装的偏差及检查方法见表2-9。

表2-9　预制构件模板安装的允许偏差及检查方法

项目		允许偏差（mm）	检查方法
长度	梁、板	±4	尺量两侧边，取其中较大值
	薄腹梁、桁架	±8	
	柱	0，−10	
	墙板	0，−5	
宽度	板、墙板	0，−5	尺量两端及中部，取其中较大值
	梁、薄腹梁、桁架	+2，−5	
高（厚）度	板	+2，−3	尺量两端及中部，取其中较大值
	墙板	0，−5	
	梁、薄腹梁、桁架、柱	+2，−5	
侧向弯曲	梁、板、柱	$L/1000$ 且 ≤ 15	拉线、尺量最大弯曲处
	墙板、薄腹梁、桁架	$L/1500$ 且 ≤ 15	
板的表面平整度		3	2m靠尺和塞尺测量
相邻两板表面高低差		1	尺量
对角线差	板	7	尺量两对角线
	墙板	5	
翘曲	板、墙板	$L/1500$	水平尺在两端测量
设计起拱	薄腹梁、桁架、梁	±3	拉线、尺量跨中

注：L 为构件长度（mm）。

检查数量：首次使用及大修后的模板应全数检查；使用中的模板应抽查 10%，且不应少于 5 件，不足 5 件的应全数检查。

2.3 大体积混凝土工程

2.3.1 概述

混凝土结构物实体最小几何尺寸不小于 1m 的大体量混凝土，或预计会因混凝土中胶凝材料水化引起的温度变化和收缩而导致有害裂缝产生的混凝土，称为大体积混凝土。大体积混凝土施工不适合在环境温度高于 80℃或有侵蚀性介质对混凝土构成危害时进行。

2.3.2 现行适用规范

（1）GB 50141—2008《给水排水构筑物工程施工及验收规范》。

（2）GB 50666—2011《混凝土结构工程施工规范》。

（3）GB 50300—2013《建筑工程施工质量验收统一标准》。

（4）GB 50119—2013《混凝土外加剂应用技术规范》。

（5）GB 50204—2015《混凝土结构工程施工质量验收规范》。

（6）GB 51221—2017《城镇污水处理厂工程施工规范》。

（7）GB 50334—2017《城镇污水处理厂工程质量验收规范》。

（8）GB 50496—2018《大体积混凝土施工标准》。

（9）GB 55032—2022《建筑与市政工程施工质量控制通用规范》。

（10）GB/T 50107—2010《混凝土强度检验评定标准》。

（11）GB/T 51028—2015《大体积混凝土温度测控技术规范》。

2.3.3 施工工艺流程及操作要点

1. 工艺流程

大体积混凝土施工工艺流程见图 2-11。

（1）钢筋、模板安装。

须按照图纸和规范要求完成钢筋、模板的安装，并不得遗漏预埋件。

（2）降温管线、测温元件、测温孔设置。

大体积混凝土的降温措施应进行专门的热工计算，并对降温管线、测温元件、测温孔的设置进行详细设计。

（3）大体积混凝土配合比设计。

须在保证混凝土设计强度等级的前提下，降低混凝土硬化过程中的水化热，降低混凝土内部温度，减少裂缝的产生。

（4）大体积混凝土浇筑。

大体积混凝土浇筑时应分层浇筑，充分利用混凝土的浇筑面散热，并在混凝土初凝前对混凝土进行二次振捣，排除混凝土因泌水在粗骨料、水平钢筋下部生成的水分和空隙，提高混凝土与钢筋的握裹力，防止混凝土因沉落而出现裂缝，减少内部微裂，增加混凝土

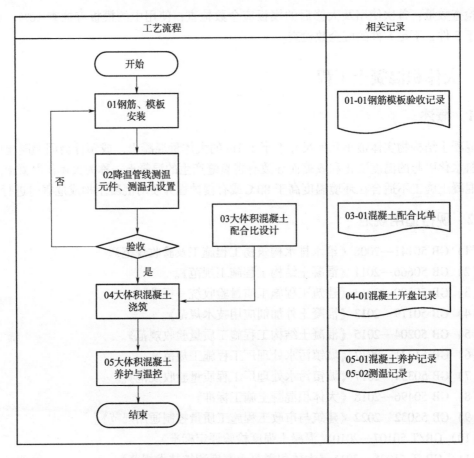

图 2-11 大体积混凝土施工工艺流程

密度,使混凝土抗压强度提高,从而提高抗裂性。

(5) 大体积混凝土养护与温控。

混凝土养护方法分为保温法和保湿法两种。为了使新浇筑的混凝土有适宜的硬化条件,防止在早期由于干缩而产生裂缝,大体积混凝土浇筑完毕后,应在 12h 内加以覆盖和浇水。普通硅酸盐水泥拌制的混凝土养护时间不得少于 14d;矿渣水泥、火山灰水泥等拌制的混凝土养护时间不得少于 21d。

大体积混凝土入仓后,需进行温度检测,并采取冷却水循环降温措施来控制混凝土中心与表面的温度,将混凝土内部的温度控制在 25℃ 以内。

2. 操作要点

1) 钢筋支撑固定原则

大体积混凝土的上下层钢筋应设计专门的支撑,确保有足够的强度、刚度和稳定性。

2) 降温管线、测温元件(测温孔)布设原则

(1) 监测点的布置范围应以所选混凝土浇筑体平面图对称轴线的半条轴线为测试区,在测试区内监测点按平面分层布置。

(2) 在测试区内,监测点的位置与数量可根据混凝土浇筑体内温度场的分布情况及

温控的要求确定。

（3）在每条测试轴线上，监测点位不宜少于 4 处，应根据结构的几何尺寸布置。

（4）沿混凝土浇筑体厚度方向，必须布置外表、底面和中心温度测点，其余测点宜按测点间距不大于 600mm 布置。

（5）保温养护效果及环境温度监测点数量应根据具体需要确定。

（6）混凝土浇筑体外表的温度，宜为混凝土外表以内 50mm 处的温度。

（7）混凝土浇筑体底面的温度，宜为混凝土浇筑体底面上 50mm 处的温度。

（8）温度测试元件的安装及保护，应符合下列规定。

①测试元件安装前，必须通过在水下 1m 处浸泡 24h 而不损坏的测试。

②测试元件接头安装位置应准确，固定应牢固，并应与结构钢筋及固定架金属体绝热。

③测试元件的引出线宜集中布置，并应加以保护。

3）大体积混凝土配合比设计要点

（1）应选用水化热较低的水泥，以降低水泥水化所产生的热量，控制大体积混凝土温度的升高。

（2）充分利用混凝土的中后期强度，尽可能降低水泥用量。

（3）严格控制集料的级配及其含泥量。如果含泥量大，不仅会增加混凝土的收缩，而且会降低混凝土的抗拉强度，对混凝土抗裂不利。

（4）选用合适的缓凝、减水等外加剂，以改善混凝土的性能。加入外加剂后，可延长混凝土的凝结时间。

（5）控制好混凝土的坍落度，不宜过大，非泵送一般在（120±20）mm 即可，泵送宜为（180±20）mm。

4）大体积混凝土的分层浇筑

为了保证结构的整体性和施工的连续性，采取分层浇筑。应保证在下层混凝土初凝前将上层混凝土浇筑完毕。根据整体性要求、结构大小、钢筋疏密及混凝土供应等情况浇筑可以选择全面分层、斜面分层、分段分层 3 种方案。

混凝土浇筑过程中，下料时，不得直接冲击测试测温元件及其引出线；振捣时，振捣器不得触及测温元件及引出线。

5）大体积混凝土的养护要点

养护方法分为保温法和保湿法两种。为了使新浇筑的混凝土有适宜的硬化条件，防止在早期由于干缩而产生裂缝，大体积混凝土浇筑完毕后，应在 12h 内加以覆盖和浇水。普通硅酸盐水泥拌制的混凝土养护时间不得少于 14d；矿渣水泥、火山灰水泥等拌制的混凝土养护时间不得少于 21d。

6）测温与温控措施要点

（1）测温措施。

①测温延续时间：自混凝土浇筑开始至撤保温后为止，应不少于 20d。

②测温时间间隔：混凝土浇筑后每日测量不少于 4 次（早晨、中午、傍晚、半夜），若温度变化异常则须缩短时间间隔。

③测温点：在混凝土结构内部有代表性的部位按十字交叉形式布置测温点，间距为

3～5m，测点距离底板四周边缘要大于1m。测温点应在平面图上编号，并在现场挂编号标识。

④对测温结果要做详细记录，并整理绘制温度曲线图。测温者负责对温度变化情况及时反馈，当温差达到20℃时应预警，达到25℃时应报警。

（2）温控措施。

①优先选用低水热化的矿渣水泥拌制混凝土，并适当使用缓凝剂。

②在保证混凝土设计强度等级前提下，适当降低水灰比，减少水泥用量。

③降低混凝土的入模温度，控制混凝土内外的温差。如降低拌和水温度（拌和水中加冰屑或用地下水）；骨料用水冲洗降温，避免暴晒。

④及时对混凝土覆盖保温、保湿材料，外界温度过低时延迟拆除模板。

⑤可在基础内部预埋冷却水管，通入循环冷却水，强制降低混凝土水化热温度。

大体积混凝土预埋冷却水管见图2-12。

图2-12 大体积混凝土预埋冷却水管

2.3.4 材料与设备

1. 材料

（1）测温元件。

测温误差不应大于0.3℃（25℃环境下），测试范围应为－30～150℃，绝缘电阻应大于500MΩ。

（2）水泥。

应选择低热水泥（硅酸盐水泥、普通硅酸水泥），质量符合现行国家标准。

（3）砂、石子。

根据结构尺寸、钢筋密度、混凝土施工工艺、混凝土强度等级的要求确定石子粒径、砂子细度。砂、石质量应符合现行国家标准。中砂含泥量应低于1.0%，碎石含泥量应低于0.5%。

（4）水。

自来水或不含有害物质的洁净水。

（5）外加剂。

根据施工组织设计要求，确定是否采用外加剂。外加剂须经试验合格后，方可在工程上使用。

（6）掺合料。

根据大体积混凝土配合比设计要求，确定采用掺合料的种类和数量。其质量应符合现行国家标准。

2. 施工机具

包括混凝土搅拌机、磅秤（或自动上料系统）、混凝土输送泵、混凝土运输车、双轮手推车、小翻斗车、尖锹、平锹、混凝土吊斗、插入式振捣器、木抹子、铁插尺、胶皮水管、铁板、串筒、起重机、混凝土标尺杆、砂浆称量器等。

2.3.5　质量控制

1. 施工过程控制指标

（1）混凝土配合比及其他原材料必须符合规范及设计要求。

（2）混凝土养护必须符合设计及施工规范规定。

（3）随机对混凝土进行现场坍落度试验，达不到要求的按退场处理。

2. 施工质量控制指标

1）主控项目

外观不应有严重的缺陷，结构裂缝允许宽度应符合设计规范的规定。混凝土的强度等级必须符合设计要求。用于检验混凝土强度的试件应在浇筑地点随机抽取。混凝土强度的试块取样、制作、养护和试验应符合 GB/T 50107—2010《混凝土强度检验评定标准》的相关规定。

检查数量：对同一配合比混凝土，取样与试件留置应符合下列规定。

（1）每拌制 100 盘且不超过 100m³ 时，取样不得少于一次。

（2）每工作班拌制不足 100 盘时，取样不得少于一次。

（3）连续浇筑超过 1000m³ 时，每 200m³ 取样不得少于一次。

（4）每一楼层取样不得少于一次。

（5）每次取样应至少留置一组试件。

2）一般项目

外观质量不应有一般缺陷。混凝土振捣均匀密实，不得出现孔洞、露筋、缝隙夹渣等质量缺陷。其他部分的实测误差要小于规范要求，混凝土工程施工允许偏差及检查方法见表 2-10。

表 2-10　混凝土工程施工允许偏差及检查方法

序号	项目		允许偏差（mm）	检查方法
1	轴线位置	独立基础	10	尺量检查
		其他基础	15	
2	标高	层高	±10	用水准仪或尺量检查
		全高	±30	
3	截面尺寸	基础	+15	尺量检查
			−10	
4	表面平整度		8	用 2m 靠尺和楔形塞尺检查
5	预留洞中心线位置偏移		15	尺量检查

2.4　装配式结构工程制作与安装工艺

2.4.1　概述

1. 工艺概述

长江大保护项目中所涉及的装配式结构形式有多种类别，其中装配式箱涵应用最为广泛，具有代表性，本节以叠合半装配式箱涵施工工艺为例，对装配式结构进行阐述。叠合半装配式箱涵是长江大保护项目中常见的结构形式，构件在工厂预制加工成型，箱涵由倒置叠合底板、两个双面叠合板侧壁（双皮墙）、叠合顶板四部分组成，预制构件在工地现场组装，在连接节点处、双皮墙内、叠合板上后浇混凝土，形成完整的单孔箱涵，箱涵每10m或在地质情况发生变化处设置一道沉降缝（沉降缝宽20mm）。

箱涵拼装图示见图2-13。

（a）箱涵拼装三维图　　　　　　　　（b）箱涵试拼装现场

图2-13　箱涵拼装图示

2. 工艺特点

国家及地方政府出台多项鼓励支持发展低碳、节能、环保的政策，并积极推广应用预制构件，以提高预制装配率。箱涵预制符合国家产业发展和规划要求，将带来较为可观的经济效益和社会效益。与传统现浇结构相比，叠合整体式预制箱涵更适合规模化生产，在造价、工程质量、工程进度、节能环保、环境影响、应用可靠性等方面都具有较强的优势。

3. 参数设置

（1）技术参数。

应以设计文件为准。某长江大保护项目预制箱涵工程的主要技术参数如下。

①结构安全等级：二级。

②构筑物防水等级：二级。

③设计使用年限：50年。

④抗浮等级：二级，采用结构自重和顶板覆土压重进行抗浮。

（2）尺寸参数。

通常，单孔矩形钢筋混凝土箱涵截面宽度、高度分别为3m和3.5m。

（3）材料参数。

矩形箱涵混凝土设计强度通常不低于C30，且不低于P6抗渗要求。

4. 适用范围

本工艺适用于装配式、半装配式钢筋混凝土箱涵的生产与安装施工，其他装配式结构施工可参考实施。

2.4.2 现行适用规范

（1）GB 12523—2011《建筑施工场界环境噪声排放标准》。

（2）GB/T 50214—2013《组合钢模板技术规范》。

（3）JGJ/T 10—2011《混凝土泵送施工技术规程》。

（4）JTG F90—2015《公路工程施工安全技术规范》。

（5）JTG/T 3365-02—2020《公路涵洞设计规范》。

（6）JTG/T 3650—2020《公路桥涵施工技术规范》。

（7）DB63/T 1978—2021《公路预制装配式涵洞设计规范》。

（8）DB63/T 1979—2021《预制装配式涵洞工程施工技术规范》。

2.4.3 施工工艺流程及操作要点

1. 工艺流程

1）装配式箱涵构件预制施工工艺流程

装配式箱涵构件预制施工工艺流程见图 2-14。

（1）施工准备。

主要是原材料的试验检测、设计文件的技术交底学习、施工方案的学习、施工人员掌握必备技能、合格材料运抵现场、机械设备报验合格。

（2）首件试预制。

按照技术文件的要求进行首件的制作，验证混凝土配合比、养护时间、养护方案、配筋率等是否符合成品强度要求。

（3）模板制作。

按照构件尺寸制作出对应的钢模及其构配件，应符合强度、刚度和稳定性要求。

（4）模板安装。

流水线台车上拼装模板构配件，并加以固定，模板的尺寸、垂直度、紧固度要符合要求。

（5）钢筋连接与安装。

在流水线台车上拼装好模板后，按照设计图纸要求安装钢筋，焊接固定，钢筋的数量、间距、保护层厚度、焊接搭接长度等指标要符合图纸及规范要求。

（6）混凝土浇筑。

在流水线台车上批量浇筑混凝土，并按要求振捣，双皮墙靠内的面要进行拉毛处理。

（7）混凝土养护。

浇筑完成的预制构件，待混凝土初凝后，通过台车送至养护柜，养护柜内按标准养护条件设置，养护时间要符合规范要求。

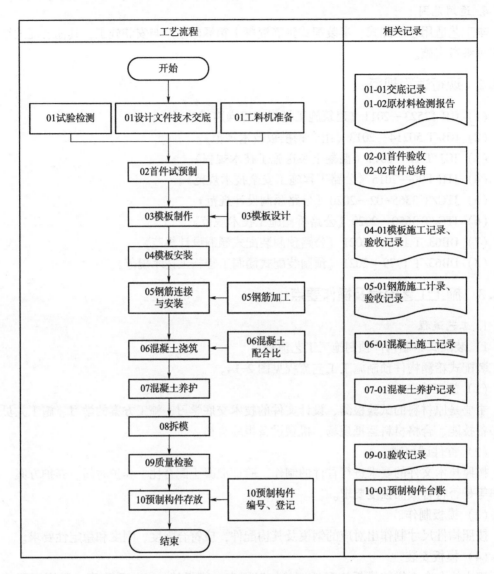

图 2-14　装配式箱涵构件预制施工工艺流程

（8）质量检验。

对混凝土预制构件外观、尺寸进行检验，并通过同条件试块确认构件强度。

（9）预制构件存放。

当构件达到强度要求后方可吊运存放至堆场。

2）装配式箱涵现场安装工艺流程

装配式箱涵现场安装施工工艺流程见图2-15。

（1）施工准备。

主要是原材料的试验检测、设计文件的技术交底学习、施工方案的学习；施工人员掌握必备技能、合格材料运抵现场、机械设备报验合格。

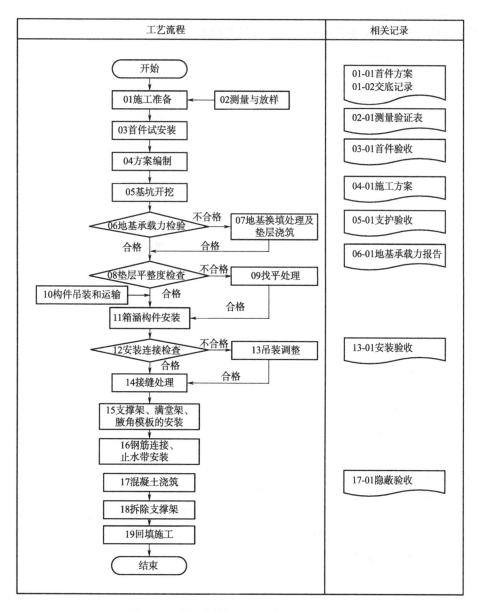

图 2-15　装配式箱涵现场安装施工工艺流程

（2）测量与放样。

按照技术文件的要求进行首件的制作，验证混凝土配合比、养护时间、养护方案、配筋率等是否符合成品强度要求。

（3）首件试安装。

在工厂内进行试拼装，确定拼装需要的吊装设备、吊具、支撑体系等关键参数。

（4）方案编制。

通过试拼装进行总结，梳理关键数据，编制施工方案，并完成方案报审批。

（5）基坑开挖。

按照图纸和施工方案要求进行支护、开挖和降水。

（6）地基承载力检验。

通过轻型动力触探对地基承载力进行检验，并形成第三方检测报告。

（7）地基换填处理。

地基承载力不符合要求的部位，要按设计要求进行换填并压实处理。

（8）垫层浇筑。

按照设计要求浇筑垫层，垫层的厚度、标高要符合要求。

（9）垫层平整度检查。

通过靠尺和水准仪对垫层平整度和标高进行复测。

（10）找平处理。

对垫层平整度不符合要求的部位通过砂浆找平处理，确保垫层的平整度符合预制构件安装要求。

（11）构件吊装和运输。

构件从工厂运输至现场，并进行进场验收。

（12）箱涵构件安装。

箱涵构件分块拼装。

（13）安装连接检查。

构件之间拼装及连接钢筋位置的准确性检查。

（14）吊装调整。

对不符合验收要求的构件进行吊装调整。

（15）接缝处理。

构件之间拼缝按设计要求进行处理。

（16）支撑架、满堂架、腋角模板的安装。

按照施工方案安装支撑架、满堂架，再行吊装顶板模块，顶板和底板与双皮墙交界的部位，安装腋角模板，构件内部形成封闭。

（17）钢筋连接、止水带安装。

顶板钢筋安装焊接、止水带安装固定。

（18）混凝土浇筑。

底板、顶板、墙体混凝土一次性浇筑，先浇筑底板及腋角处，在混凝土初凝前浇筑墙体及顶板。

（19）拆除支撑架。

同条件浇筑的试块达到强度要求后，拆除内支撑架和抛撑。

（20）回填施工。

箱涵两侧及顶部土方对称回填、压实。

2. 操作要点

1）一般要求

（1）开工前应组织技术人员熟悉设计文件、领会设计意图，全面核查设计文件与现场实际的相符性，核对预制构件的关键构造尺寸，并应及时上报设计文件中存在的问题及建议。

（2）施工前应绘制定位详图，再进行放样施工。

（3）施工方应校核预制构件设计图，并对预制构件施工预埋件进行技术交底。

（4）施工方应根据工程特点和施工规定，进行结构施工复核及验算，编制专项施工方案。

（5）装配式箱涵工程施工应符合设计文件要求，并制定环境保护、节能减排和文明施工的实施方案。

（6）模板工程、钢筋工程、混凝土工程及装配式结构工程施工应符合 JTG/T 3650—2020《公路桥涵施工技术规范》的相关规定。

（7）施工方应对施工作业过程实施全面和有效的控制与管理；工程质量验收应在施工单位自检的基础上，按照分项工程、分部工程、单位工程分类进行。

（8）装配式混凝土结构施工应有完整的质量控制及验收资料。

（9）装配式箱涵施工与质量管理宜采用信息化系统。

2）施工准备

（1）文件编制。

施工方应编制专项施工方案，并建立质量保证体系文件，主要包含但不限于以下内容。

①预制场规划设计。

②混凝土耐久性的施工工艺及控制措施。

③混凝土原材料的质量要求及检测方法。

④混凝土配合比设计要求及保障措施。

⑤混凝土施工质量检验标准。

⑥按照设计文件和混凝土验收标准要求，对预制构件所做的具体规定。

⑦混凝土拌和、运输、浇筑、振捣、养生等工序的施工质量控制措施，以及质量检验和评定方法。

⑧预制构件施工的专项操作细则和质量检验方法。

（2）技术交底。

①各分项工程施工前，应根据施工内容和批复的施工技术方案，由施工方组织编制各项技术交底文件，主要包括但不限于以下内容：分项工程的施工方案；施工工艺流程和要求；质量、安全、环保保证措施及安全应急预案；施工中采用的新技术、新工艺、新材料、新设备等的要求。

②各分项工程施工前，应按要求完成技术交底，交底过程应形成书面记录。技术交底主要包括但不限于以下内容：各分项工程的首件试预制施工方法、施工工序与工艺管理以及注意事项、安全防控措施等；关键工程的具体部位、构造尺寸、预埋件、接缝构造、预留孔洞的位置和规格；流水和交叉作业施工阶段划分或施工界面划分；钢筋的规格、品种、数量、焊接程序和施工要求；混凝土配合比及拌和要求；支模方法及拆除模板时间；构件浇筑及养护方法；质量控制标准。

（3）试验检测。

根据设计文件要求，应进行原材料的调查和复检，对混凝土配合比设计以及混凝土工作性能、力学性能、耐久性能等进行试验和验证。

（4）预制场建设。

①选址应结合工程建设区域的自然条件和社会环境、预制构件生产数量、施工标段分布情况、运输条件等因素综合确定。

②用地规模应结合预制构件的数量、养护方式、预制工期及存储周期，并综合考虑生产、办公、生活的需求合理确定。

③布局应根据构件浇筑、养护、存放及运输等因素统筹规划，并根据生活办公需要、场地条件及工艺流程合理布局。

④预制场地基应根据地质条件和使用分区进行硬化处理，构件浇筑区和存放区台座下地基应符合存放要求。

⑤预制台座应采用强度等级不低于 C30 的钢筋混凝土结构，表面应光滑、平整，平整度的允许偏差每 2.0m 应不超过 2mm。

⑥预制台座基础应具有足够的承载能力，场地基础平整、坚实，并采取排水措施；对于软弱地基的台座，应对地基进行加固处理。

⑦钢模板应具有足够的强度、刚度和稳定性，数量应按预制总量、预制工期、养生方式及存储周期、模板周转率等因素确定。

⑧养生及存放面积应按养生方式及存放周期、模板效率、模板数量、用地效率等因素确定。

3）首件试预制

（1）装配式箱涵预制应实行首件试预制。

（2）首件试预制前，应完成相应的技术方案审批程序和所有施工准备工作，并进行施工前各项准备工作的验收，验收合格后，方可开始试预制。

（3）首件试预制数量应不少于 3 件（包括各结构形式和尺寸型号），应验证施工工艺和操作方法的可靠性、合理性，主要包括以下内容：混凝土配合比，钢筋加工和钢筋骨架绑扎，模板安装及拆除，混凝土拌和、运输、浇筑和振捣、养生，预制构件的养生、吊装、运输，工料机的最佳组合参数与相关工艺参数。

（4）监理工程师应组织对影响安装质量的平接缝、铰接缝构造进行专项评定，评定内容包括接缝尺寸和外观质量。施工方应详细记录评定过程的操作程序和相关数据。监理工程师应全程监督操作过程，并进行抽检。

（5）首件试预制构件完成后 7d 内，施工方应进行书面总结，各项指标检测符合设计要求，经监理工程师批复后，方可正式生产。

4）钢筋工程

（1）钢筋加工。

①钢筋及半成品应分类、集中存放和保护，并采取防雨、防锈措施。钢筋表面应洁净、无损伤，使用前应调直、无局部弯折。

②预制构件钢筋宜采用数控化机械设备在专用厂房集中下料和加工，其形状、尺寸应

符合设计规定。加工后的钢筋表面不应有削弱钢筋截面的伤痕。

③预制构件吊环应采用未经冷拉的热轧光圆钢筋制作，且计算拉应力应不小于 65MPa。

④钢筋的形状、尺寸应按设计图进行加工，钢筋加工质量应符合 JTG/T 3650—2020《公路桥涵施工技术规范》的相关规定。

（2）钢筋连接与安装。

钢筋的材质、级别、直径、根数、间距等应符合设计文件要求。各预制构件的主要钢筋骨架加工要求主要包括以下内容：全部采用胎架法批量加工；钢筋加工尺寸应根据设计图进行配料和下料；钢筋加工应采用在台架底座上绑扎成型后，再整体吊装就位的工艺；钢筋骨架胎模的结构尺寸与预制构件模板相同，胎膜面板应采用厚度不小于 3mm 的钢板焊接拼装而成，底座应采用钢筋和角铁焊接而成，再形成定型的钢筋骨架加工模型；胎膜面板应采用设计的钢筋数量和间距，宜采用高度为 2cm 的定位桩依次将纵横向钢筋安装就位。

骨架的纵横向钢筋、箍筋、架立筋之间的焊接拼装应采用二氧化碳气体保护焊进行点焊；预留孔洞位置和直径、成型方式均应规范统一；钢筋混凝土保护层垫块应采用专业化压制设备或标准模具生产，垫块厚度正偏差应不大于 1 mm，且不应出现负偏差；垫块应分散布设、安放牢固，且每平方米应不少于 6 块；构件拐角处的垫块应适当加密；混凝土浇筑前应检查垫块的位置、数量和紧密程度；钢筋骨架吊点布设应配合骨架入模方式，以防吊装变形；焊缝宜采用双面焊缝，且钢筋的绑扎和焊接应符合 JTG/T 3650—2020《公路桥涵施工技术规范》的相关规定；对集中加工、整体安装的半成品钢筋和钢筋骨架，应采用适宜的装载工具，并采取相应措施，防止其扭曲变形。

5）模板工程

（1）箱涵预制构件应实行模板准入制。

（2）模板的设计、制作、安装和拆除应符合 JTG/T 3650—2020《公路桥涵施工技术规范》的相关规定。模板应采用定型组合钢模板，并保证其强度、刚度和稳定性，便于安装和拆卸。

（3）模板设计应结合工程项目的特点，满足各类型预制构件尺寸规格的要求，考虑模板重复使用的通用性和耐久性。除应符合 GB/T 50214—2013《组合钢模板技术规范》和 JTG/T 3650—2020《公路桥涵施工技术规范》的相关规定外，还应符合以下要求。

①应考虑模板拼装、钢筋安装、混凝土浇筑及模板拆除的便利性，且方便整修。采取"卧式"组合模块。顶板构件采用固定大型底模+两侧铰接缝端模+环向两端侧模+顶部外侧模板组合；侧墙采用固定大型底模+单侧铰接缝端模+撑角模板+环向两端侧模+顶部外侧模板组合。

②模板设计和制作时应结合施工工艺和底模配套，并验算其受力强度、刚度和稳定性。

③铰接缝处的端模板及侧墙底模与底座的连接设计采用铰链式，接缝处的侧模采用整体式可水平移动（水平移动幅度为 5cm）组合模板，模板间采用螺栓连接。

④模板底座采用型钢焊接，应安装在平整的预制台座上，并保证稳固。

⑤模板使用前，应进行荷载试验验证，其强度与刚度应符合 GB/T 50214—2013《组合钢模板技术规范》的相关规定和设计文件要求。

（4）模板制作应符合以下要求。

①模板及其配件应按设计图进行加工，成品经检验合格后，方可使用。

②模板组装前应全面检查各零部件的几何尺寸，合格后方可组装，零部件各种连接形式的焊缝应符合外观质量要求。

③模板制作应采用三维空间体系对槽口和铰接缝曲面进行定位。

④模板进场时应逐一进行检验。

（5）模板安装应符合以下要求。

①使用前应清除模板表面的灰尘、锈迹及水泥浆等杂物。

②保证模板各构件尺寸和位置准确，模板与构件连接紧密，模板拼缝严密。

③模板在安装过程中应设置防倾覆设施。

④侧模板应防止移位和凸出，基础侧模可在模板外设支撑进行固定。

⑤模板安装完毕后，应对其平面位置、顶部标高、节点联系及纵横向稳定性进行检查，经监理工程师签认后，方可浇筑混凝土。

⑥若浇筑过程中发现模板变形超过允许偏差值时，应及时进行纠正。

（6）模板吊环应采用 HPB300 钢筋，禁止采用冷加工钢筋制作。每个吊环应按两肢截面计算，在模板自重标准值作用下，吊环拉应力应不小于 65MPa。

（7）模板首次使用前和完成预制后，均应检查其刚度和平整度。

（8）模板的拆除时间和拆除程序等应根据结构物特点、模板部位和混凝土强度要求确定，并应严格按设计图要求进行。非承重侧模板拆除时，混凝土抗压强度应不小于 2.5MPa，且保证其表面及棱角不受损坏。

6）混凝土工程

（1）混凝土的配合比、拌和、运输、浇筑与振捣、养生均应符合 JTG/T 3650—2020《公路桥涵施工技术规范》的相关规定。

（2）预制构件混凝土施工时，应按首件式预制确定的标准配合比和工艺流程进行。施工时应根据预制场地环境温度变化和预制周期，及时调整混凝土配合比。当混凝土原材料发生变化时，应通过试配，重新确定配合比。

（3）混凝土拌合物配料采用自动计量装置，应及时测定粗、细集料中的含水量，并按实际测定值调整粗、细集料和用水量，出料后的拌合物不准许再加水。混凝土拌和时间应不少于 2.5min，确保拌合物拌和均匀、颜色一致，不应有离析和泌水现象。混凝土拌合物入模坍落度应符合 JTG/T 3650—2020《公路桥涵施工技术规范》的相关规定。应对拌和后的混凝土性能和质量进行检验。

（4）混凝土运输宜选用搅拌运输车，其运输能力应与混凝土搅拌机的搅拌能力相匹配，且运输应符合 JGJ/T 10—2011《混凝土泵送施工技术规程》、JTG/T 3650—2020《公路桥涵施工技术规范》的相关规定。混凝土运输过程中不宜倒运。工作停顿、结束或恢复运输时，宜采用不小于 40℃ 的水将混凝土搅拌车、搅拌罐内壁冲洗干净。混凝土罐车运输抗冻水泥混凝土时，应保持含气量均匀一致，运输车辆不应漏浆，并用篷布遮盖。寒冷、严寒或炎热的天气情况下，搅拌运输车的搅拌罐和泵送管应有保温或隔热措施。采用吊斗或其他方式运输时，混凝土不应产生离析现象。

（5）混凝土浇筑时，入模温度应高于5℃。混凝土应从下往上分层、均匀浇筑，厚度应小于30cm。混凝土浇筑应连续，并同步安装活动封堵构件。因故中断时，间歇时间应小于前层混凝土的初凝时间或能重塑时间，超出时应按浇筑中断处理，并应预留施工缝，同时做好记录。当日平均气温连续5d稳定在5℃以下时，或外部温度低于0℃时，混凝土强度增长缓慢，易采取保温措施。气温高于30℃时，混凝土的入模温度应不高于30℃，可对拌和水加冰屑或对骨料堆洒水进行降温。混凝土宜采用二次振捣工艺，振捣应密实。采用插入式振捣器振捣时，与侧模间距应保持50～100mm，插入深度宜为50～100mm，不应漏振和过振。若钢筋较密时可采用附着式振捣器。混凝土浇筑过程中表面和内部的温差应不大于25℃，升温、恒温和降温过程温度变化应控制在15℃以内。

（6）预制构件浇筑后应采用封闭养生棚进行蒸汽养生，养生时间宜不小于6d，应按首件试预制批准的蒸汽养生升温、降温速度严格进行控制。预制构件浇筑后，养生应符合以下规定：养生棚内应配备自动喷淋设备，养生时间应不小于6d；露天养生时，应使用土工布、水凝膜等包裹，并洒水养生，保持表面湿润，养生时间应不少于14d；养生用水应符合 JTG/T 3650—2020《公路桥涵施工技术规范》的相关规定。

（7）混凝土脱模应符合以下规定：脱模时混凝土强度应符合设计规定，当设计未规定时应不低于设计强度等级值的75%；应采用模板专用脱模剂或模板漆；脱模后应对混凝土及时进行检查验收；脱模顺序应符合 JTG/T 3650—2020《公路桥涵施工技术规范》的相关规定。

（8）预制构件应在明显部位进行标识，标识的基本信息应包括以下内容：预制构件编号，工程项目名称，建设方、施工方、监理方名称，施工班组信息，工厂定制时还应包括厂名、批号、生产日期，以及检验状态标识。

（9）预制构件在预制场内移运、存放和吊装时，预制构件混凝土强度应符合设计规定，当设计未规定时，应不低于设计强度等级值的85%。预制构件在预制场内移运、吊装时，宜采用跨式搬运机、龙门起重机等移动专用起吊装置。预制构件存放层数应符合设计要求，设计未规定时，宜采用单层存放。多层叠放时，应对预制构件受力及地基承载力进行验算，叠放宜不超过2层。预制构件存放时，支撑垫块宜选用枕木、橡胶板等对预制构件无损伤的弹性支撑物，支撑应稳定、可靠。

7）吊装与运输

（1）吊装。

①吊装施工前，应确认预制构件型号、尺寸、数量，验收合格后，方可吊装。

②应采用首件验证批准的起重设备及吊具，并严格按验证的吊装工艺进行施工。

③预制构件吊装时，应采取措施保证起重设备的主钩位置、吊具及构件重心在竖直方向上重合，吊索与构件水平夹角应不小于45°。

④预制构件起吊应符合以下要求：吊装前应全面检查运输车辆和吊装设备；吊装作业应有专人指挥；吊装时起重机作业半径内亟待安装的管节内部，不应有作业人员逗留。

（2）运输。

①预制构件运输时，混凝土强度应符合设计规定；当设计未规定时，应不低于设计强度等级值的85%，且不低于30MPa。

②预制构件运输应符合以下要求：装运时支撑垫块宜选用枕木、橡胶板等对预制构件

无损伤的弹性支撑物，运输车上预制构件支撑垫块的位置及支持方法应符合设计要求，应对外露面进行遮挡；运输过程中应采取固定、缓冲措施。

（3）安装施工。

①基本要求。施工场地的地基承载力应符合设计要求，基础采用现浇方式，并进行平整度检验，平整度不合格时应调整找平。箱涵主体安装应符合 JTG/T 3650—2020《公路桥涵施工技术规范》的相关规定。按照预制构件编号顺序依次安装，所有箱涵主体构件安装完成后，应进行质量检查，确保箱涵的设计选型和安装质量，最后进行接缝连接处理。需编制顶板满堂支架专项方案，满堂支架严格按照专项方案实施，满堂支架经验收通过后方可进行侧墙及顶板施工。顶板板面铺完后，对细部的节点进行修补处理，要保证板面平整、严密、牢固，特别是接头部位板周边。浇筑混凝土前，墙管、预埋铁等预埋件按图预先埋设牢固，防止混凝土浇筑时松动。安装附属设备前，预埋孔洞应事先预留，不得事后敲凿。

②施工准备。技术方案、测量放样和首件施工认可等准备工作经监理工程师验收通过后方可进行正式安装施工。每道箱涵工程的附近埋设平面控制点和水准控制点数量应不少于 2 个，直线距离应不超过 200m。施工前应对箱涵平面轴线进行放样，并提交监理工程师进行复核，确定开挖边线和开挖深度。箱涵基础开挖完成后，应再次进行测量放样，精确确定箱涵的平面轴线。

8）基础施工

基坑开挖时，顺路线方向，底宽应符合安装施工及台背回填的空间要求，开挖坡面应做成阶梯形坡面，坡度宜为 1∶1～1∶1.5。地基承载力容许值应满足设计文件要求。地基应对整个结构保持均匀的承载力，沉降量应不大于 5mm，不符合设计要求时应对地基进行加固处理，处理范围应宽出基础不小于 0.5m。对于复杂地质路段，地基应采用特殊处理方法，并应制定相应的施工工艺和质量控制标准。且在有代表性的场地进行现场试验或试验性施工，并进行地基承载力检验，以符合设计要求。软弱地基处理应符合设计要求，设计文件无规定时，可采用级配砂砾或级配碎石等材料进行换填。垫层混凝土施工时，应注意纵向线形的平顺和构件就位点高程的准确。混凝土垫层厚度应不小于设计厚度，平整度应符合设计要求，若设计无要求时，平整度允许偏差应不大于 3mm。

9）箱涵主体安装

（1）首件预制件试安装。

试安装实行认可制，工程范围包括：箱涵安装施工中的地基处理、箱涵主体安装、混凝土浇筑、回填施工等。试安装工程开始前，应完成相应技术方案的审批程序，监理工程师应对工程的全过程进行监督。试安装工程完成后，应提交首件工程工作总结，内容包括首件工程概况、施工组织、安装技术方案、吊装工艺、操作方法、施工质量和安全保证措施、缺陷分析及整改措施、调整的工艺流程、检测数据、遇到的突发情况和解决方案、主要的施工管理人员和质量责任人等。经监理工程师签字确认后，方可进行施工。监理工程师应对试安装工程进行质量验收与评定。

（2）基础平整度检查。

底板安装前，应清理垫层表面杂物，检查垫层平整度，并设置基准线和起始点。平整度不符合要求的部位，应采用与垫层等强度的砂浆进行找平处理。

（3）箱涵节段安装。

预制箱涵安装时，应沿同一方向依次安装。纵坡大于 2% 时，应按高程由低向高依次安装。

（4）安装连接检查。

接缝处理前，应对安装预制构件的各类接缝连接进行检查，纵向相邻节段安装环间隙规定值应不大于 20mm，涵节间轮廓线错台应不大于 5mm。各类接缝不符合要求的构件应进行调整。

（5）接缝处理。

箱涵预制构件安装的接缝施工应符合设计要求，设计文件无规定时，应符合以下要求：平接缝和沉降缝宜采用沥青麻絮等密封材料填塞；平接缝和沉降缝应按箱涵内勾浅凹缝、箱涵外勾平缝的方式，采用水泥砂浆或环氧砂浆等进行填塞；铰接缝内部应进行检查，出现空隙应采用水泥砂浆或沥青麻絮等进行填塞；采用防水卷材对各类接缝进行防水处理时，应沿各类接缝先涂刷一层热沥青，宽度不小于 25cm，再粘贴防水卷材，宽度不小于 20cm。

（6）墙芯混凝土浇筑。

①混凝土浇筑一般应连续进行，其间歇时间不超过 2h。顶板以下为 C35 自密实混凝土，顶板为 C35 常规混凝土。为了防止混凝土浇筑时引起底板上浮移位，先浇筑至侧墙板中止水钢板二分之一位置略微停顿（停顿时间不超过 2h），待接近初凝时间后继续不间断浇筑混凝土至浇筑完毕。

②混凝土底板浇筑时，混凝土从顶板墙口处灌入，待混凝土自然流动到底板观察口（振捣口），利用振捣棒在振捣口进行振捣，振捣要做到振捣布置均匀，快插慢拔，快插是为了防止先将表面混凝土振实与下层混凝土发生分层、离析现象，慢拔是为了使混凝土填满因振捣棒抽出而造成的空洞。

③混凝土浇筑墙、顶板部分时，浇筑与振捣应密切配合，第一层混凝土下料速度应减慢，待混凝土充分振实后再继续进行混凝土下料。

④养护时间应根据温度情况，分程度进行调整。

⑤墙板浇筑 8～12h 之内开始养护。当温度低于 0℃ 时，混凝土强度增长缓慢，易采取保温措施，应覆盖草垫或薄膜养护，养护时间不得少于 14d。冬季施工时需采取特殊措施，防止混凝土受冻。

⑥模板拆除参考现场同条件的试块指导强度，完全符合设计要求后，由技术人员发放拆除模板通知书，方可拆除。

⑦在拆除模板及其支架时，混凝土强度要达到如下要求：在拆除侧模时，混凝土强度要达到 1.2MPa（依据拆除模板试块强度而定），保证其表面及棱角不因拆除模板而受损后方可拆除。

⑧拆除模板的顺序与安装模板顺序相反，先支的模板后拆，后支的先拆。

（7）回填土施工。

回填土施工应在井室施工完成，且混凝土及勾缝砂浆强度达到设计强度等级值的 85%，且墙芯混凝土强度达到 100% 后进行；洞身周边回填材料应符合设计要求，洞身两侧应分层对称回填、均衡碾压，各层压实厚度应不大于 20cm，压实度应符合 JTG/T

3650—2020《公路桥涵施工技术规范》的相关规定；侧墙撑脚区回填时，可用水压实高密度砂或采用混凝土浇筑；侧墙区回填时，侧面50cm范围内应采用小型压实设备，其运行方向应与结构轴线平行；箱涵顶板上方回填时，厚度小于100cm范围应采用人工回填压实，碾压方向应与结构轴线垂直。

10）施工工艺图示

箱涵制作图示见图2-16。

（a）刷脱模剂

（b）钢模拼装

（c）钢筋绑扎

（d）双皮墙第二面翻转

（e）双皮墙第二面施工

（f）养护

图2-16　箱涵制作图示

箱涵安装施工图示见图 2-17。

（a）底板吊装

（b）双皮墙吊装

（c）腋角模板安装

（d）满堂架施工

（e）顶板吊装

（f）钢筋绑扎

图 2-17　箱涵安装施工图示

（g）混凝土浇筑　　　　　　　　　　　（h）混凝土养护

图 2-17　箱涵安装施工图示（续）

2.4.4　材料与设备

1. 材料

水泥、砂石料、水、钢筋等原材料应符合设计要求和 JTG/T 3365—02—2020《公路涵洞设计规范》的相关规定；根据施工计划合理安排原材料进场，对进场材料应采取有效保护措施，防止损坏、变质，存储数量应满足生产需求；进场原材料应执行材料准入制度，除应检查其外观、标志、出厂质量证书和试验报告单外，还应由工地试验室进行抽样检验，合格的原材料应按报验程序完成报批手续，经监理工程师抽检合格后，方可使用；各类原材料进场后应按材料性能和用途合理选择存放场地，堆放整齐，并设立标识牌，标明规格、产地、数量和检验状态等信息。

2. 设备

各类机械设备数量、型号规格应满足工程质量和工期进度的要求，同时应保证外观整洁、性能良好；设备安装调试和使用应符合以下规定：自动喷淋装置、蒸养棚、起重机械等特种设备应具有检验合格证明，其安装、调试、拆卸应由具备相应资质的专业技术人员操作；机械设备应在显著位置悬挂操作规程标识牌，标明设备的名称、型号、操作方法、保养要求、安全注意事项等；施工方应定期对设备进行检查维修和保养清洗，并建立特种设备使用、检修、维护台账，保证设备安全可靠、运转正常。

2.4.5　质量控制

1. 施工过程控制指标

（1）模板及支架的材料质量及结构必须符合施工工艺设计要求。

检验方法：观察和测量。

（2）模板安装必须稳固牢靠，接缝严密，不得漏浆。模板与混凝土的接触面必须清理干净并涂刷隔离剂。浇筑混凝土前，模型内的积水和杂物应清理干净。

检验方法：观察。

（3）拆除承重模板及支架时，混凝土强度应符合设计要求。

检验方法：拆除模板前进行一组同条件养护试件强度试验。

（4）混凝土原材料、配合比设计、施工的检验必须符合现行规范的要求。

（5）防水层的基层应平整、清洁、干燥，不得有空鼓、松动、蜂窝麻面、浮渣、浮土和油污。

检验方法：观察。

（6）模板安装允许偏差和检查方法详见表2-11。

表 2-11　模板安装允许偏差和检查方法

序号	项目		允许偏差（mm）	检查方法
1	轴线位置	基础	15	尺量，每边不少于2处
		梁、柱、板、墙、拱	5	
2	表面平整度		5	2m靠尺和塞尺量测，不少于3处
3	高程	基础	±20	测量
		梁、柱、板、墙、拱	±5	
4	模板的侧向弯曲	柱	$h/1000$	拉线尺量
		梁、板、墙	$l/1500$	
5	梁、柱、板、墙、拱两模板内侧宽度		+10，−5	尺量不少于3处
6	梁底模拱度		+5，−2	拉线尺量
7	相邻两板表面高低差		2	尺量

注：h 为构件高度（mm），l 为构件长度（mm）。

（7）防水层的表面应达到涂层厚薄一致、卷材粘贴牢固、搭接封口正确等要求。

检验方法：观察。

（8）防水层的允许偏差和检查方法见表2-12。

表 2-12　防水层的允许偏差和检查方法

序号	项目	允许偏差（mm）	检查方法
1	基层平整度	3	1m靠尺检查
2	卷材搭接宽度	−10	尺量检查

（9）保护层的允许偏差和检查方法见表2-13。

表 2-13　保护层的允许偏差和检查方法

序号	项目	允许偏差（mm）	检查方法
1	表面平整度	3	1m靠尺检查
2	分隔缝平直度	3	拉线尺量检查

（10）沉降缝所用原材料的品种、规格、性能等必须符合设计要求。

检验方法：检查产品合格证、试验报告和观察。

（11）沉降缝位置、尺寸、构造形式和止水带的安装等必须符合设计要求。

检验方法：观察和尺量。

（12）沉降缝不得渗水。

检验方法：观察。

2. 施工质量控制指标

1）预制构件加工质量验收指标

（1）主控项目。

①对工厂生产的预制构件，进场时应检查其质量证明文件和表面标识。预制构件的质量、标识应符合 GB 50204—2015《混凝土结构工程施工质量验收规范》及其他现行国家标准的相关规定。

检查数量：全数检查。

检验方法：工厂生产的预制构件，在进场时作为产品进行验收，检验其质量证明文件和表面标识即可。质量证明文件包括产品合格证和混凝土强度检验报告，需要进行结构性能检验的预制构件，应提供有效的结构性能检验报告。对于钢筋、混凝土原材料及构件制作，应按照 GB 50204—2015《混凝土结构工程施工质量验收规范》的相关规定进行检验，过程检验的各种合格证明文件在预制构件进场时可不提供，但应保留在构件生产企业，以便需要时查阅。预制构件表面的标识应清晰、可靠，以确保能够识别预制构件的"身份"，在施工全过程中对发生的质量问题可追溯。

②预制构件的外观质量不应有严重缺陷，且不应有影响结构性能和安装、使用功能的尺寸偏差。

检查数量：全数检查。

检验方法：观察，尺量检查。

（2）一般项目。

①预制构件的外观质量不应有一般缺陷。

检查数量：全数检查。

检验方法：观察。

②预制结构构件尺寸的允许偏差及检查方法见表 2-14。对于施工过程中临时使用的预埋件中心线位置及后浇混凝土部位的预制构件尺寸偏差，可按表 2-14 的规定放大一倍执行。

检查数量：按同一生产企业、同一品种的构件，不超过 100 个为一批，每批抽查构件数量的 5%，且不少于 3 件。

表 2-14　预制结构构件尺寸的允许偏差及检查方法

项目			允许偏差（mm）	检查方法
长度	板、梁、柱、桁架	<12m	±5	尺量检查
		≥12m 且<18m	±10	
		≥18m	±20	
	墙板		±5	
宽度、高（厚）度	板、梁、柱、墙板、桁架		±5	钢尺量一端及中部，取其中偏差绝对值较大处

项目		允许偏差（mm）	检查方法
表面平整度	板、梁、柱、墙板内表面	5	2m 靠尺和塞尺检查
	墙板外表面	3	
侧向弯曲	板、梁、柱	$L/750$ 且 <20	拉线、钢尺量最大侧向弯曲处
	墙板、桁架	$L/1000$ 且 <20	
翘曲	板	$L/750$	调平尺在两端量测
	墙板	$L/1000$	
对角线差	板	10	钢尺量两个对角线
	墙板	5	
预留孔	中心线位置	5	尺量检查
	孔尺寸	±5	
预留洞	中心线位置	10	尺量检查
	洞口尺寸	±10	
预埋件	预埋板中心线位置	5	尺量检查
	预埋板与混凝土面平面高差	±5	
	预埋螺栓、预埋套筒中心位置	2	
	预埋螺栓外露长度	+10，5	

注：1. L 为构件长度（mm）。

2. 检查中心线、螺栓和孔道位置偏差时，应沿纵、横两个方向量测，并取其中偏差较大值。

3. 本表给出的预制构件尺寸偏差是预制构件的基本要求，如根据具体工程要求提出严于本表规定的尺寸偏差时，应按设计要求或合同规定执行。

③预制构件上的预埋件、预留钢筋、预埋管线及预留孔洞等规格、位置和数量应符合设计要求。

检查数量：按同一生产企业、同一品种的构件，不超过 100 个为一批，每批抽查构件数量的 5%，且不少于 3 件。

检验方法：观察、尺量检查。

④预制构件的结合面应符合设计要求。

检查数量：全数检查。

检验方法：观察。

2）预制构件安装质量验收指标

（1）主控项目。

预制构件与结构之间的连接应符合设计要求。

检查数量：全数检查。

检验方法：观察，检查施工记录。

承受内力的接头和拼缝，当其混凝土强度未达到设计要求时，不得吊装上一层结构构件。已安装完毕的装配式结构，应在混凝土强度达到设计要求后，方可承受全部设计荷载。

检查数量：全数检查。

检验方法：检查施工记录及试件强度试验报告。

（2）一般项目。

预制结构构件安装尺寸的允许偏差及检查方法见表2-15。

检查数量：按楼层、结构缝或施工段划分检验批。在同一检验批内，对梁、柱，应抽查构件数量的10%，且不少于3件；对墙和板，应按有代表性的自然间抽查10%，且不少于3间；对大空间结构，墙可按相邻轴线间高度5m左右划分检查面，板可按纵、横轴线划分检查面，抽查10%，且均不少于3面。

表2-15 预制结构构件安装尺寸的允许偏差及检查方法

项目			允许偏差（mm）	检查方法
构件中心线对轴线位置	基础		15	尺量检查
	竖向构件（柱、墙板、桁架）		10	
	水平构件（梁、板）		5	
构件标高	梁、板底面或顶面		±5	水准仪或尺量检查
构件垂直度	柱、墙板	<5m	5	经纬仪量测
		≥5m且<10m	10	
		≥10m	20	
构件倾斜度	梁、桁架		5	垂线、钢尺量测
相邻构件平整度	板端面		5	钢尺、塞尺量测
	梁、板下表面	抹灰	5	
		不抹灰	3	
	柱、墙板侧表面	外露	5	
		不外露	10	
构件搁置长度	梁、板		±10	尺量检查
支座、支垫中心位置	板、梁、柱、墙板、桁架		±10	尺量检查
接缝宽度	板	<12m	±10	尺量检查

2.5 砌体结构工程

2.5.1 概述

1. 工艺概述

长江大保护项目涉及的建（构）筑物主体的砌体结构一般包含厂站内钢筋混凝土框架结构中的填充墙、雨（污）水井及砖砌蓄水池等。

2. 适用范围

随着住建部印发的《房屋建筑和市政基础设施工程危及生产安全施工工艺、设备和材料淘汰目录（第一批）》正式实施，砖砌雨水、污水检查井以及蓄水类构筑物将越来越少在工厂中应用。故本节只讨论厂站内钢筋混凝土框架结构中的填充墙砌筑，填充墙多采用烧结普通砖、空心混凝土砌块、蒸压加气砖等砌筑。

2.5.2　现行适用规范

（1）GB 50574—2010《墙体材料应用统一技术规范》。

（2）GB 50550—2010《建筑结构加固工程施工质量验收规范》。

（3）GB 50203—2011《砌体结构工程施工质量验收规范》。

（4）GB 50411—2019《建筑节能工程施工质量验收标准》。

（5）GB/T 13544—2011《烧结多孔砖和多孔砌块》。

（6）GB/T 26541—2011《蒸压粉煤灰多孔砖》。

（7）GB/T 15229—2011《轻集料混凝土小型空心砌块》。

（8）GB/T 13545—2014《烧结空心砖和空心砌块》。

（9）GB/T 5101—2017《烧结普通砖》。

（10）GB/T 11945—2019《蒸压灰砂实心砖和实心砌块》。

（11）GB/T 11968—2020《蒸压加气混凝土砌块》。

（12）GB/T 21144—2023《混凝土实心砖》。

2.5.3　施工工艺流程及操作要点

1. 工艺流程

砌体结构施工工艺流程见图 2-18。

（1）抄平、放线。

墙体砌筑前必须在基层、柱表面、墙体外侧或楼面上先用水泥砂浆找平，弹出建筑基准线（轴线），再根据墙体基准线（轴线）放样墙体外边线，并根据设计放出构造柱的位置和门窗洞口的位置。

（2）墙体、柱体植拉结筋。

对于漏埋、未埋和预留位置偏差较大的拉筋，则采取植筋的方式与结构连接，植筋深度不小于10d（d 为钢筋直径），并按规范要求进行抗拔试验。

拉结筋按间距500mm、2φ6mm 通长设置，砌筑时严禁将其随意切断或弯曲，拉筋的端部应做成90°的弯钩，弯钩长度不小于10d。混凝土结构与墙体接口处应用 1∶2 水泥砂浆填密实。

（3）砂浆拌制。

施工现场按所需的砂浆类别配备散装砂浆罐。砂浆应随拌随用，水泥砂浆和水泥混合砂浆应分别在 3h 和 4h 内用完，如气温超过 30℃ 时，应分别在 2h 和 3h 内用完。

（4）砌体砌筑。

①盘角。砌砖前应先盘角，每次盘角不要超过五层，新盘的大角应及时进行吊、靠，如有偏差要及时修正。盘角时要仔细对照皮数杆的砖层和标高，控制好灰缝大小，使水平灰缝均匀一致。大角盘好后报予相关工程师检查，平整度和垂直度完全符合要求后，再挂线砌墙，如不合格须及时进行修正，直至合格后方能进行下一道工序。

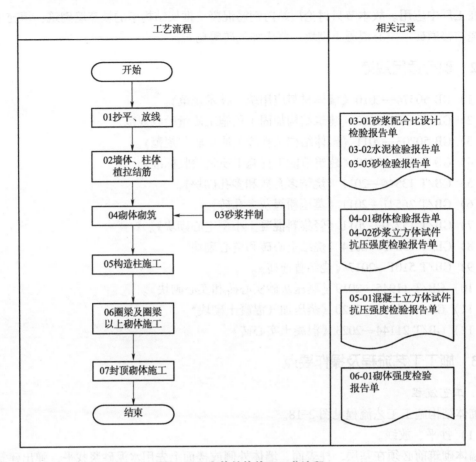

图 2-18　砌体结构施工工艺流程

②挂线。砌筑一砖半墙必须双面挂线，如果长墙几个人均使用一根通线，中间应设几个支线点，小线要拉紧，每层砖都要穿线看平，使水平缝均匀一致，平直通顺；砌一砖厚混水墙时宜采用外手挂线，可照顾砖墙两面平整，为下道工序控制抹灰厚度奠定基础。

③砌砖时砖要放平，砌砖一定要跟线，"上跟线，下跟棱，左右相邻要对平"。标准砖、多孔砖、小型混凝土砌块的灰缝厚度应为 10mm，允许误差±2mm；加气混凝土砌块水平和竖向的灰缝厚度宜为 15mm 和 20mm，用尺量 10 皮砖砌体高度折算。在操作过程中，要认真进行自检，如出现偏差，应随时纠正。严禁事后砸墙。砌筑砂浆应随搅拌随使用，一般水泥砂浆必须在 3h 内用完，水泥混合砂浆必须在 4h 内用完，不得使用过夜砂浆。

④砌筑方法宜采用"三一"砌筑法，即一铲灰、一块砖、一揉压的砌筑方法。当采用铺浆法砌筑时，铺浆长度不得超过 750mm，施工期间气温超过 30℃时，铺浆长度不得超过 500mm。

⑤砖墙每日砌筑高度不得超过 1.8m；砖墙工作段的分段位置，宜设在变形缝、构造柱或门窗洞口处；相邻工作段的砌筑高度不得超过一个楼层高度，也不宜大于 4m。

（5）构造柱施工。

当墙长度大于 5m 或大于 2 倍墙高时，在墙体中部加设构造柱，墙顶部与结构顶板或梁宜有拉结措施。

（6）圈梁及圈梁以上砌体施工。

圈梁主要提高墙体的整体性，属于构造要求，应按设计及规范要求设置。设计及规范要求 4m 以上的墙体在 1/2 处设置圈梁。待圈梁混凝土达到强度后才能进行圈梁以上砌体施工。

（7）封顶砌体施工。

框架梁的填充墙砌至梁底应预留 18～20cm，间隔一周左右时间后再用实心砖斜砌挤紧，砂浆饱满。

2. 操作要点

（1）黏土砖（多孔砖）必须在砌筑前一天浇水湿润，一般以水浸入砖四边 1.5mm 为宜，含水率为 10%～15%，常温施工不得用干砖上墙，雨季不得使用含水率达饱和状态的砖砌墙。

（2）用轻骨料混凝土小型空心砌块或蒸压加气混凝土砌块的墙体，墙底部应砌烧结普通砖、多孔砖、普通混凝土小型空心砌块、现浇混凝土捣墙等，其高度不宜小于 200mm，宽度同砌块宽度。

（3）中型混凝土砌块排列，需按砌块排列图在墙体线范围内分块定尺、划线。排列砌块的方法和要求如下。

①砌块砌体在砌筑前，应根据工程设计施工图，结合砌块的品种、规格绘制砌体砌块的排列图，经审核无误，按图排列砌块。

②砌块排列应从地基、基础面或相对标高为 ±0.00m 的面开始，排列时尽可能采用主规格的砌块，砌体中主规格砌块应占总量的 75%～80%。

③砌块排列上、下皮应错缝搭砌，搭砌长度一般为砌块的 1/2，不得小于砌块高的 1/3，也不应小于 150mm，如果搭错缝长度不符合规定的压搭要求，应采取压砌钢筋网片的措施，具体构造按设计规定。

④外墙转角及纵横墙交接处，应将砌块分皮咬槎，交错搭砌，如果不能咬槎时，按设计要求采取其他的构造措施。砌体垂直缝与门窗洞口边线应避开同缝，且不得采用砖镶砌。

（4）砌筑顺序应符合下列规定。

①基底标高不同时，应从低处砌起，并应由高处向低处搭砌。

②砌体的转角处和交接处应同时砌筑。当不能同时砌筑时，应按规定留槎、接槎，一般预留斜槎，斜槎长度为高度的 2/3。

③在墙上留置临时施工洞口，其侧边离交接处墙面不应小于 500mm，洞口净宽度不应超过 1m。

（5）留槎与植筋。

外墙转角处应同时砌筑。内外墙交接处必须留斜槎，槎子长度不应小于墙体高度的 2/3（踏步槎）。分段砌筑位置应在变形缝或门窗口角处，隔墙与墙或柱如果不同时砌筑时，可留阳槎加预埋拉结筋。

沿墙高按设计要求每 50cm 预埋 ϕ6mm 钢筋 2 根，埋入长度从留槎处算起每边均不应小于 500 mm，对抗震设防烈度为 6 度、7 度的地区，不应小于 1000mm。末端应有 90°弯钩。施工洞口也应按以上要求留水平拉结筋。

（6）构造柱施工。

构造柱主筋必须垂直，箍筋水平，间距均匀，且四根主筋必须在箍筋角上，绑扎牢固，顶部必须与顶梁锚固连接（植筋）。

模板支设前砖边采用厚密封胶带粘贴，模板加固牢固，浇筑混凝土时观察是否漏浆，如发生异常停止浇筑，整改后再继续。构造柱外观质量好与坏直接影响结构墙体验收的评价。结构验收后，粉刷前将胶条撕掉。

为保证构造柱浇筑质量，可在构造柱顶部将模板支成斜开口，方便振捣。混凝土浇筑完后会形成簸箕口，模板拆除后要及时将簸箕口剔除。

（7）填充墙顶部砌筑。

填充墙顶应用立砖斜砌挤紧，斜度一般控制在 45°～60°。

2.5.4　材料与设备

1. 材料

每一层（或检验批）试块不应小于一组，当每一层（或检验批）建筑地面工程面积大于 1000m² 时，每增加 1000m² 应增做一组试块，小于 1000m² 按 1000m² 计算。砂浆强度应以标准养护，以龄期为 28d 的试块抗压试验结果为准。砌体材料检测统计表见表 2-16。

表 2-16　砌体材料检测统计表

材料名称	抽检数量	代表数量	必检项目	其他项目
烧结砖	10 块	15 万块	抗压强度	抗风化、泛霜、石灰爆裂、抗冻
多孔砖	10 块	5 万块	抗压强度、抗折强度	冻融、泛霜、石灰爆裂、吸水率
灰砂砖	20 块	10 万块	抗压强度	密度、抗冻
粉煤灰砖	20 块	10 万块	抗压强度	抗折强度、干燥收缩、抗冻
加气混凝土砌块	50 块	1 万块	立方体抗压强度、干体积密度	抗折强度、干燥收缩、抗冻
袋装水泥	12kg	200t	安定性、凝结时间、强度	泌水性、细度、流动性
散装水泥	12kg	500t	安定性、凝结时间、强度	泌水性、细度、流动性
砂	20kg	600t	筛分析、含泥量、泥块含量	密度、有害物质含量、坚固性、碱活性检测、含水率

2. 设备

包括砂浆搅拌机、大铲、刨锛、托线板、线坠、小白线、卷尺、水平尺、皮数杆、小水桶、灰槽、扫帚、铲子、靠尺、灰桶、手推车、喷水壶、线坠、瓦刀、锯等。

2.5.5　质量控制

1. 砖砌体工程

1）主控项目

（1）砖和砂浆的强度等级必须符合设计要求。

抽检数量：每一生产厂家，烧结普通砖、混凝土实心砖每 15 万块，烧结多孔砖、混凝土多孔砖、蒸压灰砂砖及蒸压粉煤灰砖每 10 万块各为一验收批，不足上述数量时按 1 批计，抽检数量为 1 组。

检验方法：检查砖和砂浆试块试验报告。

（2）砌体灰缝砂浆应密实饱满，砖墙水平灰缝的砂浆饱满度不得低于 80%，砖柱水平灰缝和竖向灰缝饱满度不得低于 90%。

抽检数量：每检验批抽查不应少于 5 处。

检验方法：用百格网检查砖底面与砂浆的黏结痕迹面积，每处检测 3 块砖，取其平均值。

（3）砖砌体的转角处和交接处应同时砌筑，严禁无可靠措施的内外墙分砌施工。在抗震设防烈度为 8 度及 8 度以上地区，对不能同时砌筑而又必须留置的临时间断处应砌成斜槎，普通砖砌体斜槎水平投影长度不应小于高度的 2/3，多孔砖砌体的斜长高比不应小于 1/2。斜槎高度不得超过一步脚手架的高度。

抽检数量：每检验批抽查不应少于 5 处。

检验方法：观察检查。

（4）非抗震设防及抗震设防烈度为 6 度、7 度地区的临时间断处，当不能留斜槎时，除转角处外，可留直槎，但直槎必须做成凸槎，且应加设拉结钢筋。

抽检数量：每检验批抽查不应少于 5 处。

检验方法：观察和尺量检查。

2）一般项目

（1）砖砌体组砌方法应正确，内外搭砌，上、下错缝。清水墙、窗间墙无通缝。混水墙中不得有长度大于 300mm 的通缝，长度 200～300mm 的通缝每间不超过 3 处，且不得位于同一面墙体上。砖柱不得采用包心砌法。

抽检数量：每检验批抽查不应少于 5 处。

检验方法：观察。砌体组砌方法抽检每处应为 3～5m。

（2）砖体的灰缝应横平竖直，厚薄均匀，水平灰缝厚度及竖向灰缝宽度宜为 10mm，但不应小于 8mm，也不应大于 12mm。

抽检数量：每检验批抽查不应少于 5 处。

检验方法：水平灰缝厚度用尺量 10 皮砖砌体高度折算，竖向灰缝宽度用尺量 2m 砌体长度折算。

（3）砖砌体尺寸、位置的允许偏差及检查方法见表2-17。

表2-17 砖砌体尺寸、位置的允许偏差及检查方法

项次	项目			允许偏差（mm）	检查方法	抽检数量
1	轴线位移			10	用水平仪、尺或其他测量仪器检查	承重墙、柱全数检查
2	基础、墙、柱顶面标高			±15	用水准仪检查，尺量	不应少于5处
3	墙面垂直度	每层		5	用2m托线板检查	不应少于5处
		全高	≤10m	10	用经纬仪、吊线、尺或其他测量仪器检查	外墙全部阳角
			>10m	20		
4	表面平整度	清水墙、柱		5	用2m靠尺和楔形塞尺检查	不应少于5处
		混水墙、柱		8		
5	水平灰缝平直度	清水墙		7	拉5m线检查，尺量	不应少于5处
		混水墙		10		
6	门窗洞口高、宽（后塞口）			±10	尺量	不应少于5处
7	外墙上下窗口偏移			20	以底层窗口为准，用经纬仪或吊线检查	不应少于5处
8	清水墙游丁走缝			20	以每层第一皮砖为准，用吊线和尺检查	不应少于5处

2. 混凝土小型空心砌块砌体工程

1）主控项目

（1）小砌块和芯柱混凝土、砌筑砂浆的强度等级必须符合设计要求。

抽检数量：每一生产厂家，每1万块小砌块为一验收批，不足1万块按一批计，抽检数量为1组；用于多层以上建筑的基础和底层的小砌块抽检数量不应少于2组。

检验方法：检查小砌块和芯柱混凝土、砌筑砂浆试块试验报告。

（2）砌体水平灰缝和竖向灰缝的砂浆饱满度，按净面积计算不得低于90%。

抽检数量：每检验批抽查不应少于5处。

检验方法：用专用百格网检测小砌块与砂浆黏结痕迹，每处检测3块小砌块，取其平均值。

（3）墙体转角处和纵横交接处应同时砌筑。临时间断处应砌成斜槎，斜槎水平投影长度不应小于斜槎高度。施工洞口可预留直槎，但在洞口砌筑和补砌时，应在直槎上下搭砌的小砌块孔洞内用强度等级不低于C20（或Cb20）的混凝土灌实。

抽检数量：每检验批抽查不应少于5处。

检验方法：观察。

（4）小砌块砌体的芯柱在楼盖处应贯通，不得削弱芯柱截面尺寸。芯柱混凝土不得漏灌。

抽检数量：每检验批抽查不应少于5处。

检验方法：观察。

2）一般项目

（1）砌体的水平灰缝厚度和竖向灰缝宽度宜为 10mm，不应小于 8mm，也不应大于 12mm。

抽检数量：每检验批抽查不应少于 5 处。

检验方法：水平灰缝厚度用尺量 5 皮小砌块的高度折算，竖向灰缝宽度用尺量 2m 砌体长度折算。

（2）砌块砌体尺寸、位置的允许偏差应按 GB 50203—2011《砌体结构工程施工质量验收规范》第 5.3.3 条的规定执行。

3. 填充墙砌体工程

1）主控项目

(1) 烧结空心砖、小砌块和砌筑砂浆的强度等级应符合设计要求。

抽检数量：烧结空心砖每 10 万块为一验收批，小块每 1 万块为一验收批，不足上述数量时按一批计，抽检数量为 1 组。

检验方法：检查砖、小砌块进场复验报告和砂浆试块试验报告。

(2) 填充墙砌体应与主体结构可靠连接，其连接构造应符合设计要求，未经设计同意，不得随意改变连接构造方法。每一填充墙与柱的拉结筋的位置超过一皮块体高度的数量不得多于一处。

抽检数量：每检验批抽查不应少于 5 处。

检验方法：观察检查。

(3) 填充墙与承重墙、柱、梁的连接钢筋，当采用化学植筋的连接方式时，应进行实体检测。锚固钢筋拉拔试验的轴向受拉非破坏承载力检验值应为 6.0kN。抽检钢筋在检验值作用下应基材无裂缝、钢筋无滑移宏观裂损现象。持荷 2min 期间荷载值降低不大于 5%。

抽检数量：按表 2-18 确定。

检验方法：原位试验检查。

表 2-18　锚固钢筋拉拔试验表　　　　　　　（单位：根）

检验批的容量	样本最小容量	检验批的容量	样本最小容量
≤90	5	281～500	20
91～150	8	501～1200	32
151～280	13	1201～3200	50

2）一般项目

（1）填充墙砌体尺寸、位置的允许偏差及检查方法见表 2-19。

表 2-19　填充墙砌体尺寸、位置的允许偏差及检查方法

项次	项目		允许偏差（mm）	检查方法
1	轴线位移		10	尺量
2	垂直度（每层）	≤3m	5	用 2m 托线板或吊线检查，尺量
		>3m	10	

续表

项次	项目	允许偏差（mm）	检查方法
3	表面平整度	8	用2m靠尺和楔形尺检查
4	门窗口高、宽（后塞口）	±10	尺量
5	外墙上、下窗口偏移	20	用经纬仪或吊线检查

抽检数量：每检验批抽查不应小于5处。

（2）填充墙砌体的砂浆饱满度及检查方法见表2-20。

表2-20　填充墙砌体的砂浆饱满度及检查方法

砌体分类	灰缝	饱满度及要求	检查方法
空心砖砌体	水平	≥80%	采用百格网检查块体底面或侧面砂浆的黏结痕迹面积
	垂直	填满砂浆，不得有透明缝、瞎缝、假缝	
蒸压加气混凝土砌块、轻骨料混凝土小型空心砌块砌体	水平	≥80%	
	垂直	≥80%	

抽检数量：每检验批抽查不应少于5处。

（3）填充墙留置的拉结钢筋或网片的位置应与块体皮数相符合。拉结钢筋或网片应置于灰缝中，埋置长度应符合设计要求，竖向位置偏差不应超过一皮高度。

抽检数量：每检验批抽查不应少于5处。

检验方法：观察和用尺量检查。

（4）砌筑填充墙时应错缝搭砌，蒸压加气混凝砌块搭砌长度不应小于砌块长度的1/3；轻骨料混凝土小型空心砌块搭砌长度不应小于90mm；竖向通缝不应大于2皮。

抽检数量：每检验批抽查不应少于5处。

检验方法：观察检查。

（5）填充墙的水平灰缝厚度和竖向灰缝宽度应正确，烧结空心砖、轻骨料混凝土小型空心砌块砌体的灰缝厚度应为8~12mm；当采用水泥砂浆、水泥混合砂浆或蒸压加气混凝土砌块砌筑砂浆时，水平灰缝厚度和竖向灰缝宽度不应超过15mm；当蒸压加气混凝土砌块砌体采用蒸压加气混凝土砌块黏结砂浆时，水平灰缝厚度和竖向灰缝宽度宜为3~4mm。

抽检数量：每检验批抽查不应少于5处。

检验方法：水平灰缝厚度用尺量5皮小砌块的高度折算，竖向灰缝宽度用尺量2m砌体长度折算。

2.6　安全管理重点事项

2.6.1　通用管理规定

通用管理规定同1.6.1相关内容。

2.6.2　排架施工专项管理规定

2.6.2.1　落地式脚手架

1. 一般要求

（1）单排脚手架搭设高度不应超过 24m；双排脚手架搭设高度不应超过 50m，高度超过 50m 的双排脚手架，应采用分段搭设措施。50m 及以上落地式钢管脚手架工程必须组织专家论证。搭设完成后应组织验收，合格后挂牌使用。

（2）立杆基础应按方案要求平整、夯实后进行硬化，应具备排水措施；当脚手架下有设备基础、管沟时，在脚手架使用过程中不应开挖，否则必须加固。

（3）作业层上的施工荷载应符合设计要求，不得超载。不得将模板支架、缆风绳、卸料平台、泵送混凝土的输送管等固定在脚手架上。严禁悬挂起重设备。

（4）纵向水平杆应在立杆内侧，其长度不宜小于三跨。

（5）脚手架必须设置纵、横向扫地杆。纵向扫地杆应采用直角扣件固定在距底座上部不大于 20cm 处的立杆上。横向扫地杆应固定在纵向扫地杆下方的立杆上。

（6）当使用冲压钢脚手板、木脚手板、竹串片脚手板时，纵向水平杆应作为横向水平杆的支座，用直角扣件固定在立杆上。横向水平杆固定在纵向水平杆上方。

（7）立杆顶端应高出女儿墙上口 1m，高出檐口上口 1.5m。横向斜撑应在同一节间呈"之"字连续布置，每隔六跨设置一道，开口型双排脚手架的两端均必须设置横向斜撑。

2. 剪刀撑

（1）高度在 24m 以上的封闭脚手架，除拐角外必须设斜撑，中间每隔六跨设置一道纵向剪刀撑的跨度为 5 到 7 根立杆，角度宜为 45°～60°。

（2）剪刀撑必须搭接且长度不小于 1m，使用 3 个扣件，中间用旋转扣件固定在与之相交的横向水平杆的伸出端或立杆上，旋转扣件中心线至主节点的间距不宜大于 150mm，设置于 24m 以上的剪刀撑必须竖向、水平向均匀连续布置，设置于 24m 以下的剪刀撑竖向必须连续，横向两道剪刀撑之间的间距不得超过 15m，且在转角处必须布设。

3. 连墙件

（1）连墙件必须采用可承受拉力和压力的构件。对高度 24m 以上的双排脚手架，应采用刚性连墙件与建筑物连接，应从底层第一步纵向水平杆处开始设置，优先采用菱形布置，或采用方形、矩形布置。

（2）开口型脚手架的两端必须设置连墙件，垂直间距不得大于建筑物的层高，并不应大于 4m。

（3）连墙杆应呈水平设置，当不能水平设置时，应向脚手架一端下斜连接。架高超过 40m 且有风涡流作用时，应采取抗上升翻流作用的连墙措施。

（4）连墙件水平杆宜平设，当不能水平设置时，与脚手架连接的一端应下斜连接，禁止采用上斜连接。

（5）脚手架的拐角处、开口型脚手架的两端、人货电梯的两侧必须设置连墙件，连墙件的垂直间距不应大于建筑物的层高，并且不应大于 4m。如楼层高度超过 4m，可采用抱柱子或抛撑的方法进行加固。

（6）连墙件的杆件及扣件刷红色警戒色。

4. 抛撑

当脚手架下部暂不能设连墙件时，应采取抛撑等措施，抛撑应采用通长杆件，并用旋转扣件固定在脚手架上，与地面的倾角应在 45°～60°之间，连接点中心至主节点的距离不应大于 300mm。抛撑应在连墙件搭设后方可拆除。

2.6.2.2　悬挑式脚手架

（1）悬挑式脚手架施工前，应根据工程情况编制专项施工方案，经审核批准后实施。高度超过 20m 时应组织专家论证。搭设完成后应组织验收，合格后挂牌使用。

（2）型钢锚固定位装置设置在楼板上时，楼板的厚度不得小于 120mm，锚固型钢的主体结构混凝土必须达到设计要求的强度，且不得小于 C15。

（3）悬挑架架体的连墙件数按照每两步三跨设置一道刚性连墙件，其余架体构造要求均遵照落地式脚手架的相应规定。

（4）悬挑梁与架体底部立杆应连接牢靠，不得滑动或窜动。架体底部应设双向扫地杆，扫地杆距悬挑梁顶面 150～200mm。第一步模板支架步距不得大于 1.5m。

（5）脚手架外侧立面整个长度和高度上连续设置剪刀撑。

（6）结构外的悬挑段长度不宜大于 2m，在结构内的型钢长度应为悬挑长度的 1.5 倍以上。

（7）悬挑外脚手架底座一般采用工字钢悬挑，底层采用木模板拼缝形式封闭，落于结构上的工字钢采用双道直径 16mm 以上的 HPB235 级钢筋 U 型环锚固在楼板上，落于结构上的锚固段长度须为悬挑段的 1.25 倍，U 型螺栓预埋环位置宜为悬挑型钢尾端向里 200mm 处。

（8）架体结构在架体与外用电梯、物料提升机、卸料平台等设备或装置相交处，或架体断开的开口处应有加强措施，如采用双股钢芯钢丝绳穿过型钢悬挑端部进行分载，在型钢上钢丝绳穿越位置以及立杆底部位置预焊直径 25mm 的 HPB235 短钢筋，以防止钢丝绳和钢管滑动或窜动。

2.6.2.3　附着式脚手架

（1）附着式升降脚手架必须经国家主管部门组织鉴定合格，从事附着式升降脚手架安装施工的单位必须具有相应资质证书及安全生产许可证。

（2）附着式升降脚手架应有专项施工方案，并经审核批准后组织实施。

（3）附着式升降脚手架搭设完成后，经有关方共同验收，相关机构检测合格，到安全监督机构登记后方可使用。

（4）附着式升降脚手架施工区域应有防雷措施；动力设备、控制设备、防坠装置等区域应有防雨、防砸、防尘等措施。

（5）作业层上的施工荷载应符合设计要求，不得超载。

（6）整体式附着脚手架架体的悬挑长度不得大于 1/2 水平支撑和 3m；单片式附着脚手架的悬挑长度不应大于 1/4 水平支撑跨度。

（7）升降和使用情况下，架体悬臂高度均不应大于 6m 或 2/5 架体高度；架体全高与支撑跨度的乘积不应大于 110m²。

（8）架体外立面必须沿全高设置剪刀撑，剪刀撑跨度不应大于 6m，其水平夹角为 45°～60°，并且应将竖向主框架、架体水平梁架和构架连成一体。

（9）悬挑端应以竖向主框架成对设置对斜拉杆，其水平夹角不小于 60°。

（10）竖向主框架与附着支撑结构之间的导向构造不得采用钢管扣件、碗扣件或者其他普通脚手架连接方式，竖向主框架垂直度偏差应不大于 5‰。

（11）附着支撑结构采用普通穿墙螺栓与工程结构连接时，应采用双螺母固定，螺杆露出螺母应不少于 3 扣，垫板尺寸应设计确定，并且不得小于 80mm×80mm×8mm。

（12）附墙支座支撑在建筑物上，连接处混凝土的强度不得小于 C20，附着支撑处混凝土构件必须进行验算。

（13）在升降和使用工况下，防坠落和防倾覆作用的附着支撑构件均不得少于两套，防坠器要定期检测，并有合格标识。防坠落装置应设置在竖向主框架部位，每一竖向主框架提升主设备处设置一个。防倾装置的导向间隙不应小于 5mm。

（14）防坠装置应用螺栓同竖向主框架或者附着支撑结构连接，不得采用钢管扣件或者碗扣件连接。

（15）架体底层的脚手板必须铺设严密，并且用平网及密目安全网兜底。应设置架体升降时底层脚手板可折起的翻板构造，保持架体底层脚手板与建筑物表面在升降和使用中的间隙，防止物料坠落。架体的其他防护应按照落地式脚手架的有关要求执行。

2.6.2.4　门式脚手架

（1）门式脚手架在施工前应编制专项施工方案，经审核批准后组织实施。

（2）门式脚手架的搭设高度应符合设计要求。

（3）不同型号的门式脚手架与配件严禁混合使用，门式脚手架作业层严禁超载。

（4）门式脚手架的交叉支撑和加固杆，在施工期间严禁拆除。

（5）拆除作业过程中，当架体自由端高度大于两步时，必须设置临时拉结，连接门架的剪刀撑等加固件必须在拆卸该门架时拆除。

（6）门式脚手架的地基回填土必须分层回填夯实，基础应平整、坚实，承载力要经过计算确定，并且在搭设时地基土质和搭设高度应符合规定。

（7）加固杆用于增强脚手架刚度，包括剪刀撑、水平加固杆、扫地杆。

（8）门式脚手架的底层门架下端应设置纵、横向通长的扫地杆。纵向扫地杆应固定在距门架立杆底端不大于 200mm 处的门架立杆上，横向扫地杆宜固定在紧靠纵向扫地杆下方的门架立杆上。

（9）门式脚手架通道口高度不宜大于 2 个门架高度，宽度不宜大于 1 个门架跨距，并采取加固措施。

2.6.2.5　脚手架拆除

（1）脚手架拆除前，应清除作业层上的堆放物。

（2）架体拆除应按自上而下的顺序按步逐层进行，不应上下同时作业。

（3）同层杆件和构配件应按先外后内的顺序拆除；剪刀撑、斜撑杆等加固杆件应在拆卸至该部位杆件时拆除。

（4）作业脚手架连墙件应随架体逐层、同步拆除，不应先将连墙件整层或数层拆除后再拆架体。

（5）作业脚手架拆除作业过程中，当架体悬臂段高度超过 2m 时，应加设临时拉结。

（6）作业脚手架分段拆除时，应先对未拆除部分采取加固处理措施后再进行架体拆除。

（7）架体拆除作业应统一组织，并应设专人指挥，不得交叉作业。

（8）严禁高空抛掷拆除后的脚手架材料与构配件。

2.6.3　现场安全隐患辨识及管控措施

2.6.3.1　风险类型

管道附属构筑物工程易发生的主要安全风险类型有：物体打击、高处坠落、起重伤害、坍塌（脚手架）、触电。

2.6.3.2　风险源分析

1. 物体打击

物体打击主要是由于施工过程中的物料、工具、拆卸的脚手架部件等未固定或固定不牢固，在风力或其他外力作用下产生移动或坠落，从而对作业人员造成伤害。开槽施工管道工程造成物体打击的主要因素如下。

（1）临边堆放材料不稳、过多、过高且安全距离不符合要求，且临边防护（防护栏杆及踢脚板）缺失，会出现物体坠落造成物体打击。

（2）施工设备作业运转造成的物体打击，如起重机械在吊装材料时，钢丝绳突然断裂、歪拉斜吊、材料固定不牢固等；起吊作业时作业半径内未进行安全警示、警戒，人员误闯作业区；挖土过程中反铲作业半径内违规站人等；被吊构件上表面附着物（如泥土、零散材料等）未清理等造成物体打击。

（3）边坡表面悬挂的泥土及施工材料等未及时清理造成物体打击，如沟槽开挖后未及时清理拉森钢板桩槽帮黏结的土块因受日光暴晒干结变硬后与钢板桩间的黏结力变小，受外界因素扰动和自身重力影响发生脱落造成物体打击。

（4）材料传递时造成物体打击，如作业人员违规从高处往下直接抛掷建筑材料、杂物、垃圾；作业人员向上递工具、小材料时失手未抓牢造成物体打击。

（5）作业人员安全防护不到位造成物体打击，如未佩戴或未能正确佩戴安全帽。

2. 高处坠落

高处坠落同 1.6.3.1 相关内容。

3. 起重伤害

（1）起重机械安装、拆卸、顶升加节以及附着前未对结构件、顶升机构和附着装置以及高强度螺栓、销轴、定位板等连接件及安全装置进行检查。

（2）起重拔杆组装不符合设计要求，或组装后未履行验收程序。

（3）双机起吊作业时，单机荷载超过额定起重量的 80%。

（4）起重机主、副钩同时作业，吊运重物起升或下降速度不平稳、不均匀，或进行突然制动。

（5）起重机回转未停稳时进行反向动作，在满负荷或接近满负荷时降落臂杆或同时进行两个动作。

（6）起重设备无检测单位的年度检测报告，无设备定期检验检查记录和定期维护保养记录。

（7）起重吊装其他风险同 1.6.3.1 相关内容。

4. 坍塌

1）脚手架坍塌

（1）脚手架基础未整平、夯实及排水措施不到位等。

（2）脚手架原材料不合格，如管材的厚度、扣件材质等不符合要求。

（3）脚手架搭设、拆除未按照方案施工，如搭设时钢管间排距、剪刀撑、连墙件等未按照方案实施；拆除时顺序错误等。

（4）脚手架上违规集中堆载。

2）建（构）筑物坍塌

（1）建（构）筑物因基础质量问题造成上部结构坍塌，如基础未验收合格而擅自实施上部结构等。

（2）混凝土浇筑时未按方案拆除模板，如混凝土强度未达到拆除模板条件而擅自拆除模板、违规提前拆除支撑系统等。

（3）违规在构筑物面板上集中堆载。

（4）施工过程质量管控不到位造成建（构）筑物坍塌，如混凝土强度低、钢筋偷工减料等。

（5）混凝土备仓过程中造成的坍塌，如钢筋安装过程中临时支撑结构固定不到位、模板支撑系统未严格按照方案施工等。

5. 触电

触电同 1.6.3.1 相关内容。

2.6.3.3　安全风险预控措施

1. 物体打击风险预控措施

物体打击风险预控措施同 1.6.3.2 相关内容。

2. 高处坠落风险预控措施

高处坠落风险预控措施同 1.6.3.2 相关内容。

3. 起重伤害风险预控措施

1）起重作业技术方案管理措施

（1）塔吊安拆、顶升加节、附着等关键工序作业须编制《大型设备关键工序作业规划计划》，安拆人员（持证上岗）必须严格按照安拆规划、方案和使用说明书相关规定程序进行关键工序作业，监理工程师、设备管理工程师、安全工程师必须在场监督。

（2）桥式起重机等起重机械关键工序作业须编制《大型设备关键工序作业规划计划》，安拆人员（持证上岗）必须严格按照安拆规划、方案和使用说明书相关规定程序进行关键工序作业，监理工程师、设备管理工程师、安全工程师必须在场监督。

（3）塔式起重机、施工升降机、物料提升机等起重机械设备须按规定办理使用登记，建立设备单机档案，督促起重设备生产厂家提供生产（制造）许可证、起重机械设备产品合格证和使用说明书。

（4）设备关键工序作业前必须根据国家和地方规定办理安拆告知手续，安装完毕后须经第三方检测合格、四方验收，使用前必须取得准用证书。

（5）涉及大中型水利水电工程金属结构施工时，在采用临时钢梁、龙门架、天锚起吊闸门、钢管前，须对其结构和吊点进行设计计算，履行审批审查验收手续，并开展相应的负荷试验。

2）起重伤害其余管控措施

起重伤害其余管控措施同 1.6.3.2 相关内容。

4. 坍塌风险预控措施

1）脚手架坍塌风险预控措施同 1.6.3.2 相关内容。

2）建（构）筑物坍塌风险预控措施

（1）建（构）筑物基础分部工程施工完成后，严格按照国家规范、设计文件等进行验收，验收合格后方可进行上部结构的施工。

（2）混凝土浇筑结束后，严格按照验收规范、设计文件及施工方案等进行模板拆除，拆除模板之前，混凝土的强度必须达到设计要求或者满足特定条件下允许的最低强度标准，严禁过早拆除模板。拆除模板时应遵循一定的顺序和方法，并且应从上而下进行。当遇到恶劣天气（如六级及以上的大风）或其他特殊情况时，应停止拆除模板的工作。

（3）严格控制建（构）筑物楼板表面设备、材料等集中堆载。

（4）严格把控施工过程施工质量，严格落实每道工序三检制及监理验收制度，混凝土浇筑时振捣密实，无漏振、走模、漏浆等现象。及时进行养护，强度等级未达到设计要求不得受力。

（5）对混凝土备仓过程中钢筋、模板支撑系统严格管控，严格按照施工方案进行施工。

5. 触电风险预控措施

触电风险预控措施同 1.6.1.4 相关内容。

第 3 章　安装工程

城镇污染源排出的污（废）水，因含污染物总量或浓度较高，直接排放会导致水体恶化，影响水生态系统的完整性和稳定性，必须经过城镇污水处理厂进行强化处理达标后，方可排放。污水处理从处理工艺上可分为物理处理法、化学处理法和生物处理法；从处理深度上，可分为一级处理、二级处理、三级处理（深度处理）。目前，随着国家对环境保护的要求越来越高，城镇污水处理厂多采用三级处理（深度处理）工艺。本章主要介绍污水处理厂各构筑物配套工艺设备、自控设备及其他辅助设备的安装流程及安装过程质量控制、安全管理要点。各类设备的安装涉及学科多、专业性强、更新换代快，对安装人员专业素质要求较高。改扩建的污水处理厂运行与建设同时进行，需要建设单位及施工总承包单位具有较高的现场管理协调及交叉作业管理能力。

3.1　格栅除污设备

3.1.1　概述

格栅除污是污水处理的第一道工序。该工序的正常运转可清除粗大的漂浮物，如草木、垃圾和纤维状物质等，以达到保护水泵叶轮、减轻后续工序的处理负荷等目的，对保护机械设备、管道，保障后续工序正常运行起到重要作用。

格栅除污设备有以下几种：链条回转式多耙格栅除污机、自清式格栅除污机、钢丝绳牵引式格栅除污机、移动式格栅除污机等。此外，格栅除污机按结构形式又可分为：钢丝绳牵引式格栅除污机、回转式链条传动格栅除污机、回转式齿把链条格栅除污机、高链式格栅除污机、阶梯式格栅除污机、弧形格栅除污机、转鼓式格栅除污机、移动式格栅除污机、回转滤网式格栅除污机等。格栅除污机性能参数见表3-1。部分格栅除污机见图3-1。

表3-1　格栅除污机性能参数

产品名称	宽度（mm）	回转半径（mm）	安装角度（°）	运行速度（m/min）	栅条间距（mm）	网孔净尺寸（mm×mm）
钢丝绳牵引式格栅除污机	500～4000	—	60～85	1.0～3.5	15～100	—
回转式链条传动格栅除污机	300～3000	—	60～85	1.5～3.5	15～100	—
回转式齿耙链条格栅除污机	300～3000	—	60～85	1.5～3.5	2～100	—
高链式格栅除污机	300～2000	—	60～85	≤4.5	8～60	—

续表

产品名称	宽度 （mm）	回转半径 （mm）	安装角度 （°）	运行速度 （m/min）	栅条间距 （mm）	网孔净尺寸 （mm×mm）
阶梯式 格栅除污机	300～2000	—	45	6～15	2～10	—
弧形 格栅除污机	300～2000	300～2000	—	5～6	5～80	—
转鼓式 格栅除污机	—	500～3000 （栅筒直径）	35	5～15	0.2～12	—
移动式 格栅除污机	500～1500 （齿或抓斗宽度）	—	60～85	≤4.5	15～150	—
回转滤网式 格栅除污机	500～4000	—	90	1.5～4.5	—	0.5×0.5～ 50×50

注：当300mm≤格栅除污机宽度≤1000mm时，格栅除污机宽度系列的间隔为50mm；当1000mm≤格栅除污机宽度≤4000mm时，格栅除污机宽度系列的间隔为100mm。

（a）回转式链条传动格栅除污机

（b）钢丝绳牵引式格栅除污机

（c）阶梯式格栅除污机

（d）转鼓式格栅除污机

图3-1　部分格栅除污机

3.1.2　现行适用规范

（1）GB 50231—2009《机械设备安装工程施工及验收通用规范》。

（2）GB 50243—2016《通风与空调工程施工质量验收规范》。

（3）GB 50334—2017《城镇污水处理厂工程质量验收规范》。

（4）GB 51221—2017《城镇污水处理厂工程施工规范》。

（5）GB 50026—2020《工程测量标准》。

3.1.3　施工工艺流程及操作要点

1. 工艺流程

格栅除污机安装施工工艺流程见图3-2。

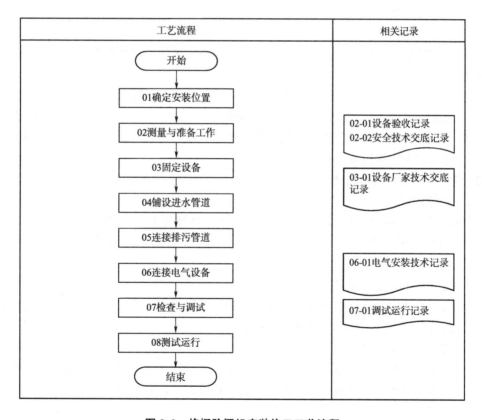

图3-2　格栅除污机安装施工工艺流程

（1）确定安装位置。

根据污水处理厂的实际情况，确定格栅除污设备的最佳安装位置，通常选在进水口处。确保设备与进水管道对接顺畅。

（2）测量与准备工作。

根据设备的尺寸和结构进行测量，并标记好固定点位。在安装位置上标记出设备的横向和纵向中心线，以便定位设备。

（3）固定设备。

将格栅除污设备安装在标记好的位置上，使用螺栓或其他适当的固定材料将设备牢固地固定在地面或底板上，确保设备稳固，不会因为水流冲击而移动。

（4）铺设进水管道。

根据格栅除污设备的进水口位置铺设进水管道，并与设备的进水口连接，确保管道和进水口之间连接紧密，无泄漏现象。

（5）连接排污管道。

根据设备的出水口位置连接排污管道，确保排污管道畅通，并保证废水可顺利排出。

（6）连接电气设备。

如果格栅除污设备需要使用电气控制，则将电气设备与其连接，确保电气接线正确可靠，并按照规定进行接地。

（7）检查与调试。

在完成安装后，对格栅除污设备进行调试和检查，确保各项功能都正常。

（8）测试运行。

对格栅除污设备进行测试运行，观察和记录设备的运行情况。格栅的开、停台数应能根据流入泵房前池的流量和液位高度控制，格栅应正常运转。由自动系统设定的水泵轮值功能应健全，各设定水位、保护水位信号应通畅，污水提升泵应设置为自动运行状态。检查设备的除污效果和排污流量是否符合要求。

2. 安装重难点及应对措施

（1）定位固定。

应对措施：使用合适的固定材料（如螺栓、焊接等）将设备固定在地面或底板上；在地面或底板上预留适当的固定孔位；确保设备的水平度和垂直度符合规范要求。

（2）进水口和出水口的连接。

应对措施：使用合适的密封材料和接头，如橡胶密封圈、螺纹接头等，确保管道连接紧密；进行管道的维修和检测，确保管道畅通。

（3）电气设备的接线。

应对措施：根据设备的电气图纸和安装指南，正确连接电气设备；确保电气接线符合相关设计和安全要求；进行电气设备的试运行和检查，确保其正常工作。

（4）调试与测试运行。

应对措施：仔细检查设备的运行状况，确保各项功能正常；对设备进行调试和校准，使其达到预期效果；进行测试运行，观察和记录设备的运行情况，确保其在有效除污的同时排污流量符合要求。

（5）安全防护。

应对措施：确保安全作业措施的落实，提供必要的个人防护装备和安全设备；培训施工人员，增强他们的安全意识和技能；定期检查施工现场，及时发现和消除安全隐患。

3. 注意事项

（1）遵循安全规范。

在安装过程中，必须遵守安全操作规范，提供必要的个人防护装备，并对施工人员进行必要的安全培训，确保施工现场的安全和人员的安全。

（2）准确测量与定位。

在安装前应准确测量格栅除污设备的尺寸，并在安装位置上标记出设备的中心线。确保设备定位准确，以便于后续的固定和对接工作。

（3）确保固定稳固。

对格栅除污设备进行固定时，采用适当的螺栓或固定材料，确保设备稳固可靠。特别是在处理高水流量或水流冲击较大的情况下，需要确保设备不会因为水流冲击而移动。

（4）注意管道连接。

确保格栅除污设备的进水管道和出水管道与设备对接紧密，无泄漏现象。使用合适的密封材料和接头，如橡胶密封圈、螺纹接头等，确保管道连接牢固可靠。

（5）妥善安装电气设备。

如果格栅除污设备需要使用电气控制，确保电气设备正确接线并符合相关规范和安全要求。进行电气设备的试运行和检查，确保其正常工作。

（6）调试与测试运行。

在完成安装后，对格栅除污设备进行调试和测试运行。仔细检查设备的运行状况，确保各项功能正常。对设备进行调试和校准，使其达到预期效果。进行测试运行，观察和记录设备的运行情况，确保其有效除污和排污流量符合要求。

（7）安装记录和文档。

在安装过程中，及时记录关键的安装步骤、检查情况和调试情况。保存相关的安装文档和图纸，作为操作和后期维护的参考依据。

3.1.4　材料与设备

（1）螺栓和螺母。

通常采用不锈钢或碳钢材质，螺纹应符合标准规定，具有足够的强度和耐腐蚀性。

（2）法兰和密封垫片。

法兰材质通常选用碳钢或不锈钢，法兰尺寸和压力等级应符合标准规定；密封垫片选用橡胶、塑料等材料，具备良好的密封性能和耐腐蚀性。

（3）管道材料。

常见的管道包括塑料管道（如 PVC、PE 等）、不锈钢管道、碳钢管道等，材质和规格应根据实际工艺要求和标准规定进行选择。

3.1.5　质量控制

1. 施工过程控制指标

（1）施工工艺标准化建设原记录：全过程记录施工工艺标准化的实施情况，包括设备的安装位置、尺寸、角度、紧固连接情况等，确保施工按照标准化要求进行。

（2）施工工艺过程控制指标：确定各个施工工艺的控制指标，包括但不限于以下几个方面。

①安装顺序和流程：确定设备的安装顺序和流程，确保施工进度和质量控制。

②尺寸和位置控制：严格按照设计图纸要求控制设备的尺寸和位置，确保设备的准确安装。

③焊接工艺控制：按照相关标准和规范要求进行焊接工艺控制，确保焊缝的质量。

④材料使用控制：使用符合质量标准和设计要求的原材料和零部件。

⑤细节处理控制：对施工过程中的细节进行控制，包括管道的弯头、法兰接口、支架的类型、材质、规格等。

⑥现场安全控制：保证施工期间的安全生产，包括在施工现场设置安全警示标识、文明施工等。

（3）格栅设备安装允许偏差应符合表 3-2 的规定。

表 3-2　格栅设备安装允许偏差

序号	项目	允许偏差（mm）
1	设备平面位置	10
2	设备标高	±10
3	设备安装倾角	±0.5
4	设备垂直度	$H/1000$
5	栅条与栅条纵向面、栅条与导轨侧面平行度	$0.5L_2/1000$
6	落料口位置	5
7	机架水平度	$L_1/1000$

注：H 为机架高度（mm），L_1 为机架长度（mm），L_2 为栅条纵向面长度（mm）。

试验检测频次要求应根据实际情况进行确定，一般应每日进行检验和验收，包括设备的外观检查、尺寸测量、焊缝质量检测等。关键部位和关键工序的试验检测频次应根据具体设备和施工要求来决定。

2. 施工质量控制指标

（1）主控项目控制指标：根据格栅除污设备的特点和关键工序，确定主控项目的控制指标，如刮板的硬度和耐磨性、传动装置的稳定性、刮污机构的运动平稳性、除污雨水槽的畅通性等。

（2）一般项目控制指标：包括设备的安装准确性、紧固连接质量、涂层防腐措施、密封性能等。其中安装准确性要求为，格栅除污设备的安装位置、尺寸和角度等要符合设计要求，确保设备的运行效果和效率。

（3）紧固连接质量：对连接部件进行正确的紧固，确保设备的结构稳定性和安全性。

（4）涂层防腐措施：格栅除污设备的表面涂层防腐要达到设计要求，确保设备的使用寿命。

在施工过程中，应按照相关质量管理体系进行检验和验收，确保格栅除污设备的施工质量符合设计要求和相关标准。应及时发现和处理施工过程中的质量问题，避免影响设备的正常运行。

3.2　输送设备

3.2.1　概述

输送设备主要为螺杆泵，螺杆泵按螺杆的结构形式主要分为单螺杆泵、双螺杆泵及三螺杆泵。污水处理厂最为常用的是单螺杆泵（又称莫诺泵），常运用于进水浮渣抽吸输送、消化池的污泥投加、脱水机的进料和脱水干污泥的输送等场景，单螺杆泵在输送高黏度并含有固体的介质方面具有优异的性能，属于一种有独特工作方式的容积泵，主要由驱动电动机、变速箱、吸入腔、机械密封、转子和定子等组成。

单螺杆泵（螺杆泵）的技术参数见表 3-3。

表 3-3　单螺杆泵（螺杆泵）的技术参数

序号	技术参数	数值指标
1	适用流量（m^3/h）	0.1～1000
2	适用扬程（m）	20～180
3	适用温度（℃）	−10～+120
4	适用压力（MPa）	1.6～2.5
5	适用介质	可输送各种液体，包括清水、污水、油、酸碱液等

3.2.2　现行适用规范

（1）GB 50275—2010《风机、压缩机、泵安装工程施工及验收规范》。

（2）GB 50243—2016《通风与空调工程施工质量验收规范》。

（3）GB 50334—2017《城镇污水处理厂工程质量验收规范》。

（4）GB 51221—2017《城镇污水处理厂工程施工规范》。

（5）GB 50026—2020《工程测量标准》。

3.2.3　施工工艺流程及操作要点

1. 工艺流程

输送设备安装施工工艺流程见图 3-3。

（1）确认输送设备的布置位置和安装位置。

设备到场后，应根据施工图纸及厂家要求，确认设备布置位置和安装位置，若厂家及安装单位对设备位置存在疑义，需及时通知设计单位复核。

（2）安装连杆轴和转子。

安装连杆轴前，需注意把接触面污垢擦净并涂抹少量润滑油，随后放入轴套、橡胶

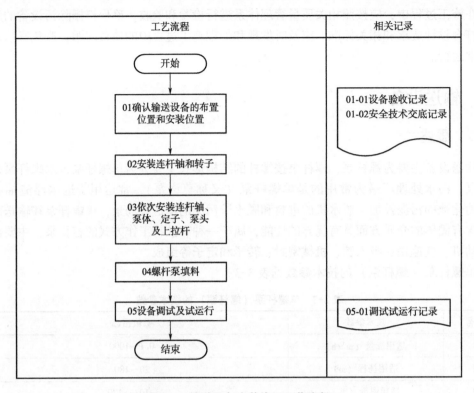

图 3-3　输送设备安装施工工艺流程

套，安装销子，完毕后用卡箍卡住拧紧。

（3）依次安装连杆轴、泵体、定子、泵头及上拉杆。

装泵体时应注意填料压板要保持平衡，螺栓对角拧紧后安装定子，用管道钳把靠背轮锁住以免转动。装泵头、上拉杆时四面要平行，再上基座螺栓。

（4）螺杆泵填料。

装填料时将轴封一圈圈压紧，填料压盖要保持平衡，不应偏斜，或压盖过紧。如果发现轴封漏水，可适当拧紧压盖螺栓。

（5）设备调试及试运行。

设备安装完成后进行配电箱送电，对设备运转情况进行调试，设备调试合格后进行填料加压调试，最后与前后端设备联动确认设备运转情况是否良好，填料是否稳定到达出药末端。

2. 操作要点

螺旋输送设备安装允许偏差见表 3-4。

表 3-4　螺旋输送设备安装允许偏差

项　　目		允许偏差（mm）
设备基础纵向中心线与设计中心线	偏移	20
	偏斜	1/1000

项　　目		允许偏差（mm）
设备基础横向中心线与设计中心线的偏差		20
分散基础或支架之间	中心线间的距离（L）	$L/1000$ 且 ≤10
	高低差	$L/1000$ 且 ≤10
埋件	中心线位移	10
	标高	−10
预埋螺栓组中心线与设计中心线的偏移		5
同组预埋螺栓之间的距离	无调整穴	±2
	有调整穴	±5
预埋螺栓顶端标高	顶端朝下时	−30
	顶端朝上时	+20

3. 施工重点环节和难点

（1）设备选型及安装位置确认。

设计交底后，施工单位及设备供应单位应根据图纸清单与技术文件仔细复核设备相关参数及安装位置，根据现场实际情况进行相关设计优化。设备到场验收前，应由监理组织开箱验收，确保设备参数、型号与设计要求一致，相关备品备件、出厂合格证、设备检验合格记录、设备出库单等相关资料齐全。验收合格后由施工单位签字确认。

（2）设备安装。

应注意设备平稳安装，防止设备受力不均导致故障。应确保螺杆泵管道连接处密封性良好，避免泄漏。现场应严格按照设计要求和施工规范进行施工，确保质量和安全。遇到问题及时沟通、协调解决，避免延误工期和影响工程质量。

（3）调试和试运行。

设备安装完成后，在厂家指导下，由安装单位进行设备单调启动调试，确认设备电路正常、具备正常运转条件。待启动调试合格后，进行加药调试，保证相关设备稳定出药、流量计显示正常。

设备调试过程出现问题时，应依次从规范操作、电气或设备安装、设备质量问题三个方面排查原因，待问题消缺处理完成，前后端设备联动正常，流量、压力等参数符合技术文件要求后，试运行结束。

3.2.4 材料与设备

泵设备的选型依据包括：设计单位应根据给水系统的工作条件和要求，选择合适的泵型号和规格；选型时应综合考虑泵的流量、扬程、效率、功率、轴功率、转速等参数；泵设备的选型应符合设计要求，并具备可靠性、经济性和安全性。以下为一些常见的施工机具、仪器、仪表以及检测方法。

1. 施工机具

（1）起重机。

常见型号有 XCMG QY25K、SANY STC500S 等，具有承载能力强、起重高度高等性能特点。

（2）螺栓扳手。

常见型号有 GB-4、GB-8 等，用于紧固法兰连接处的螺栓。

（3）管道切割机。

常见型号有 PIPE-MAX PZT-600、REMS Amigo 2 等，用于对管道进行切割和修整。

（4）焊接设备。

常见型号有 LINCOLN ELECTRIC AC-225、ESAB Buddy Arc 200 等，用于对管道进行焊接。

2. 泵体材质或安装建议

泵体材质或安装建议见表 3-5。

表 3-5　泵体材质或安装建议

部位	材质或安装建议
壳体	灰铸铁 GG25
转子	硬质合金钢，采用几何线型设计并进行热镀处理，增强耐磨性
定子和万向节护套	丁腈橡胶，定子须装配 TSE 干运行保护器
轴密封	机械密封
底座（板）	水泵、电机、驱动装置安装于同一底板上

3.2.5　质量控制

根据 GB 50141—2008《给水排水构筑物工程施工及验收规范》，泵设备安装、操作试验和验收标准等方面有以下规定。

1. 施工过程控制指标

1）泵设备安装

（1）泵设备的安装应按照设计图纸和相关规范要求进行，确保设备的稳定性和安全性。

（2）安装前应对泵设备进行检查，确保设备完好无损。

（3）泵设备的接口应与管道系统相匹配，连接紧固，无泄漏。

（4）安装过程中应注意保护设备，防止损坏和污染。

2）泵设备的操作试验

（1）泵安装完成后应进行操作试验，检查设备的性能和运行状态。

（2）操作试验包括启动、运行、停止等过程，以验证设备的正常工作和安全性能。

（3）在操作试验中，应测量泵的流量、扬程、效率和功率等参数，并与设计要求进行对比。

2. 施工质量控制指标

（1）螺杆泵设备的检测。

①外观检查：检查投加螺杆泵的外观是否完好无损，有无变形、破损或腐蚀等情况。

②安装检查：检查螺杆泵的安装是否符合设计要求和制造商的要求，包括基础、支撑结构、管道连接等。

③运行试验：启动螺杆泵进行运行试验，检测其性能参数，包括流量、扬程、功率、转速等。

④振动和噪声检测：利用振动传感器和噪声仪等设备，对螺杆泵的振动和噪声进行检测，确保其在运行过程中不超过一定的限值。

⑤温升检测：测量螺杆泵在运行过程中的温升情况，确保其不超过规定的限值，以避免过热和损坏。

（2）螺杆泵设备的验收。

①泵设备的验收应根据设计要求、相关规范和合同约定进行。

②验收前应对泵设备进行外观检查，检查设备是否完好无损。

③验收时应进行性能试验，包括流量、扬程、效率和功率等参数的测量。

④泵设备的振动、噪声和温升等指标也应符合相关标准的要求。

⑤验收合格的泵设备应出具相应的验收报告和文件，并做好设备的交接和记录。

（3）螺旋输送设备进、出料口平面位置及标高应符合设计文件要求，密封盖板与设备机壳应连接可靠，不应有物料外溢。

（4）分段组装的螺旋输送设备相邻机壳应连接紧密，并符合设备技术文件的要求，螺旋输送设备试运转应平稳，过载装置的动作应灵敏可靠。

（5）相邻机壳法兰面的连接应平整，其间隙不应大于0.5mm，机壳内表面接头处错位不应大于1.4mm。

（6）机壳法兰之间宜采用石棉垫调整机壳和螺旋体长度之间的积累误差。

（7）螺旋体外径与机壳间的最小间隙见表3-6。

表3-6 螺旋体外径与机壳间的最小间隙

螺旋体外径（mm）	100	125	160	250	315	400	500	630	800	1000
最小间隙（mm）	3.75	5	5	5	5	6.25	6.25	7.5	7.5	10

3.3 泵类设备

3.3.1 概述

泵类设备主要为潜水泵。潜水泵具有安装方便和维护便捷的特点，并且其防缠绕型叶片设计工艺能有效防止泵内颗粒物堵塞泵体，提高泵的可靠性和使用寿命。潜水泵的安装方式可以分为移动式安装与自动耦合式安装两种。

潜水泵是一种常用的污水排放设备，主要应用于污水处理厂，城市排水系统，工业污水处理，建筑工地或水利工程污水提升、排放、泵送等场景。潜水泵技术参数见表3-7。

表3-7 潜水泵技术参数

序号	项目	技术参数
1	类型	立式、单级、可提升自动耦合式、无堵塞、防缠绕型叶片泵
2	流量范围	通常为10~2000m³/h
3	扬程范围	通常为5~80m
4	功率范围	通常为0.5~200kW
5	最大颗粒直径	通常为25~100mm
6	进口直径范围	通常为50~800mm
7	材质	通常为铸铁、不锈钢、钢铁等

3.3.2 现行适用规范

(1) GB 50268—2008《给水排水管道工程施工及验收规范》。

(2) GB 50231—2009《机械设备安装工程施工及验收通用规范》。

(3) GB 50275—2010《风机、压缩机、泵安装工程施工及验收规范》。

(4) GB 50334—2017《城镇污水处理厂工程质量验收规范》。

(5) GB 51221—2017《城镇污水处理厂工程施工规范》。

(6) GB 50026—2020《工程测量标准》。

3.3.3 施工工艺流程及操作要点

1. 工艺流程

泵类设备安装施工工艺流程见图3-4。

(1) 复核设备安装位置、固定支架。

设备到场后，应根据施工图纸及厂家要求，确认设备布置、安装位置，若厂家及安装单位对设备位置存在疑义，需及时通知设计单位复核。

(2) 检查电源连接，确认电机正常运转。

设备电源按规范正常接入配电柜中，电源接入完毕后，确认电机运转情况。

(3) 将泵体充满液体。

前端设备运转，闸门打开，确认液体进入正常设备运转液位。

(4) 检查泵体密封件。

检查泵体密封件气密性是否完好。

(5) 安装落差立管和清洗软管。

根据设计图纸路由安装输送管道，管道之间的衔接应采用焊接，落差立管处应做好防腐处理。

(6) 检查与调试。

设备安装完成后进行配电箱送电工作，对设备运转情况进行调试。

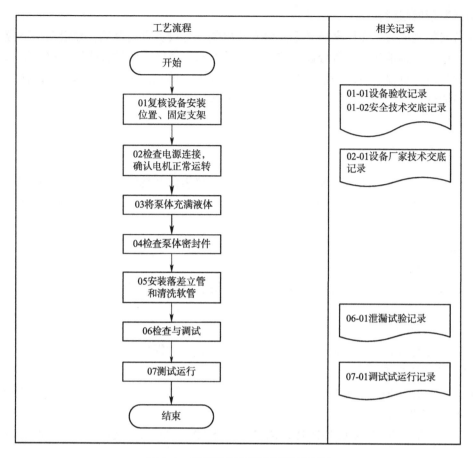

图 3-4　泵类设备安装施工工艺流程

（7）测试运行。

设备调试合格后进行带水加压调试，确认输送介质能稳定输送至下一单体。

2. 操作要点

1）设备选型及安装位置确认

设计交底后，施工单位及设备供应单位应根据图纸清单与技术文件仔细复核设备相关参数及安装位置，根据现场实际情况进行相关设计优化。设备到场验收前，应由监理组织开箱验收，确保设备参数、型号与设计要求一致，相关备品备件、出厂合格证、设备检验合格记录、设备出库单等相关资料齐全。验收合格后由施工单位签字确认。

2）设备安装

（1）检查泵坑内有无杂物、积水，若有应采取措施清除，同时池底应平整。

（2）将泵支座调至相应的位置，要注意避免碰撞，调整底座、垫实底面、安装垫铁，保证底板底座耦合斜面水平与接口的铅垂度。

（3）将导轨吊至预定安装位置，下部与耦合底座接口连接固定，上部与池壁上预埋焊牢的导向支座支架连接固定。水泵接口滑轮应沿着导轨放入支撑耦合底座上，使其二者耦合在一起，保证接触面严密。

3）调试和试运行

设备安装完成后，在厂家指导下，由安装单位进行设备点动调试，额定功率下应无异常声响和振动，轴承温升应符合设备技术文件的要求。待电动调试合格后，进入清水调试阶段，设备运转过程中应确保输送介质可稳定进入下一单元，输送管道未发生漏液现象。

设备调试过程出现问题时，应依次从规范操作、电气或设备安装不当、设备质量问题三个方面排查原因。

3.3.4 材料与设备

污水处理厂泵类设备的主要施工机具、仪器、仪表以及具体的检测方法会根据具体设备和工程要求的不同而有所变化。以下为一些常见的施工机具、仪器、仪表以及检测方法。

1. 施工机具

（1）起重机。

常见型号有 XCMG QY25K、SANY STC500S 等，具有承载能力强和起重高度高等性能特点。

（2）螺栓扳手。

常见型号有 GB-4、GB-8 等，用于紧固法兰连接处的螺栓。

（3）管道切割机。

常见型号有 PIPE-MAX PZT-600、REMS Amigo 2 等，用于对管道进行切割和修整。

（4）焊接设备。

常见型号有 LINCOLN ELECTRIC AC-225、ESAB Buddy Arc 200 等，用于对管道进行焊接。

2. 仪器和仪表

（1）流量计。

常见型号有 ENDRESS+HAUSER Promag 53、YOKOGAWA ADMAG AXF 等，用于测量泵的流量，具有高精度和稳定性能。

（2）扬程计。

常见型号有 WIKA DPGS41、SIEMENS MAG 5100 等，用于测量泵的扬程，具有可靠的测量范围和精确度。

（3）振动仪。

常见型号有 FLUKE 805、SKF CMAS 100-SL 等，用于检测泵设备的振动情况，具有高灵敏度和可视化的分析功能。

（4）噪声计。

常见型号有 TES-1350A、3M QUEST 2800 等，用于测量泵设备的噪声水平，具有广泛的测量范围和声级显示功能。

3. 检测方法

（1）几何测量。

使用卷尺、角尺等测量工具，检测泵设备的尺寸、位置、间隙等参数是否符合要求。

（2）检测仪器。

使用流量计、扬程计、振动仪、噪声计等仪器，对泵设备的流量、扬程、振动和噪声进行测量和分析。

（3）视觉检查。

通过目测和摄像等方式，检查泵设备的外观是否完好，有无明显的损伤和变形等。

（4）热处理检测。

通过温度计、红外测温仪等工具，检测泵设备的温度，判断是否存在过热现象。

3.3.5　质量控制

1. 施工过程控制指标

（1）安装位置和固定支架：确保泵的安装位置正确，固定支架符合设计要求。

（2）连接管道：检查管道连接是否紧密，无泄漏。

（3）泵体密封：检查泵体密封件是否完好，确保无泄漏。

（4）电气系统：检查电源连接是否正确，确认电机正常运转。检查保护装置和控制系统是否可靠。

（5）液体填充：将泵体充满液体，确保泵能正常吸入和排出液体。

2. 施工质量控制指标

（1）泵的垂直度和水平度：检查泵的安装垂直度和水平度是否符合规范要求。

（2）泵体与管道的连接：检查泵体与管道的连接是否牢固，无泄漏。

（3）泵的起吊安装：确保泵的起吊安装符合相关标准，避免损坏泵体。

（4）泵的吸程和扬程：检查泵的吸程和扬程是否符合设计要求。

（5）泵的轴向间隙和径向间隙：检查泵的轴向间隙和径向间隙是否符合规范要求。

（6）泵的试运行：在安装完成后进行试运行，观察泵的运行情况，确保运行平稳，无异常噪声和振动。

3. 设备安装质量控制检验

（1）外观检查：检查泵体、管道、法兰等外观是否完好无损，是否存在明显的变形、磨损、裂纹等问题。

（2）流量和扬程检测：通过使用流量计和扬程计等工具，检测泵的流量和扬程是否符合设计要求。

（3）轴向间隙和径向间隙检查：使用测量工具检查泵轴与轴承之间的轴向间隙和泵叶轮与泵壳之间的径向间隙是否符合规范要求。

（4）泵的启停功能检验：通过操作控制系统，检查泵的启动、停止、自动切换等功能是否正常。

（5）噪声和振动检测：使用噪声计和振动仪等工具，检测泵在运行时的噪声和振动是否在允许范围内。

（6）渗漏检查：检查泵体和管道连接处是否存在渗漏现象，特别是密封件和法兰处是否有泄漏。

（7）电气系统检查：检查电气系统的接线是否正确，电机是否正常运转，保护装置和控制系统是否可靠。

（8）静压试验：对泵体和管道进行静压试验，以确保其能够承受设计要求的压力。

（9）泵类设备安装的允许偏差见表 3-8。

表 3-8　泵类设备安装的允许偏差

序号	项目		允许偏差（mm）
1	设备平面位置		10
	设备标高		±10
2	设备水平度	纵向	0.10L/1000
		横向	0.20L/1000
3	导杆垂直度		H/1000，且≤3

注：L 为设备长度（mm），H 为导杆长度（mm）。

3.4　除砂设备

3.4.1　概述

砂是城市污水中的重质颗粒物，其组成包括砂粒、砾石及少量较重的有机物颗粒，不及时清洗容易导致环境污染。沉砂池是污水处理工艺中重要的预处理单元，利用物理沉淀工艺来将砂粒从污水中分离。沉砂池通常设置在细格栅后，可以分离出污水中相对密度大于 2.65 且粒径大于 0.2mm 的颗粒物质，以保证后续处理构筑物及设备的正常运行。根据沉砂池采用的物理原理及结构形式可以分为以下几种类型：平流沉砂池、曝气沉砂池、旋流沉砂池、多尔沉砂池、竖流沉砂池等。

3.4.2　现行适用规范

（1）GB 50231—2009《机械设备安装工程施工及验收通用规范》。

（2）GB 50334—2017《城镇污水处理厂工程质量验收规范》。

3.4.3　施工工艺流程及操作要点

一般沉砂池中的设备有螺旋输送压榨机、撇渣管、桥式吸砂机、砂水分离器、循环式齿耙清污机等。

1. 工艺流程

除砂设备安装施工工艺流程见图 3-5。

（1）检查土建与设备安装图纸是否对应。

由监理单位组织设计、施工、设备厂家共同查看土建结构与设备规格是否匹配，查看土建分部分项工程验收记录，查看设备出厂合格证、质量合格证、制造检验性文件，查看设备到场验收记录。

（2）检查设备尺寸与预留孔洞预埋件。

对设备尺寸与土建预留孔洞进行复核，尤其对土建预留孔洞进行设计可靠性检测复

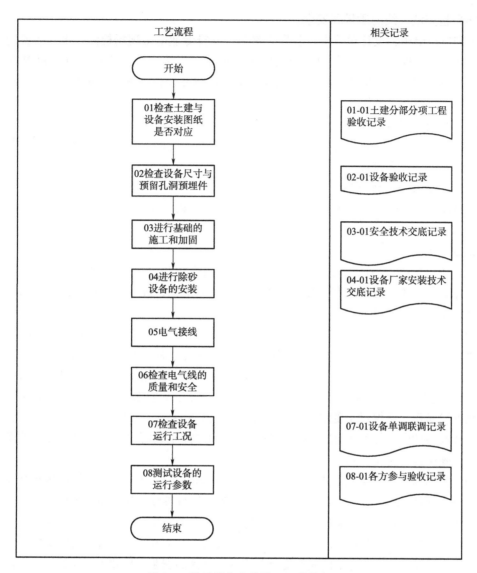

图 3-5　除砂设备安装施工工艺流程

核，避免错口。

（3）进行基础的施工和加固。

施工前由监理组织各方进行安全技术交底，对重点工序及重点部门进行重点把控，按照相关规范及图纸要求对设备基础进行施工加固。

（4）进行除砂设备的安装。

由监理组织各方召开安装技术交底，根据图纸、设备安装手册、设备工艺流程图进行设备安装，安装时厂家应现场指导配合，并对安装过程进行记录。

（5）电气接线。

安装过程应考虑电气设备接入，预留电气设备接入路径，安装完成后，由专业电工对设备进行电气接线，接线完成后对重点环节与接入点进行复核，避免误接和错接。

（6）检查电气线的质量和安全。

监理单位组织，设计单位电气负责人参与，安排专业电工现场检测。电气装置的金属部分，均应做好保护接地。保护接地线应采用焊接、压接、螺栓连接或其他可靠方法连接，严禁缠绕或钩挂，电缆（线）中的绿、黄双色线在任何情况下只能用作保护接地线，中间不允许有接头及破损。

（7）检查设备运行工况。

由厂家指导，对设备进行空转、试运行，检查设备运行工况并记录设备运行参数，并由监理组织进行各方验收，为联调联试做基础准备。

（8）测试设备的运行参数。

编制设备试运行方案，测试不同工况下的运行参数，并做好记录，为设备联调做好准备。

2. 操作要点

（1）确定除砂设备的型号、规格和数量，并检查设备是否符合设计要求，检查除砂设备的外观是否完好无损，有无变形、破损或腐蚀等情况，确保除砂设备的所有附件和配件齐全，并检查其质量和完整性。

（2）根据设计要求和工艺流程确定除砂设备的安装位置，确保设备的安装位置符合安全要求，便于操作和维护。检查土建施工规模是否与设备型号尺寸对应，根据设备的尺寸和重量，进行基础的施工和加固，确保基础的平整度、垂直度、水平度符合要求。

（3）根据设备安装图纸和操作说明，进行除砂设备的安装，严格按照设备安装顺序和步骤进行操作，确保设备的稳定性和安全性，确保设备与管道系统连接紧固，无泄漏。进行除砂设备的电气接线工作，确保设备与电源的连接正确可靠，检查电气接线的质量和安全性，确保设备正常运行。

（4）完成设备的安装后，进行设备的调试和试运行，检查设备的工作和运行状态，包括电机转动方向、传动部件的工作情况，测试设备的运行参数，如流量、浓度等，确保设备符合设计要求。根据相关规范和验收标准，进行除砂设备的验收，对设备的安装质量、操作性能和运行情况进行检查和评估，出具相应的验收报告和文件，并做好设备的交接和记录。

上述步骤仅为一般情况下的操作要点和流程，具体的安装操作要点和流程可能会因污水处理厂的工艺流程和设备类型不同而有所不同。因此，在实际安装过程中，应根据具体项目的要求，参考相关的行业规范、设计要求和制造商的指导，进行除砂设备的安装操作。

3.4.4　材料与设备

沉砂池主要由进水口、沉砂区、出水口和清砂设备组成。污水通过进水口进入沉砂池，在沉砂区通过重力作用将污水中的砂粒沉淀下来，清水从出水口流出。清砂设备则是用于定期清除沉积在沉砂池底部的砂粒。

1. 螺旋输送压榨机

1）结构及工作原理

螺旋输送压榨机由驱动装置、U形槽、无轴螺旋叶片、压榨装置、尼龙衬垫、进料口等主要部件组成。螺旋输送压榨机结构示意图见图3-6。

驱动装置与机壳连接，带动螺旋叶片转动，当物料进入螺旋体端部时，经过一段滤网，物料脱水、压榨，落入接料筒中，从物料中挤出的水经回水管流入池中。

2）安装调试

（1）根据图纸找出螺旋压榨机土建工程预留机位中心线，将螺旋输送压榨机就位，然后将设备底脚用焊接螺栓与预埋钢板焊固或采用膨胀螺栓固定。

（2）向减速机与轴承腔内加注润滑油（脂），已加注的可不再加。

（3）调试。

①接通电机电源，通过点动控制检查电机转向是否与设计一致。

②空机运行不少于 2h。

③运行正常后即可投入使用。

2. 撇渣管

撇渣管一般为拼装完成后整体供货，主要由手电两用启闭机或手轮启闭机、集油管、支架、钢轮、轴套等构件组成。撇渣管结构示意图见图 3-7。

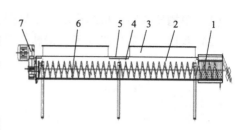

图 3-6　螺旋输送压榨机结构示意图

1—压榨装置；2—无轴螺旋叶片；3—进料口；
4—U 形槽；5—盖板；6—尼龙衬垫；
7—驱动装置

1）安装前的准备

（1）检查土建预埋钢板是否大于撇渣管的两端钢板，对预埋钢板进行校平校直。

（2）检查撇渣管在运输过程中的变形及损伤，对损伤部位要进行全面修复。

（3）检查土建预留长度是否与撇渣管的长度相一致，如有差距必须对土建预留长度进行修整。

2）安装与调试

（1）水位标高向下 60mm 为撇渣管中心，将撇渣管的中心和预埋钢板的中心孔保持一致（最大同心度为±2/1000）。

（2）蜗轮蜗杆装于预埋钢板开口端，将

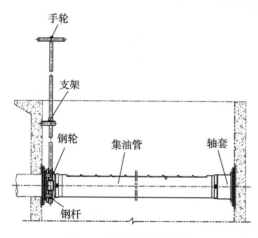

图 3-7　撇渣管结构示意图

撇渣管的两端钢板固定于预埋钢板上（水平度全长范围内不得超过±3mm）。

（3）将支架装入手轮后，先将支架固定于预埋钢板上，再将手轮装入蜗杆。

（4）安装好后，对滤渣管进行调整以保证手轮转动灵活。密封处必须保证不漏水。

3. 桥式吸砂机

1）总体结构

桥式吸砂机按结构形式可划分为单槽式和双槽式，双槽式又可分为带滑轨提升和不带滑轨提升两种。

（1）单槽桥式吸砂机结构示意图见图3-8。

（2）双槽桥式吸砂机（不带滑轨提升）结构示意图见图3-9。

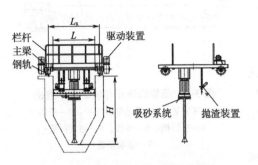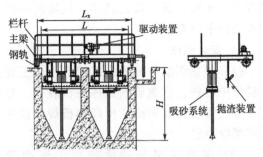

图3-8 单槽桥式吸砂机结构示意图　　　　图3-9 双槽桥式吸砂机结构示意图

（3）双槽式吸砂机（带滑轨提升）结构示意图见图3-10。

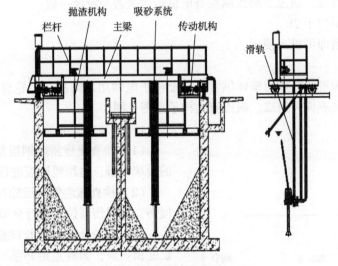

图3-10 双槽式吸砂机结构示意图

2）技术性能与外形尺寸

桥式吸砂机的技术性能参数与外形尺寸可参考表3-9。

表3-9 桥式吸砂机的技术性能参数与外形尺寸

型号	池宽（m）	池深（m）	行驶速度（m/min）	钢轨型号（kg/m）	池长（mm）	轨距（mm）
QXS-3	3				3000	3300
QXS-4	4				4000	4300
QSX-6	6	1～4	2～5	15（GB/T 11264—2012）	6000	6300
QSX-8	8				8000	8300
QXS-10	10				10000	10300
QXS-12	12				12000	12300

3）供货分散程度

池宽小于 10m 时，主梁、端梁以及传动机构在厂内组装好后，整体供货，其余均为散件供货，当池宽大于 14m 时通常主梁要分段，需现场拼装。

4）安装前的准备

（1）检查土建尺寸、预留孔及预埋件是否符合要求。

（2）轨道安装应符合轨道通用技术规范要求。

（3）安装前对设备在运输过程中的变形及损伤进行全面的检查和修整，并配合表面进行清洗、去污、除油等工作。

5）安装与调试

（1）主梁的安装。

①对于主梁与端梁整体供货的吸砂机，将其整体一次性吊装就位，调整四个钢轮，确保四个钢轮同时与轨道紧密稳固接触。

②对于主梁分段的大型吸砂机，先将其分段的主梁拼装成一体，调整主梁接头处使其无错位现象后焊固，然后与端梁连接后整体吊装就位，调平两端的钢轮，使其同时与轨道紧密稳固接触。当限于现场安装位置无法进行整体拼装时，可在池中搭脚手架，在池上拼装。

③安装吸砂管路系统，按图纸要求将各管路安装就位，在各管的接头处缠以生料带（或麻丝），确保接头处密封不漏气。潜水泵应水平安装，无歪斜现象。

④撇渣板的安装：将撇渣板支架固定于主梁上，然后将撇渣板固定于支架上，调整上下高度，使其达到撇渣水位高度，可多次反复试运行，检查撇渣动作是否灵敏可靠。

⑤提升系统安装。

a. 轨道、主梁及排砂管安装就位、紧固后，轨道应垂直无歪扭现象。

b. 沿滑轨放下吸砂泵，上、下提升吸砂泵动作应灵活可靠。

c. 当吸砂泵处于吻合状态时，出口与排砂管处应密封可靠。

⑥将水下吸嘴安装到位，保证吸嘴离池底 50～100mm。

⑦将栏杆、电机罩、走道板等附件安装就位。

⑧整体检查机体各处，调整歪扭碰擦处，使整机保持协调一致。

⑨将行程开关焊于池端部的轨道上，注意其安装位置，使安装在吸砂机主梁上的行程开关能够有效碰撞。

⑩按电器原理图要求将各电机、行程开关正确接线。

⑪向行走减速机内加入适量机油（40 号）。

⑫接通电源，启动吸砂机作空载运行。观察行走过程中有无碰擦、振动，行程开关能否准确动作等，加以调整解决后方可进行调试。

（2）设备的调试。

①向池内注入清水，同时向各润滑点加注润滑油脂。

②池内水位达到设计标高后，启动吸砂机，观察吸砂机的出水是否平稳，通断是否灵敏，潜污泵与撇渣机构等附件工作是否可靠，运行 2～4 个循环一切正常后即可投入使用。

4. 砂水分离器

1）总体结构

砂水分离器结构示意图见图 3-11。

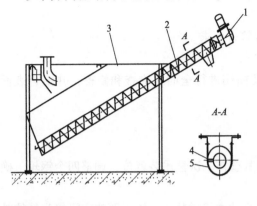

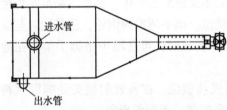

图 3-11 砂水分离器结构示意图
1—驱动装置；2—螺旋体；3—水箱；
4—衬条；5—U 形槽

2）安装前的准备

（1）检查土建是否平整，尺寸是否符合要求，预埋件位置是否正确，有无松动现象。

（2）检查设备各连接管口尺寸是否正确，确认连接管的走向。

（3）检查设备各部件是否齐全，有无运输过程中的变形及损伤，并加以修整。

（4）检查安装连接附件是否齐全，施工工具有无缺漏。

3）设备安装与调试

（1）按土建要求划出中心线。

（2）根据中心线将砂水分离器就位后与预埋件焊固或用膨胀螺栓固定。

（3）将进出水管分别连接就位。

（4）在轴承座内注满钙基润滑脂，减速机内加注 70～120 号中型极压工业齿轮油（有些减速机出厂时已加注润滑油）。

（5）检查设备各连接处有无紧固件松动或异常情况。

（6）接通电源空载运行 1h 后，确认设备无卡滞或减速机温升异常等情况后，打开水阀运行，检查有无渗漏水、整机运行是否平稳、有无异常噪声，检查出砂口出砂状况，待一切正常后即可投入使用。

5. 循环式齿耙清污机

1）总体结构

本机主要由减速机传动装置、耙链、机架等构成，组装调试合格后整机供货。循环式齿耙清污机结构示意图见图 3-12。

2）安装前的准备

（1）查看发货清单，清点货物数量及紧固件、备件等数量是否与清单一致，同时做好货物的保管工作。

（2）查看安装资料（如安装图、合格证、使用说明书等）是否齐全。

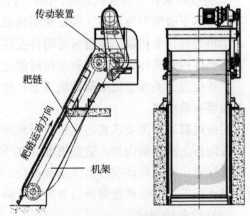

图 3-12 循环式齿耙清污机结构示意图

（3）对设备在运输过程中的变形及损坏要进行全面的检查和修复。

（4）安装工作人员应全部到场，并准备好安装时必需的设备（如起重机、焊机、脚手架等）、安装工具及测量工具等。

（5）检查土建，池深误差小于 5mm，池宽误差小于 5mm，平台预埋钢板应平直。

3）安装

（1）将设备吊装就位，按设计图调整位置后，紧固地脚螺栓，现场焊接部分按图焊牢。

（2）向减速机内加入润滑油，轴承座等处用油枪添加钙基润滑脂。

（3）检查两侧链板、齿耙无歪扭后，启动电机观察齿耙、链板有无卡堵、碰擦，清渣板工作是否可靠，并及时做调整。

上述正常后，接通电源空机试运转 2h，检查电机、减速机温升和噪声情况，一切正常后方可投入使用。注意设备严禁翻转。

3.4.5 质量控制

1. 施工过程控制指标

（1）施工进度控制指标：按照工程计划，合理安排设备安装的时间节点和工作量，确保施工进度及时完成。

（2）安全控制指标：制定安全操作规程，确保设备安装过程中的安全措施得到有效执行，包括施工人员的安全培训、施工现场的安全设施和操作规程等方面的控制要求。

（3）资源管理控制指标：合理管理设备安装所需的人力、物力和财力资源，确保资源的合理配置和使用效率。

（4）施工质量控制指标：按照相关标准和规范要求，控制设备安装过程中的质量关键点，包括设备安装的位置、安装工艺的执行和设备的校验等方面的控制要求。

2. 施工质量控制指标

（1）设备质量控制指标：确保设备的质量符合标准和规范要求，并进行设备的入场检验和验收。

（2）安装工艺控制指标：严格按照设备安装工艺规范进行操作，包括设备安装的顺序、连接方式和安装精度等方面的控制要求。

（3）检测和调试控制指标：设备安装后进行必要的检测和调试，确保设备的性能达到设计要求。

（4）整体质量控制指标：确保设备安装过程中各个环节的质量得到有效把控，以保证设备最终安装的质量和工程的可靠性。

（5）设备安装允许偏差：螺旋输送机安装允许偏差见表 3-10，砂水分离机安装允许偏差见表 3-11。

表 3-10 螺旋输送机安装允许偏差

序号	项目	允许偏差（mm）
1	设备平面位置	10
2	设备标高	±10

序号	项目	允许偏差（mm）
3	螺旋槽直线度	$L/1000$，且全长≤3
4	设备纵向水平度	$L/1000$

注：L 为螺旋输送设备的长度（mm）。

表 3-11　砂水分离机安装允许偏差

序号	项目	允许偏差（mm）
1	驱动装置机座面水平度	10
2	滤渣管水平度	±10
3	中心传动竖架垂直度	$H/1000$

注：H 为桨叶式立轴长度（mm）。

3.5　曝气设备

3.5.1　概述

曝气设备是进行水生物预处理、污水生物处理的关键性设备。其功能是将空气中的氧转移到曝气池液体中，以供给好氧微生物新陈代谢所需的氧量，同时对池内水体进行充分均匀的混合，达到生物处理目的。曝气设备可分为：鼓风曝气设备、氧气曝气设备、表面曝气设备、水下曝气设备等。

鼓风曝气设备由空气加压设备、管路系统与空气扩散装置组成。空气加压设备一般选用鼓风机。空气扩散装置有微气泡扩散装置、中气泡扩散装置、大气泡扩散装置、水力剪切扩散装置、机械剪切扩散装置等多种形式。

氧气曝气设备由制氧和充氧装置组成。与空气曝气法相比，氧气曝气法的优点在于能够提高曝气的氧分压。空气曝气法的氧分压约为 0.021MPa，而氧气曝气法的氧分压可达 0.101MPa，故而水中氧的饱和浓度可提高 5 倍，氧吸收率高达 80%～95%，氧传递速率更快，可在活性污泥法中维持高达 6～10mg/L 的浓度。因此在同一污泥负荷条件下，要取得同等效果的处理水质，氧气曝气法曝气时间可大幅缩短，曝气池容积也可减小，并能节省基建投资，但运转成本较高。

表面曝气设备的工作原理主要是基于气液传质的原理。当曝气器在水体表面旋转时会产生强烈的水跃现象，把大量水滴和片状水幕抛向空中，水与空气的充分接触使氧快速溶入水体。同时在曝气器转动的推流作用下，将池底层含气量少的水体向上提升，形成环流，不断地充氧。

水下曝气设备在水体底层或中层充入空气，并与水体充分均匀混合，氧的气相将转移到液相。

在上述四类充氧曝气设备中，鼓风曝气设备和表面曝气设备的运用较为常见。部分曝气设备见图 3-13。

（a）鼓风曝气设备 　　　　　（b）表面曝气设备

图 3-13　部分曝气设备

3.5.2　现行适用规范

（1）GB 50231—2009《机械设备安装工程施工及验收通用规范》。

（2）GB 51221—2017《城镇污水处理厂工程施工规范》。

（3）GB 50026—2020《工程测量标准》。

3.5.3　施工工艺流程及操作要点

1. 工艺流程

曝气设备安装施工工艺流程见图 3-14。

（1）安装前进行尺寸测量。

在固定安装支架前，把多余的材料从池内移出，同时清理池底以便确定支架固定点位置。

（2）底部支架的安装。

①确定支架固定点的位置。每组曝气器支架的安装位置须在钻孔图上表示。同时为提高曝气器的使用效率，曝气组与池壁每一面的距离都要均匀。通常固定点的位置不是由池的尺寸来确定，而是由落差立管的位置来确定。如果几组支架一起安装在同一池内，各组的布局安装要作为一个整体。一旦曝气组的位置确定，应在池底膨胀钉的固定孔上做记号。膨胀钉必须按照图纸安装在一条直线上，否则管道可能会因受到侧向压力的作用而导致变形。

②安装底部支架。在膨胀钉的标记处钻孔。使用高压空气去除孔内的碎屑，将钉塞入孔内，并与池底平面持平。一旦膨胀钉固定好，须把垫片和螺钉扎牢。同时使支架底部保持水平状态，并清洁池底。将安装支架的螺杆直接旋进膨胀套。

③调节底部安装支架的高度。完工后曝气组内各个曝气头的高度偏差必须在±10mm以内，各池内曝气器的高度必须尽可能保持一致。调节曝气器高度最简单的方法是利用支管架调节。曝气器的高压调节从池底的最高点开始，从最高点拧动支架至其最低点

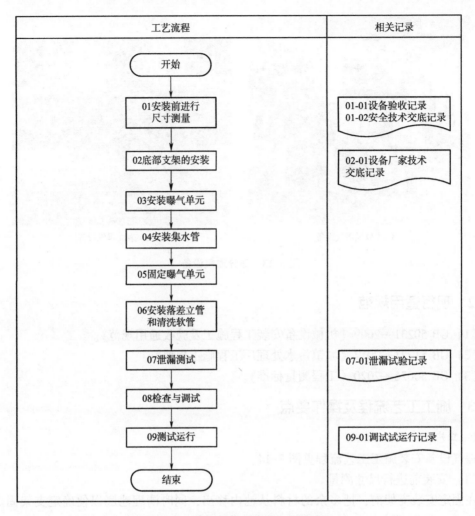

图 3-14 曝气设备安装施工工艺流程

处，最后将其他支架调节至同一高度。

（3）安装曝气单元。

从分区管到集水管均需要安装曝气单元，将曝气单元安装于管架上时，用允许热膨胀的连接套连接。所有曝气器的上表面都应保持水平。安装曝气单元时，必须保证管内的清洁平整。

（4）安装集水管。

所有的曝气单元连接好后便可安装集水管。

（5）固定曝气单元

使用扣带将曝气单元固定安装在支架上，扣带的安装与拆卸应使用专业工具。此外，应检查分区管的准直性。

（6）安装落差立管和清洗软管。

在曝气系统与落差立管相连前，使用高压空气清除供气管和落差立管内的杂物，同时关闭分区管的法兰接口以避免杂物进入池底的管系内。清理好管系后，连接落差立管法兰和分区管法兰，紧固法兰时，务必不能使分区管移动。落差立管必须固定在池壁上或池底作为支持，以保证分区管与其法兰不易受到任何荷载。此外，落差立管的上部顶端必须安装连接套。

（7）泄漏测试。

安装结束后，进行系统的泄漏测试。

（8）检查与调试。

测试前应将空气干、支管吹扫干净，并进行曝气器清水性能测试。测试应在曝气池或试验池内（至少 90m³），并在设计液位深度下进行。测试参数应包括标准氧利用率（SOTE）、功耗等。所有管路系统、阀门均不允许有任何泄漏，曝气头不允许有堵塞现象。

2. 设备安装重难点

（1）设备选择与尺寸匹配：曝气设备有不同的类型和尺寸，选择适合工艺要求的曝气设备是一个关键点。在选择曝气设备时，需要综合考虑设备的气体投放量、氧气传输效率、能耗、与工艺设计的匹配度等。

（2）基础与支撑结构设计：曝气设备需要通过基础和支撑结构固定在池体或透气板上。因曝气设备长期暴露在湿润的环境中，基础和支撑结构的设计与施工必须考虑防腐蚀、抗震和稳定性等因素。

（3）运行噪声控制：曝气设备在运行过程中会产生噪声，特别是大型曝气设备。对于噪声敏感区域，需要采取相应的噪声控制措施，确保噪声不超过规定标准。

（4）连接管线设计与施工：曝气设备的进气管线和废气排放管线在设计与施工时需要考虑气体流量、压力损失、管径和材料等因素。合理的管线布置和连接技术能够提高曝气效果和设备的运行效率。

（5）操作与维护空间的保留：曝气设备安装需要预留一定的操作与维护空间。安装位置和布局的选择要考虑设备的维护与保养要求，确保安装后的设备方便操作和维修。

3.5.4 材料与设备

（1）橡胶膜片宜选用三元乙丙橡胶，应具备耐高温、耐活性氧、耐腐蚀、有机化学稳定性好等特点，此外，与一般塑胶膜相比，橡胶膜片的使用时间更长。

（2）支撑管宜选用 ABS 或 PVC 原材料。

（3）气体管路宜选用橡胶制品 ABS 原材料。

3.5.5 质量控制

1. 施工过程控制指标

（1）设备选型和规格控制：根据工艺要求和设计参数，选择适合的曝气设备型号和规格。控制指标包括设备的材质、气泡直径、曝气孔径、曝气面积等。

（2）施工材料质量控制：确保使用的材料符合相关标准，包括曝气管道材料、气囊材料、曝气头材料等。材料的质量应良好，并具有耐腐蚀、耐压、耐老化等特性。

（3）施工工艺控制：应对曝气设备的安装和连接进行工艺控制，包括焊接、连接剂的使用等。应确保曝气设备的连接牢固、密封性好，并且能够承受系统运行条件下的压力和温度。

（4）施工质量检测和验收：对曝气设备进行质量检测，包括检测曝气孔的直径和均匀性、曝气头的固定牢固性等。通过验收测试，确保设备能够达到设计要求和工艺性能。

（5）运行和维护控制：在施工过程中，需要进行运行模拟和设备维护的控制，确保设备能够正常运行，并能够方便地进行维护和清洗操作。

2. 施工质量控制指标

（1）安装位置和方向控制：确保曝气设备的安装位置和方向符合设计要求，包括设备的高度、水平度、角度等。

（2）基础和固定控制：曝气设备需要固定在基础上，控制指标包括基础的深度、尺寸、强度等，确保设备的稳定，防止设备在运行中产生振动和移位。

（3）连接管道控制：曝气设备之间需要通过管道连接，控制指标包括管道的连接方式和密封性等，确保连接的牢固性和防漏效果等。

（4）输送管道控制：曝气设备需要与输送管道连接，控制指标包括输送管道的直径、材质、施工工艺等，确保流体传输的顺畅和效率等。

（5）隔音和防振控制：针对曝气设备的噪声和振动问题，采取隔音和防振控制措施，控制指标包括隔音材料、振动吸收装置的效果等。

（6）溶解氧检测和控制：曝气设备的设置需要根据工艺要求保证污水中的溶解氧含量。在施工过程中，需要检测和控制溶解氧的浓度，确保设备的曝气效果符合要求。

（7）曝气设备安装允许偏差：表面曝气设备、水下曝气设备安装允许偏差见表 3-12，微孔曝气设备安装允许偏差见表 3-13。

表 3-12 表面曝气设备、水下曝气设备安装允许偏差

序号	项目		允许偏差（mm）	检验方法
1	设备平面位置		10	尺量检查
2	水下曝气设备标高		±5	水准仪与直尺检查
3	立轴式曝气设备轴垂直度		$H/1000$	线坠与直尺检查
4	水平轴式曝气设备	主轴水平对置	$L/1000$，且≤5	水平仪检查
		主驱动水平度	$0.2L/1000$	水平仪检查

注：H 为立轴长度（mm），L 为水平轴长度（mm）。

表 3-13 微孔曝气设备安装允许偏差

序号	项目		允许偏差（mm）	检查方法
1	池底水平空气管	平面位置	10	尺量检查
		标高	±5	水准仪与直尺检查
		水平度	$0.2L/1000$	水平仪检查
2	同一曝气池曝气盘面标高差		3	水准仪与直尺检查

续表

序号	项目		允许偏差（mm）	检查方法
3	两曝气池曝气器盘面标高差		5	水准仪与直尺检查
4	管式膜曝气器	水平度	$L/1000$，且≤5	水平仪检查
		标高差	5	水准仪与直尺检查
5	穿孔管曝气器	水平度	$L/1000$，且≤5	水平仪检查
		标高差	5	水准仪与直尺检查

注：L 为空气管或管式曝气器长度（mm）。

3.6 搅拌、推流设备

3.6.1 概述

在水处理工艺中，搅拌、推流设备主要用于混合、搅拌、分散、溶解、反应等工艺操作，通过搅拌和推流使废水中的微生物均匀分布，增加微生物与氧气的接触面积，提高曝气效率。同时搅拌器还具有防止污泥沉淀、废水淤积，保证废水中的微生物有足够的空间和养分等功能，其主要特点是结构紧凑、操作维护简单、安装检修方便、使用寿命长等。搅拌器的叶轮具有水力设计结构，工作效率高，与曝气系统混合使用可使能耗大幅度降低，充氧量明显提高，有效防止沉淀。搅拌、推流设备见图 3-15。

图 3-15 搅拌、推流设备

3.6.2 现行适用规范

（1）GB 50231—2009《机械设备安装工程施工及验收通用规范》。

（2）GB 50334—2017《城镇污水处理厂工程质量验收规范》。

3.6.3 施工工艺流程及操作要点

1. 工艺流程

搅拌、推流设备安装施工工艺流程见图 3-16。

（1）安装技术交底。

由安装单位组织，安排相关技术人员或邀请厂家人员按照设备说明书对安装工人进行详细技术交底工作。

（2）基础、预埋件验收移交。

按设计文件对基础的尺寸、位置及预留地脚螺栓或预留孔的位置、基础的各部位尺寸

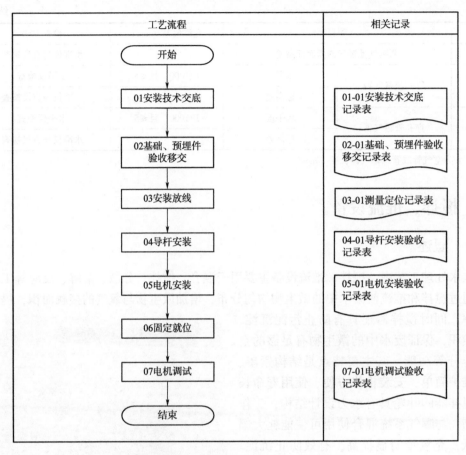

工艺流程	相关记录
开始	
01安装技术交底	01-01安装技术交底记录表
02基础、预埋件验收移交	02-01基础、预埋件验收移交记录表
03安装放线	03-01测量定位记录表
04导杆安装	04-01导杆安装验收记录表
05电机安装	05-01电机安装验收记录表
06固定就位	
07电机调试	07-01电机调试验收记录表
结束	

图 3-16 搅拌、推流设备安装施工工艺流程

进行复测，基础允许偏差应符合设备技术文件的要求。当设备技术文件无要求时，应符合 GB 50334—2017《城镇污水处理厂工程质量验收规范》的相关规定。

（3）安装放线。

设备到场后，应根据施工图纸及厂家要求，确认设备布置、安装位置，若厂家及安装单位对设备位置存在疑义，需及时通知设计单位复核。

（4）导杆安装。

支架的中心位置应根据设计图纸确定，导轨固定架的位置和标高应符合设计要求，并应安装牢固。

（5）电机安装。

将搅拌器的传动系统（包括电机、减速器、轴承、联轴器等）组装好，并与支架相连。

（6）固定就位。

减速机底座固定方式应符合设备技术文件的要求，纵、横向水平度允许偏差应小于 0.5/1000；搅拌机水下支座的中心位置应位于减速机搅拌轴的中心。

（7）电机调试。

在完成安装后，对搅拌器进行调试和测试，确保其能够正常运行，并调整搅拌器的转速和搅拌时间等参数，以达到最佳的处理效果。

2. 施工工艺操作要点

（1）安装前组织参建各方进行技术交底并形成交底记录，确保参建各方充分了解设备安装要求和注意事项。

（2）由监理组织参建各方对基础、预埋件进行联合验收和移交，形成基础、预埋件验收、移交记录单，理清土建和设备安装的责任。

（3）专业的测量人员使用校验合格的设备进行测量放线，形成测量定位记录表，确保设备安装位置准确。

（4）检查导杆质量证明资料和实体情况，确认质量合格后进行导杆安装，安装过程应注意保护设备，避免设备受损。

（5）电机安装前检查质量证明资料和实体情况，确认质量合格后进行电机安装，电机安装加固过程必须断电操作，确保安全。

（6）所有设备初步安装到位后进行固定就位，加固严格按要求施工，避免设备变形和不均匀受力，加固到位后应做好标记，以便调试过程中技术人员及时了解设备紧固情况。

（7）电机调试按要求的程序进行推进。

①全面对设备进行检查，确保搅拌、推流装置升降导轨应垂直、固定牢固、沿导轨升降顺畅，锁紧装置应可靠，搅拌、推流设备试运转时应平稳，无卡阻、异响或异常振动等现象，搅拌机及附件的防腐应符合设计文件的要求，搅拌、推流设备安装允许偏差应符合相关标准规定。

②调试时，须进行试运转，在试运转后注意检查减速电机有无异常的响声及温升情况、电机电流是否在额定值范围内（启动时短时间内超电流为正常），以及搅拌轴的摆动情况。如果出现异常现象，均需找出原因并加以修正后形成电机调试验收记录表，方可使用。

3.6.4 材料与设备

搅拌、推流设备的电机定子温升限值（电阻法）应符合 GB 50170—2018《电气装置安装工程旋转电机施工及验收标准》的相关规定。

（1）搅拌、推流设备应设置密封泄漏保护装置。

（2）搅拌、推流装置应设置漏水、过载监测保护系统。

（3）搅拌机由减速电机、减振座、搅拌轴、多曲面叶轮、电控箱等组成，运输中搅拌轴、叶轮禁止受压与碰撞，需用起重设备装卸，叶轮表面应防止划伤，长期存放时需避免高温、高湿环境。搅拌轴应垂直悬挂放置，叶轮应放置在平面上，以防止其变形。搅拌、推流设备见图 3-17。

图 3-17 搅拌、推流设备

3.6.5　质量控制

1. 施工过程控制指标

（1）设备到场，经开箱验收合格后，现场测量设备实际尺寸，结合施工图纸对设备安装位置进行基础复测，并定位安装位置。

（2）设备到场后，经业主及监理开箱检查验收合格后进行设备安装，利用现场起重机转运到安装位置就位安装。

（3）安装时，搅拌、推流装置升降导轨应垂直、固定牢固、沿导轨升降自如，锁紧装置应可靠。

（4）搅拌、推流设备的安装角度应符合设计要求。搅拌、推流设备安装质量检查见图 3-18。

图 3-18　搅拌、推流设备安装质量检查

2. 施工质量控制指标

1）主控项目

（1）搅拌、推流装置升降导轨应垂直、固定牢固、沿导轨升降顺畅，锁紧装置应可靠。

（2）潜水搅拌推流设备试运转时应运行平稳，无卡阻、异响或异常振动等现象。

2）一般项目

（1）搅拌机及附件的防腐应符合设计文件的要求。

（2）电机应转动平稳，无卡阻、停滞等现象。

（3）搅拌、推流设备安装允许偏差和检查方法见表 3-14。

表 3-14　搅拌、推流设备安装允许偏差和检查方法

序号	项目	允许偏差	检查方法
1	设备平面位置	10mm	尺量检查
2	设备标高	±10mm	水准仪或直尺检查
3	导轨垂直度	$H_1/1000$	线坠与直尺检查
4	设备安装角	1°	量角器与线坠检查
5	搅拌机外缘与池壁间隙	±5mm	尺量检查
6	垂直搅拌轴垂直度	$H_2/1000$，且≤3mm	线坠与直尺或百分表检查
7	水平搅拌轴水平度	$L/1000$，且≤3mm	水平仪与直尺或百分表检查

注：H_1 为导轨长度（mm），H_2 为垂直搅拌轴长度（mm），L 为水平搅拌轴长度（mm）。

澄清池搅拌机的桨板与叶轮下面板应垂直，叶轮和桨板安装允许偏差和检查方法见表 3-15。

表 3-15　澄清池搅拌机的叶轮和桨板安装允许偏差和检查方法

序号	项目	允许偏差						检查方法
		$D<1mm$	$1mm \leqslant D<2mm$	$D \geqslant 2mm$	$D<400mm$	$400 \leqslant D<1000mm$	$D \geqslant 1000mm$	
1	叶轮上下面板平面度	3mm	4.5mm	6mm	—	—	—	尺量检查
2	叶轮出水口宽度	+2mm	+3mm	+4mm	—	—	—	
3	叶轮径向跳动	4mm	6mm	8mm	—	—	—	尺量检查
4	桨板与叶轮下面角度偏差	—	—	—	±1°30′	±1°15′	±1°	量角器检查

注：D 为澄清池搅拌机的叶轮直径（mm）。

3.7　排泥设备

3.7.1　概述

排泥设备主要为刮泥机，它可以清除进入处理系统的大块杂质和淤泥，使水的处理更加高效。排泥设备主要应用于城市污水处理厂、自来水厂以及工业废水处理中直径较大的圆形沉淀池中，用以排除沉降在池底的污泥和撇除池面的浮渣。刮泥机主要分为中心传动刮泥机、周边传动刮泥机和链条式刮泥机。

（1）中心传动刮泥机。

中心传动刮泥机原水经中心配水筒布水后呈辐射状流向池体周边溢水槽，随着流速的降低，水体中的悬浮物被分离而沉降于池底，上清液通过溢流堰板由出水槽排出池外。此种类型刮泥机广泛用于池径较小（直径不大于 18m）的辐流式沉淀池的污泥刮集和排除，以及化工、轻纺、冶金等行业的污水处理工程中。其结构合理、效率高、操作维修方便，是一种较理想的污水处理工程配套设施。其主要性能特点是：①传动部分采用电气和机械双重过载保护，运行更加安全可靠；②水下部分采用不锈钢，耐腐蚀，使用寿命长；③驱动装置采用减速驱动机构传动，结构紧凑，机械效率高；④斜交型刮泥板连续性好、集泥效率高；⑤池底坡比小，刮泥时污泥阻力可忽略不计。

（2）周边传动刮泥机。

水从池中心的进水管进入，经导流筒扩散后，均匀地向周边呈辐射状流出，悬浮状的污泥经沉淀后沉积于池底，上清液通过溢流堰板由出水槽排出池外，污泥刮板将污泥由池周刮向中心集泥槽，依靠池内水压通过排泥管排出池外。其主要用于城市水厂、污水处理厂一次沉淀池及二次沉淀池，主要性能特点是：①采用摆线针轮减速机与蜗轮箱传动，传递扭矩大，稳定性好；②安装方便，维护简单，有扭矩保护，工作可靠；③排泥彻底，规格齐全；④池底刮泥，水面撇渣，结构紧凑，机械效率高；⑤平行错位线刮泥板，连续性好、集泥效率高。

（3）链条式刮泥机。

链条式刮泥机主要通过刮泥板将沉淀池底部污泥刮至集泥槽，通过排泥管道排出池外。吸泥机将沉降在池底的污泥刮到吸泥口，通过泵吸，边行车边吸泥，然后将污泥排出池外。吸泥机有虹吸式、泵吸式及泵虹两吸式。虹吸式采用潜水泵配水射器或真空泵来形成真空，利用沉淀池与排泥槽内的液位差排泥；泵吸式直接采用潜污泵抽取沉淀污泥；泵虹两吸式由至少两根并排设置的吸泥管和串接在吸泥管上的泵/虹转换排污泵组成，能够根据颗粒沉淀规律进行吸泥，做到在污泥区泵吸吸泥，在沉降区虹吸吸泥，节约了大量水源。链条式刮泥机常用于炼油厂或污水处理厂的沉淀池、沉砂池、隔油池等矩形池的撇浮油、浮渣和刮泥沙操作。常用刮泥设备见图3-19。

（a）中心传动刮泥机

（b）链条式刮泥机

（c）周边传动刮泥机

图3-19 常用刮泥设备

3.7.2 现行适用规范

（1）GB 50231—2009《机械设备安装工程施工及验收通用规范》。

（2）GB 50334—2017《城镇污水处理厂工程质量验收规范》。

（3）GB 51221—2017《城镇污水处理厂工程施工规范》。

（4）GB 50026—2020《工程测量标准》。

3.7.3　施工工艺流程及操作要点

1. 工艺流程

刮泥机安装施工工艺流程图见图 3-20。

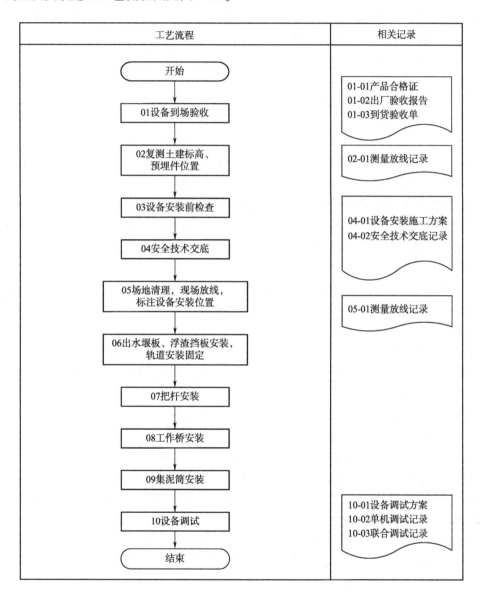

工艺流程	相关记录
开始	
01设备到场验收	01-01产品合格证 01-02出厂验收报告 01-03到货验收单
02复测土建标高、预埋件位置	02-01测量放线记录
03设备安装前检查	
04安全技术交底	04-01设备安装施工方案 04-02安全技术交底记录
05场地清理，现场放线，标注设备安装位置	05-01测量放线记录
06出水堰板、浮渣挡板安装，轨道安装固定	
07把杆安装	
08工作桥安装	
09集泥筒安装	
10设备调试	10-01设备调试方案 10-02单机调试记录 10-03联合调试记录
结束	

图 3-20　刮泥机安装施工工艺流程

（1）设备到场验收。

设备开箱主要参加单位应包括建设单位、设备安装施工单位、监理单位、设备制造商；设备开箱后，应填写设备开箱记录，参与各方应签字确认；设备及主要装配件的规格、型号等应符合设计要求；设备上的铭牌应完整，设备应无缺件，涂层应完整，设备表面应无破损、锈蚀现象；设备附件、专用工具、备品备件应齐全、完整，数量应与装箱单相符；设备的出厂合格证明书，试验、检验报告，安装使用说明书等技术文件应完整；进口设备应有原产地证明、海关报验单等。

（2）复测土建标高、预埋件位置。

按设计文件对基础的尺寸、位置及预留地脚螺栓或预留孔的位置、基础的各部位尺寸进行复测，基础允许偏差应符合设备技术文件的要求；当设备技术文件无要求时，应符合GB 50334—2017《城镇污水处理厂工程质量验收规范》的相关规定。

（3）设备测量放线。

设备到场后，应根据施工图纸及厂家要求，确认设备布置、安装位置，若厂家及安装单位对设备位置存在疑义，需及时通知设计单位复核。

（4）出水堰板、浮渣挡板安装，轨道安装固定。

出水堰板、浮渣挡板应按部件装配图的要求进行安装，堰板齿顶及浮渣挡板顶边的水平度允许偏差应为±5mm，安装应在构筑物满水试验后进行，安装部位的出水堰应一次浇筑成形，堰板安装前应检查土建安装基面的平整度、高程、垂直度。堰板与土建结构的连接应紧密牢固；堰板间的连接应密实；导轨固定应牢固，支架允许偏差应符合GB 51221—2017《城镇污水处理厂工程施工规范》的相关规定。

（5）把杆安装。

中立柱的中心应与池体的基准中心同心，驱动装置与中立柱连接应牢固，底架应指向工作桥方向，驱动装置运转轨迹应处于同一水平面内，并应检查确认合格后，方可进行驱动装置灌浆。

（6）工作桥安装。

工作桥安装应符合装配图的要求，工作桥的侧向直线度不应大于15mm。

（7）集泥筒安装。

集泥筒的密封圈应固定牢固，其密封性应符合设备技术文件要求。

（8）设备调试。

设备安装完毕后，应清理池底，试验过载保护装置应动作灵敏；试运行时间不应小于3h，且完全旋转不应小于2次；设备应运行平稳，上部刮渣装置不得与池壁、工作桥等设施相碰，并应能平稳通过，无卡阻突跳现象；下部吸泥管与池底、池壁等应无摩擦。

2. 施工工艺操作要点

（1）设备到场后，组织监理、施工方、厂家核查纸质资料是否齐全（设备说明书、合格证和设备试验报告等），设备的规格、性能是否符合图纸及标书要求，由几方共同在设备到货验收单上签字确认。

（2）设备安装前，由设备厂家和施工单位技术人员进行安全技术交底，交代安装过程中的注意事项，形成交底记录并留存。

（3）设备到场后做好成品保护工作，将设备放置在指定位置；安装前检查设备的外表驱动装置、刮板、链条、轴座等是否受损变形，零部件是否齐全，发现问题及时反馈厂家进行处理后更换新的零部件。

（4）设备安装前，应做好土建和设备安装交接工作，复测土建工程的标高、池内宽度等尺寸是否符合设计图纸要求，检查所有的埋件留孔是否符合安装条件。

（5）对于无预留孔洞或预埋件的设备，进行安装前将场地清理干净，测量放线并标注出设备位置，便于后续施工。

（6）刮泥机的零部件安装采用现场安装形式，矩形沉淀池中刮泥机安装时用水平仪对驱动装置机座面、主从动轴水平度进行检查；圆形沉淀池采用水平仪、坠线等对排渣斗水平度、中心传动架垂直度进行检查，确保偏差符合规范要求。

（7）安装过程中，检查排泥设备各结构件之间的间隙是否符合设计及设备技术文件的要求。

（8）周边传动及中心传动排泥设备的旋转中心应与池体中心重合，同轴度偏差不应大于设备技术文件的要求。轨道相对中心支座的半径偏差和行走面水平度应符合设备技术文件的要求。

（9）安装时各配合部位及相对运动部位应涂抹润滑油或装入相应的润滑脂。

（10）控制箱安装完成后，检查整机各零组件的连接部分，确保连接牢固和无遗漏之处，注意相序是否正确，避免反转。

（11）排泥设备试运转时，传动装置应运行正常，行程开关动作应准确可靠，流板和刮泥板不应有卡阻、突跳现象。排泥设备安装图示见图3-21。排泥设备安装允许偏差见表3-16。

（a）链条式刮泥机导轨安装

（b）堰板安装

（c）链条式刮泥机链条及刮泥板安装

（d）现场联合调试验收

图3-21 排泥设备安装图示

表3-16　排泥设备安装允许偏差

序号	项目		允许偏差（mm）
1	矩形沉淀池	驱动装置机座面水平度	$0.10L_1/1000$
2		链板式主链驱动轴水平度	$0.10L_2/1000$
3		链板式主链从动轴水平度	$0.10L_2/1000$
4		链板式同一主链前后二链轮中心线差	3
5		链板式同轴上左右二链轮轮距	±3
6		链板式左右二导轨中心距	±10
7		链板式左右二导轨顶面高差	$0.5K/1000$
8		导轨接头错位（顶面、侧面）	0.5
9	圆形沉淀池	撇渣斗水平度	$L_3/1000$
10		排渣斗水平度	$L_4/1000$且≤3
11		中心传动竖架垂直度	$H/1000$且≤5

注：L_1为驱动装置长度（mm），L_2为链板式主链驱动、从动轴长度（mm），K为二导轨中心线间距（mm），L_3为撇渣管长度（mm），L_4为排渣斗的排渣口长度（mm），H为中心传动竖架长度（mm）。

3.7.4　材料与设备

合格的材料和设备是保证安装工程质量的基础，应加强对现场材料和设备的管理。刮泥机主要包括设备驱动装置、刮板、链条、轴座等组件，其中大部分组件为非标准件，其技术指标主要根据设计意图、设备选型确定，因此主要从以下几个方面加强材料的质量保障。

（1）根据设计意图，明确设备、材料参数信息，及时组织设计联络会，优选供货厂家。

（2）合理组织设备、材料供应，确保设备物资供应与现场施工进度匹配，减少材料存放、保管不当对质量的影响。

（3）合理组织材料使用，加强运输管理和仓库保管工作，避免材料变质，减少材料损失，确保材料质量。加强小型零部件的保管，在安装过程中，制订好领用制度，避免小型零部件损坏或丢失。

（4）加强材料检查、验收，做好材料复试取样、送检工作，严把材料质量关，各类设备、材料到场后必须组织有关人员进行抽样检查，发现问题立即与供货商联系，不合格者坚决退场。

（5）根据设备装箱单逐箱、及时进行数量清点，对设备外观逐一进行检查并做好书面记录，办好交接手续。清点过程中，按安装位置和次序做好标记，为顺利安装创造条件。

3.7.5　质量控制

1. 施工过程控制指标

（1）安装刮泥机之前应对水池的直径、池底的标高进行复核测量，符合要求后才能进行设备组装、安装。周边传动及中心传动刮泥机,旋转中心与池体中心应重合,同轴度偏差不应大于设备技术文件的规定。轨道相对中心支座的半径偏差和行走面水平度应符合设备技术文件的要求。

(2)设备刮板、吸泥口与池底间隙应符合设计及设备技术文件要求。

(3)刮泥机、吸泥机刮渣装置中,刮渣板与排渣口的间距应符合设计文件要求。

(4)刮泥机、吸泥机设备试运转时,传动装置应运行正常,行程开关动作应准确可靠,渣板和刮泥板不应有卡阻、突跳现象。

(5)驱动装置由蜗轮箱、减速机及链传动等部件组成,安装时各配合部位及相对运动部位应涂抹润滑油或装入相应的润滑脂。

2. 施工质量控制指标

(1)主控项目。

①排泥设备的刮泥板、吸泥口与池底的间隙应符合设计及设备技术文件的要求。

②排泥设备试运转时,传动装置运行应正常,行程开关动作应准确可靠,撇渣板和刮泥板不应有卡阻、突跳现象。

(2)一般项目。

①行车式排泥设备的两条轨道标高、间距及中心线位置应符合设计文件的要求。

②周边传动及中心传动排泥设备的旋转中心与池体中心应重合,同轴度偏差不应大于设备技术文件的要求。轨道相对中心支座的半径偏差和行走面水平度应符合设备技术文件的要求。

③排泥设备的刮渣装置,其刮渣板与排渣口的间距应符合设计文件的要求。

④排泥设备安装允许偏差和检验方法应符合规定。

3.8 斜板和斜管

3.8.1 概述

斜板和斜管作为水处理装置被广泛应用于水处理沉淀池及沉淀设备中,具有适用范围广、处理效果高、占地面积小等优点,一般适用于工业的进水口除砂、生活给水沉淀、污水沉淀等部位,在新建工程和现有旧池改造中,均能取得良好的经济效益。斜板和斜管的主要材质有聚丙烯(PP)、聚氯乙烯(PVC)和玻璃钢(FRP)三种。斜板和斜管的主要特点如下。

(1)湿周大,水力半径小。

(2)层流状态好,颗粒沉降不受紊流干扰。

(3)斜管沉淀池的处理能力是平流式沉淀池的3~5倍,是加速澄清池和脉冲澄清池的2~3倍。

(4)污泥量少,减少了污泥脱水等后处理工作量;产生的污泥沉降性好,有利于后段悬浮物的去除。

常见斜管和斜板见图3-22。

(a) 六角蜂窝斜管   (b) PVC斜板

图 3-22 常见斜管和斜板

3.8.2 现行适用规范

(1) GB 50334—2017《城镇污水处理厂工程质量验收规范》。

(2) GB 51221—2017《城镇污水处理厂工程施工规范》。

(3) GB 50026—2020《工程测量标准》。

3.8.3 施工工艺流程及操作要点

1. 工艺流程

斜板和斜管安装施工工艺流程见图 3-23。

(1) 设备到场验收。

设备开箱主要参加单位应包括建设单位、设备安装施工单位、监理单位、设备制造商；设备开箱后，应填写设备开箱记录，参与各方应签字确认；设备及主要装配件的规格、型号等应符合设计要求；设备上的铭牌应完整，设备应无缺件，涂层应完整，设备表面应无破损、锈蚀现象；设备附件、专用工具、备品备件应齐全、完整，数量应与装箱单相符；设备的出厂合格证明书，试验、检验报告，安装使用说明书等技术文件应完整；进口设备应有原产地证明、海关报验单。

(2) 复测土建标高、预埋件位置。

按设计文件对基础的尺寸、位置及预留地脚螺栓或预留孔的位置、基础的各部位尺寸进行复测，基础允许偏差应符合设备技术文件的要求；当设备技术文件无要求时，应符合 GB 50334—2017《城镇污水处理厂工程质量验收规范》的相关规定。

(3) 场地清理、现场放线。

设备到场后，应根据施工图纸及厂家要求，确认设备布置、安装位置，若厂家及安装单位对设备位置存在疑义，需及时通知设计单位复核。

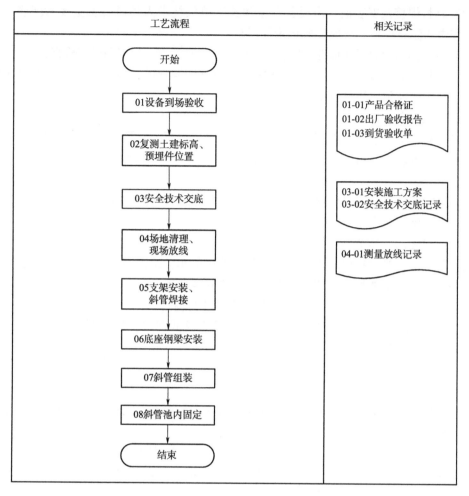

图 3-23 斜板和斜管安装施工工艺流程

（4）支架安装、斜管焊接。

制作支架采用的钢材须预先除锈，再用水溶专用的互穿网络防腐油漆进行防腐处理。斜管采用热粘方式焊接，每排焊点不能少于 4 个，焊接间距要一致且精确，焊接后的组件不能有扭曲和积炭情况，焊疤要平滑。

（5）斜管组装和斜管池内固定。

斜板与斜管支撑面应平整，固定应可靠，斜板与斜管的安装方向和角度、斜板间距及斜管直径应符合设备技术文件的要求，安装后斜管的平面与液平面距离要在 600～800mm 之间。

2. 施工工艺操作要点

（1）材料到场后，组织监理、施工方、厂家核查资料是否齐全（设备说明书、合格证和设备试验报告等），设备的规格、性能是否符合图纸及标书要求，由几方共同在设备到货验收单上签字确认；在进行材料清点时，按安装位置和次序做好标记，为顺利安装创造条件。

（2）材料焊接及安装前，由设备厂家和施工单位技术人员进行安全技术交底，交代安装过程中的注意事项，形成交底记录并留存。

（3）材料到场后放置在指定位置，并做好成品保护工作，焊接前做好检查、检验工作。

（4）现场准备：操作人员到位、监护人员到位；斜管填料烫接完成后体积庞大将占很大空间，应提前预留堆放场地。

（5）烫接操作。

①打开斜管填料包装，将第一片斜管填料平放于地面，取第二片斜管填料置于第一片填料之上，检查斜管填料的切口，必须保证60°，并呈六角蜂窝状，检查无误后开始焊接粘接点。

②六角蜂窝两端所有平面接点全部要焊接，两片六角蜂窝斜管的平面合缝处要求焊接四点以上，确保焊接牢固。

③烫接时注意操作节奏，控制好温度，烫接点不得遗漏。

④将每一个斜管填料包装作为一个单独的烫接单元，烫接完成后在场地上整齐堆放。

⑤中途休息一定要切断电烙铁电源，并且要安全放置。

（6）按照之前标记的顺序依次进行对应的斜管安装。

（7）安装斜管后，其平面要均匀，不能有或高或低现象，如需要切割斜管块，应将切割的尺寸计算好后再进行。

3.8.4　材料与设备

斜板和斜管到场后，主要对材质、外观、尺寸进行检查，具体从以下几个方面加强材料质量保障。

（1）斜板和斜管材料不宜长时间于室外存放，应合理组织材料供应，确保设备物资供应与现场施工进度匹配，减少材料存放、保管不当对工程质量的影响。加强运输过程管理和仓库保管工作，避免材料变质。

（2）加强材料检查、验收，严把材料质量关。到场后检查斜板、斜管是否存在损坏、压扁、弯折等情况；填料应色泽均匀，表面光滑，无明显划痕、裂纹和变形等缺陷；检查材料长度、直径、壁厚等参数，确保符合设计图纸及相关技术文件要求。

3.8.5　质量控制

1. 施工过程控制指标

（1）焊接后的组件不能有扭曲，焊疤要平滑，不能有积炭。

（2）焊接时，片距要保持一致，并控制好斜板和斜管的角度、间距、直径等，保证焊接成组的斜管块的角度、尺寸符合要求。

（3）制作支架时使用的钢材须预先除锈，再用互穿网络防腐油漆进行防腐处理。

（4）斜管与支架之间的固定要牢固。

2. 施工质量控制指标

1）主控项目

（1）斜板与斜管支撑面应平整，固定应可靠。

（2）斜板与斜管应无损坏、压扁、弯折等现象。

2）一般项目

（1）斜管和斜板的安装方向和角度、斜板间距及斜管直径应符合设备技术文件的要求。

（2）斜管和斜板安装允许偏差和检查方法见表 3-17。

表 3-17　斜管和斜板安装允许偏差和检查方法

序号	项目	允许偏差（mm）	检查方法
1	设备平面位置	10	尺量检查
2	设备标高	±10	水准仪与直尺检查
3	底座钢梁水平度	$L/1000$，且 ≤3	水平仪检查

注：L 为底座钢梁长度（mm）。

3.9　过滤设备

3.9.1　概述

过滤设备主要指深度脱氮滤池，其工艺主要是指在无氧和低氧条件下，利用适量的碳源，以石英砂作为反硝化生物的挂膜介质，利用污水中的反硝化菌将亚硝酸盐、硝酸盐还原成气态氮，从而实现总氮和悬浮物的去除。具有容积负荷高、水力负荷高、水力停留时间短、处理出水水质好等特点，日常运维管理简单，保证出水水质（SS、TN）达到国家一级 A 标准，在污水处理领域适用范围广泛。过滤设备见图 3-24。

3.9.2　现行适用规范

（1）GB 18918—2002《城镇污水处理厂污染物排放标准》。

（2）GB 50268—2008《给水排水管道工程施工及验收规范》。

（3）GB 50236—2011《现场设备、工业管道焊接工程施工规范》。

（4）GB 50300—2013《建筑工程施工质量验收统一标准》。

（5）GB 50194—2014《建设工程施工现场供用电安全规范》。

（6）GB 50334—2017《城镇污水处理厂工程质量验收规范》。

（7）CJ/T 43—2005《水处理用滤料》。

（8）CJ/T 47—2016《水处理用滤砖》。

图 3-24　过滤设备

3.9.3 施工工艺流程及操作要点

1. 工艺流程

过滤设备安装施工工艺流程见图3-25。

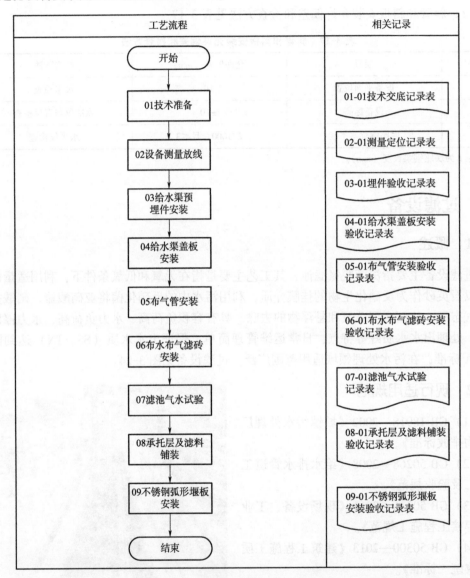

工艺流程	相关记录
开始	
01技术准备	01-01技术交底记录表
02设备测量放线	02-01测量定位记录表
03给水渠预埋件安装	03-01埋件验收记录表
04给水渠盖板安装	04-01给水渠盖板安装验收记录表
05布气管安装	05-01布气管安装验收记录表
06布水布气滤砖安装	06-01布水布气滤砖安装验收记录表
07滤池气水试验	07-01滤池气水试验记录表
08承托层及滤料铺装	08-01承托层及滤料铺装验收记录表
09不锈钢弧形堰板安装	09-01不锈钢弧形堰板安装验收记录表
结束	

图3-25 过滤设备安装施工工艺流程

（1）技术准备。

完成土石方工程方案编制及报审，完成设备进场报验，完成人员资质报验，完成方案及技术交底，完成现场踏勘，进行管线构筑物交底。

（2）设备测量放线。

设备到场后，应根据施工图纸及厂家要求，确认设备布置、安装位置，若厂家及安装单位对设备位置存在疑义，需及时通知设计单位复核。

（3）给水渠预埋件安装。

将预埋件放在预留位置，用水平尺检查水平度，如有不平整部分使用水泥砂浆或石子进行填充，以确保预埋件的水平度并防止预埋件移位。

（4）给水渠盖板安装。

将盖板放入框架内，调整好位置并使其平整。用尺子或墨线检查盖板四边是否水平，是否符合安装标准，并检查所安装的盖板是否牢固。若松动，需重新调整或加固。

（5）布气管安装。

根据准备工作中确定的布气管尺寸，将布气管进行测量和切割，确保切割的精确度和准确性，并用连接件将布气管连接紧密，然后根据布气管的布局和需求，在合适的位置安装支撑和固定件，以确保布气管的稳定性和安全性。支撑和固定件可以使用特制的管夹或支架进行安装。

（6）布水布气滤砖安装。

水池应在安装前进行测量，允许偏差应符合设计要求；底部锥台安装应牢固，上锥面安装应水平，标高应符合设计要求；进水布水装置与底部锥台连接应牢固，垂直度应小于1/1000；吸砂器装置与进水布水装置连接应牢固，标高应符合设计要求；进水管路、进气管路与滤液出水管布置应合理、安装应稳固、连接应严密且应无渗漏。

（7）滤池气水试验。

出气应均匀，无漏气现象，并做试验记录。

（8）承托层及滤料铺装。

先将池内杂物全部清除，并疏通配水孔眼和配水缝隙，再用反冲洗法检查配水系统是否符合设计要求，然后在滤池内壁按承托料和滤料的各层顶高画水平线作为铺装高度标记。每层承托层的厚度应均匀，用锹或刮板刮动表面使其接近水平，高度应与铺装高度标记水平线相吻合。

（9）不锈钢弧形堰板安装。

根据设计标高，测出堰板安装基准点，利用基础线垂直找出堰板固定点。采用水平仪检查方法检查所有堰板，并用乳胶玻璃管充水找平。标高应在同一水平面上。

2. 施工工艺操作要点

（1）安装前组织参建各方进行技术交底并形成交底记录，确保参建各方充分了解相关要求和注意事项。

（2）专业的测量人员使用校验合格的设备进行测量放样，形成测量定位记录表，确保设备安装位置准确。

（3）根据测量放样情况安装、检查给水渠埋件，为给水渠盖板和配气布水系统安装提供承托。

（4）给水渠盖板安装前重点检查安装基础水平度是否符合设计要求，一般采用水平尺和水准仪检验。池底内部杂物需清理干净，此外需严格复核给水渠盖板预埋件定位尺寸及标高，保证盖板间距均匀，先点焊定位再进行固定焊接，保证焊接牢固，定位准确，保证整体水平度偏差符合设计要求。

（5）布气管安装时，首先清理池内底部的杂物，参照设计施工图纸要求，严格复核控制池底空间尺寸，再按照设备发货清单认真核对到货设备及安装配件的外观、规格、数量等是否完备。安装时确认整体水平度一致后进行焊接，调整气槽整体水平度高差不超过±5mm，然后参照设计施工图纸要求进行固定，固定后需要进行整体水平度的复核检测，符合设计要求后，即可进行不锈钢气管的安装连接。

（6）滤砖安装时，首先清理池内底部的杂物，参照设计施工图纸要求，严格复核控制池底空间尺寸，检查复核气管尺寸及固定是否牢固，是否存在漏气现象，整体符合要求后，进行滤砖的安装布设，从一端开始逐行推进，靠池壁一侧可预留几块作为施工通道，在布设安装滤砖时需保证其底部与反洗气管间隙符合设计要求，安装完成后滤砖整体水平度符合设计要求（±5mm）。

滤砖安装复核校验完成后，按照设计图纸采用高标号的水泥砂浆对配气布水滤砖与池壁周围接触面进行封堵和稳固，保障滤池系统的配气布水通过滤砖进行分布配置，并采取相应措施防止在进行水泥砂浆封堵时堵塞不锈钢气管的出气孔。

安装完成后，根据项目现场情况采取必要的成品防护措施，以防损坏安装完成的气管和配气布水滤砖。滤砖安装见图3-26。

图3-26 滤砖安装

（7）滤池气水试验由安装单位自检合格后，向项目监理、项目方提出验收申请并确认时间，三方共同到场检查验收。主要检查单格滤池内安装配气布水滤砖系统的基础整体水平度是否符合设计要求，外形是否完好；检查集水渠盖板、反洗空气管系统、配气布水滤砖系统安装固定是否牢固，无松动和偏移现象，整体水平度是否符合设计要求；向池内布水至淹没配气布水滤砖，开启进气系统管路阀门后，低频启动风机，检查曝气是否均匀。

（8）在配气布水滤砖气水试验完成后，经项目相关方面人员到场确认签字验收，即可组织实施滤料吊装铺设工作。滤料吊装准备工作如下。

①确认项目现场道路和场地情况是否符合滤料运输车辆和吊装设备的进场及支设要求。

②依据滤池设计的规格尺寸确定吊装起重设备的型号和数量。

③根据滤池内配气布水滤砖的安装形式，根据设计图纸搭建好下池工具及铺装平台，并设置滤料铺设的缓冲板，防止滤料入池破坏配气布水滤砖。

④组织相关方面成立专项实施小组，多方协调确定具体的吊装实施细则，保障滤料安全吊装，并铺平到设计标高位置。

⑤准备好滤料吊装的相关防护设备和工具，保障施工人员的安全。

⑥做好滤料吊装实施人员的安全防护和培训工作，保证施工人员和设备的安全。

⑦在滤池四周设置必要的照明通风设施，保证必要时的夜间施工和通风换气。

⑧在滤料到场后，检验复核滤料规格和质量，符合设计技术工艺要求后方可进行入池吊装。

⑨按照设计技术要求，在滤池四周设置好滤料承托层卵石和滤料铺装的标高控制线。滤料整平见图3-27。

滤料吊装实施工作如下。

①根据项目滤料吊装实施细则，提前安排好滤料的进场时间和数量，安排好相关人员和机械设备到场，保障滤料吊装的连续性。

②在滤料吊装的实施过程中，设置经验丰富的吊装指挥人员，吊装过程全程听从指挥，严禁自行操作。

③在滤料吊装入池时，池内滤料铺装人员应注意避让，在滤料到达指定位置和高度后方可协助处理滤料的铺装工作。滤料在进行吊装时，先将施工平台拆除清运，以免杂物遗留影响后期滤池的正常运行。

图3-27　滤料整平

④滤料承托层在进行铺装时，严格按照设计技术要求标高设置的控制线进行摊平，并注意保护多功能滤管。

⑤滤料吊装完成，到达工艺设计要求标高，在进行摊平后，清理池内池外的工具和杂物，保证滤池周边环境整洁。

（9）弧形堰板安装前对基础混凝土进行检查和整平，安装过程应确保弧形堰板的平直度符合设计要求，整体牢固美观。

3.9.4　材料与设备

1. 进水弧形堰板

（1）堰板的厚度为4mm，运行时不会出现变形。

（2）堰板采用焊接。

（3）堰板与混凝土堰的固定采用膨胀螺栓，中间垫橡胶垫。

进水弧形堰板装置及配件材质见表3-18。

表3-18　进水弧形堰板装置及配件材质

装置及配件	材　质
配水渠弧形堰板	304不锈钢
支撑件	304不锈钢
所有连接附件	304不锈钢

2. 气水分布滤砖

（1）滤砖终身免维护和免更换，无易损易耗构件。每块滤砖的外形规则及尺寸应准确，气水分布块的外壳采用高密度聚乙烯材料，外壳厚度不小于2mm且具有足够的强度，滤砖壳内可填充混凝土。

（2）每块滤砖均应同时具备反冲洗配水配气性能，滤砖带自动补偿功能，可做到更均匀地配水配气。滤砖为双层配水配气系统，由一级分配腔和二级补偿腔组成。通过一次配水腔后的反冲洗水，在二次配水腔内根据压力差产生逆向补偿，从而使得整个滤池过滤面积上的整体反冲洗水分布均匀、气压力均匀。滤砖内部二次配水设计确保反冲洗水和气体在整个滤池反冲洗气水分配系统的每一个扩散孔处均匀分布。在一块滤砖内应同时完成气水均匀分配，不存在配水配气盲区，反冲洗无死区。

（3）混凝土强度等级为 C35。水泥采用 32.5R 强度等级普通硅酸盐水泥。

（4）选用的滤砖应能支撑滤料介质、卵石层的重量以及整个池体的水压。

（5）每块砖应带有定位互锁卡扣，防止错位及保持均匀间隙。

3. 布气管道系统

（1）按照滤池底配气系统管道的布置方式及空气冲洗强度，确定空气管管径、管件形式和数量，并与滤砖形成配套，共同组成完整的气水分布系统。布气管道系统装置及配件材质见表 3-19。

表 3-19　布气管道系统装置及配件材质

装置及配件	材　质
空气管道	控制阀后段采用 304 不锈钢，控制阀前段镀锌钢管
管配件	同相应管段材质
调节支架	水下部分采用 316 不锈钢，水上部分碳钢
螺栓、螺母、垫圈等紧固件	采用 316 不锈钢

（2）布气支管应装有支撑及定位支架，防止布气支管位移或颤动，支管支架不会影响支管的布气，不会阻碍或堵塞滤砖气、水通道，不会影响滤砖的互锁功能。

（3）滤池底盘反冲洗配气主管截面为长方形，材质采用 304 不锈钢，进气控制阀后布气支管为圆管，材质采用 304 不锈钢，支架材质采用 316 不锈钢。

（4）空气分布管主管侧面开螺纹圆孔，符合配气支管的连接要求。

4. 滤池承托层

（1）滤池支撑层采用天然鹅卵石。

（2）粒径分布范围为 2～38mm，多层级配交替排列。

（3）承托层厚度为 550mm（按设计要求）。

（4）卵石表面含泥量小于 1%。

5. 滤池滤料

（1）滤池均质砂滤料应具有二氧化硅含量高、清洁、杂质含量低等特点，此外，还应具有良好的耐磨性能。一般采用使用周期长的高品质石英砂。

（2）有效粒径为 2～4mm，均匀系数小于 1.4，相对密度大于或等于 2.6，酸溶度不超过 3%，莫氏硬度为 6～7。

（3）滤床高度为 2.0m（按设计要求）。

3.9.5　质量控制

1. 施工过程控制指标

在进行正式施工安装前，应组织施工人员进行安全技术交底，参照设计施工图纸要求，对其中的关键工序质量控制进行详尽说明和交底，保证施工质量符合设计及工艺使用要求。施工过程主要质量控制指标如下。

（1）滤池池底及集水渠盖板整体标高一致，焊接牢固，间距均匀，水平度误差控制在±5mm。

（2）布气管道系统安装严密不漏气，安装牢固，整体水平度误差控制在±5mm。

（3）滤砖安装卡扣牢固，整体性好，水平误差控制在±5mm。

（4）按照设计施工图纸要求，清理滤池底部杂物，在滤砖与池壁间隙处用水泥砂浆封堵严实，保证滤池反洗时气水都通过滤砖系统进行分布。

（5）按照设计施工图纸要求，分级均匀铺设滤池承托层，设置标高控制线，严格控制承托层卵石和滤料石英砂的铺设高度。

（6）按照设计要求，每道工序施工完成后都要通过项目三方检验合格形成书面验收文件后，方能进行下一道工序施工。

2. 施工质量控制指标

1）主控项目

滤池应做布气试验，出气应均匀，无漏气现象。

2）一般项目

承托层及滤料层的厚度及粒径应符合设计文件的要求。

滤池滤板、滤头及滤砖的安装允许偏差和检查方法见表3-20。

表3-20　滤池滤板、滤头及滤砖的安装允许偏差和检查方法

序号	项目		允许偏差（mm）	检查方法
1	砂过滤池	单块滤板、滤头水平度	2	水平仪检查
		同格滤板、滤头水平度	5	水平仪检查
		整池滤板、滤头水平度	5	水平仪检查
2	深床砂过滤池	滤砖水平度	5	水平仪检查

一体化过滤设备应固定牢固，安装位置、标高和垂直度应符合设计文件的要求。

3.10　加药设备

3.10.1　概述

污水处理厂加药设备是污水处理系统中的重要组成部分，是一种具有自动化控制功能的环保设备，通过流量计、压力传感器等一系列传感器实时监测污水的水质，并根据设定的调节参数自动计算所需的药剂投加量。药剂通过泵送系统精准计量并注入污水中，通过

充分混合后达到最佳处理效果。该设备通常由药剂投加系统、药剂搅拌系统、药剂储存系统以及控制系统等部分组成。污水处理厂加药设备见图3-28。

图3-28 污水处理厂加药设备

药剂投加系统是将化学药剂加入污水中的部分，通常包括药剂泵、药剂储罐和药剂投加管道等。药剂泵负责将药剂从储罐中抽取，并通过投加管道加入污水中，以达到处理效果。

药剂搅拌系统是将加入污水中的药剂与污水进行充分混合，以提高处理效果的部分。通常采用搅拌机或搅拌桶等设备进行搅拌。

药剂储存系统是用于存放化学药剂的部分，通常包括药剂储罐和药剂输送管道等。药剂储罐负责储存药剂，并通过输送管道将药剂送至药剂投加系统中。

控制系统是用于控制加药设备的运行和药剂投加量的部分，通常包括控制仪表和自动控制设备等。控制仪表负责监测污水处理过程中的各项指标，并根据设定的参数进行控制，以保证处理效果。

3.10.2 现行适用规范

（1）GB 50231—2009《机械设备安装工程施工及验收通用规范》。

（2）GB 50257—2014《电气装置安装工程 爆炸和火灾危险环境电气装置施工及验收规范》。

（3）GB 50334—2017《城镇污水处理厂工程质量验收规范》。

3.10.3 施工工艺流程及操作要点

1. 工艺流程

加药设备安装施工工艺流程见图3-29。

（1）检查土建与设备安装图纸是否对应。

由监理单位组织设计、施工、设备厂家共同查看土建结构与设备规格是否匹配，查看土建分布分项工程验收记录，查看设备出厂合格证、质量合格证、制造检验性文件，查看设备到场验收记录。

（2）检查设备尺寸与预留孔洞预埋件。

检查设备尺寸与预留孔洞是否一致，对设备尺寸与土建预留孔洞进行复核，尤其对土

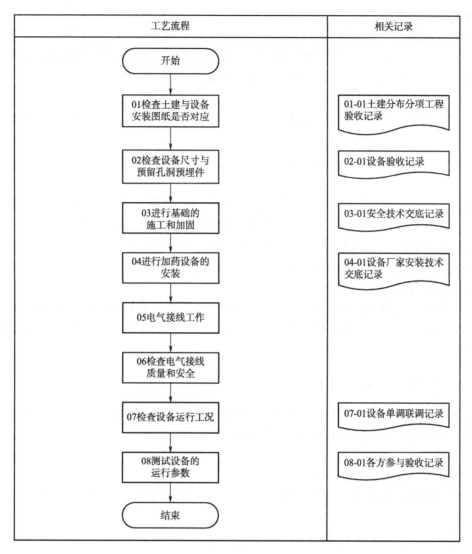

工艺流程	相关记录
开始	
01 检查土建与设备安装图纸是否对应	01-01 土建分布分项工程验收记录
02 检查设备尺寸与预留孔洞预埋件	02-01 设备验收记录
03 进行基础的施工和加固	03-01 安全技术交底记录
04 进行加药设备的安装	04-01 设备厂家安装技术交底记录
05 电气接线工作	
06 检查电气接线质量和安全	
07 检查设备运行工况	07-01 设备单调联调记录
08 测试设备的运行参数	08-01 各方参与验收记录
结束	

图 3-29 加药设备安装施工工艺流程

建预留孔洞进行设计可靠性检测复核，避免错口。

（3）进行基础的施工和加固。

施工前由监理组织各方进行安全技术交底，对重点工序及重点部门进行重点把控，按照相关规范及图纸要求对设备基础进行施工加固。

（4）进行加药设备的安装。

由监理组织各方召开安装技术交底，根据图纸、设备安装手册、设备工艺流程图进行设备安装，安装时厂家应现场指导配合，并对安装过程进行记录。

（5）检查电气接线质量和安全。

安装过程应考虑电气设备接入，预留电气设备接入路径，加药系统管道及设备按要求安装完成后，由专业电工对设备进行电气接线，接线完成后对重点环节与接入点进行复核，避免误接错接。

（6）检查设备运行工况。

由厂家指导，对设备进行空转、试运行，检查设备运行工况并记录设备运行参数，并由监理组织进行各方验收，为联调联试做基础准备。

2. 操作要点

（1）根据加药的需求和工艺要求，选择适合的加药设备，包括加药泵、加药罐、控制系统等。

（2）根据工程现场条件和加药设备的尺寸、安装要求，确定设备的安装位置和安装方式。

（3）安装设备前应评估设备的重量（可参考设备说明书），包括设备的主体、任何附加部件以及满载药剂时的总重量等，选择合适的支架材料，并使用适当的固定装置将支架牢固地固定在地面上，以防止设备在使用过程中发生移动或倾斜。

（4）根据加药设备的进出口连接要求，安装相应的管道系统，包括进料管道、排放管道和连接管道等。

（5）根据加药设备的电气要求，连接电源和控制系统，确保设备能够正常工作。

（6）经过安装后，对加药设备进行必要的调试和测试，确保设备运行正常和加药效果符合要求。

3.10.4　材料与设备

污水处理厂加药设备的名称、规格、主要技术指标可能因具体工程范围不同而有所不同，以下为常见的加药设备及其主要技术指标。

1. 加药泵

设备名称：蠕动泵、离心泵、齿轮泵等。

规格：根据加药量和工程需求而定，例如，流量范围为 $1\sim1000L/h$，扬程范围为 $1\sim100m$。

主要技术指标：流量、扬程、压力、功率、转速等。

2. 加药罐

设备名称：HDPE 加药罐、不锈钢加药罐等。

规格：根据加药量和工程需求而定，例如，容积范围为 $100\sim5000L$。

主要技术指标：容积、材质、耐压能力、密封性等。

3. 控制系统

设备名称：PLC 控制系统、仪表控制系统等。

规格：根据工程需求而定，包括控制面板、传感器、执行机构等。

主要技术指标：控制方式、控制精度、可编程性等。

4. 施工机具

搅拌设备：搅拌器、搅拌桶等。

安装工具：扳手、螺钉旋具（俗称螺丝刀）、电钻等。

管道安装工具：管道切割机、弯管机等。

5. 仪器仪表

液位计：超声波液位计、浮子液位计等。

流量计：电磁流量计、涡轮流量计等。

压力计：压力变送器、差压计等。

检验检测方法一般遵循设备制造商的说明书、相关标准和规范，并可通过使用校准设备、验收测试等手段进行验证。

6. 聚氯乙烯管（PVC-U）

管材所用胶粘剂应为同一厂家配套产品，并具备产品合格证及说明书。

管材内外表层应光滑，无气泡、裂纹，管壁薄厚均匀，色泽一致。直管段挠度不大于1%，承口应有梢度，并与插口配套。

其他材料包括胶粘剂、型钢、圆钢、卡件、螺栓、螺母、肥皂等。

管材与管件的连接方式采用承插式胶粘剂粘接。胶粘剂必须标有生产厂名称、生产日期和使用期限，并必须有出厂合格证和使用说明书。管材、管件和胶粘剂应由同一生产厂配套供应。

管材和管件在运输、装卸和搬运时应小心轻放，不得抛、摔、滚、拖，也不得烈日暴晒。应分规格装箱运输。管材和管件应储存在温度不超过 40℃ 的库房内，库房应有良好的通风条件。管件应分规格水平堆放在平整的地面上，如果用垫物支垫时，其宽度应不小于 75mm，间距不大于 1mm，外悬的端部不超过 0.5m，叠置高度不超过 1.5m，且不允许不规则堆放与暴晒。管件不得叠置过高，凡能立放的管件均应逐层码放整齐，不得立放的管件，亦应顺向或使其承插相对地整齐排列。

3.10.5 质量控制

1. 施工过程控制指标

（1）施工进度控制指标：按照工程计划，合理安排设备安装的时间节点和工作量，确保施工进度及时完成。

（2）安全控制指标：制定安全操作规程，确保设备安装过程中的安全措施得到有效执行。

（3）资源管理控制指标：合理管理设备安装所需的人力、物力和财力资源，确保资源的使用效率。

（4）施工质量控制指标：按照相关标准和规范要求，控制设备安装过程中的质量关键点，包括设备安装的位置、安装工艺的执行和设备的校验等方面的控制要求。

2. 施工质量控制指标

（1）设备质量控制指标：确保设备的质量符合标准和规范要求，并进行设备的入场检验和验收。

（2）安装工艺控制指标：严格按照设备安装工艺规范进行操作，包括设备安装的顺序、连接方式和安装精度等方面的控制要求。

（3）检测和调试控制指标：对设备安装后进行必要的检测和调试，确保设备正常运行和性能达到设计要求。

（4）整体质量控制指标：确保设备安装过程中各个环节的质量得到有效控制，以保证设备安装质量和工程的可靠性。

（5）加药间防爆设备的安装应符合设计文件的要求和 GB 50257—2014《电气装置安装工程　爆炸和火灾危险环境电气装置施工及验收规范》的相关规定。

（6）管路、阀的连接应牢固紧密、无渗漏。

（7）药剂制备装置安装允许偏差和检查方法见表 3-21。

表 3-21　药剂制备装置安装允许偏差和检查方法

序号	项目	允许偏差（mm）	检查方法
1	设备平面位置	10	尺量检查
2	设备标高	+20，−10	水准仪与尺量检查
3	设备水平度	$L/1000$	水平仪检查

注：L 为药剂制备装置的长度（mm）。

3.11　消毒设备

3.11.1　概述

根据 GB 18918—2002《城镇污水处理厂污染物排放标准》的相关规定，污水处理厂一级 A 标准出水粪大肠菌群数不得超过 10^3 个/L。为了有效地防止水媒性传染病对人体健康造成危害，降低水中的总大肠菌群数，对污水处理厂出水进行消毒是十分必要的。次氯酸钠是生活中应用很广的一种强氧化剂，次氯酸钠液体投入水中，瞬时水解形成次氯酸和次氯酸根，因次氯酸是很小的中性分子，不带电荷，能迅速扩散到带负电的菌（病毒）体表面，并通过细菌的细胞壁，穿透到细菌内。次氯酸极强的氧化性可以破坏菌体和病毒上的蛋白酶等酶系统，从而杀死病原微生物，起到消毒作用。次氯酸钠消毒设备主要由储药罐、液位计、阀门、计量泵、电磁流量计、压力表及相应管道组成。

3.11.2　现行适用规范

（1）GB 50268—2008《给水排水管道工程施工及验收规范》。

（2）GB 50231—2009《机械设备安装工程施工及验收通用规范》。

（3）GB 50334—2017《城镇污水处理厂工程质量验收规范》。

3.11.3　施工工艺流程及操作要点

1. 工艺流程

次氯酸钠消毒设备安装施工工艺流程见图 3-30。

1）放线定位

明管安装前根据图纸要求和预埋的管道出口，采用红外线放线仪放出安装管道的水平

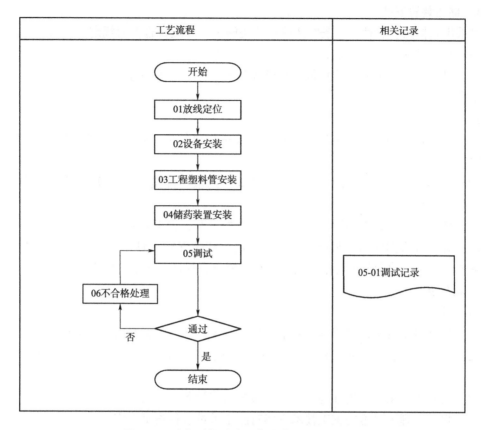

工艺流程	相关记录
开始 → 01放线定位 → 02设备安装 → 03工程塑料管安装 → 04储药装置安装 → 05调试 → 通过(否→06不合格处理→05调试；是→结束)	05-01调试记录

图 3-30　次氯酸钠消毒设备安装施工工艺流程

线、垂直线。

2）设备安装

（1）消毒设备整体吊运至安装位置就位。

（2）安装前检查进出水口、排污口与相配的阀门尺寸是否吻合。

（3）检查消毒设备管口与对应埋管及设备垂直度，应符合各部位尺寸偏差要求，设备垂直度、水平度、高程及中心符合要求后，按设计要求与基础固定。

3）工程塑料管安装

（1）直接连接的管道在施工中被切样时，须将插口处倒角，锉成坡口后进行连接。切断管材时，应保证断口平整且垂直管轴线，坡口长度一般不小于3mm，坡口厚度约为管壁厚度的1/3～1/2。施工完毕后，将残屑消除干净。

（2）管材或管件在粘接前，用干布将承口内侧和插口外侧擦拭干净，粘接前应试插一次，使插入深度符合要求，并在插入端表面划出承口深度的标线。承插口涂刷胶粘剂后，应立即找正方向将管端插入承口，用力挤压，使管端插入至所划标线处，并保证承插接口的直度和接口位置正确。

（3）承插接口连接完毕后，及时将挤出的胶粘剂擦拭干净，粘接后，不得立即对结合部位强行加载，其静置固化时间应符合规范要求。

4）储药装置安装

可采用满粘法、点粘法、条粘法或空铺法施工，并应符合下列规定。

（1）储药罐吊运至安装位置。

（2）储药罐安装的中心位置偏差小于或等于 3mm，垂直度小于或等于 $0.05\%L$（L 为储药罐高度）。

5）调试

（1）做好操作前的准备工作，计量泵、减速机机箱注入适量的润滑油，以油位水平线为准。

（2）关闭排污阀、管道阀，自动或手动加注药液，计量泵第一次运行时，逆时针打开排气阀，待有药液流出后，拧紧接头。

（3）将计量泵的频率调至 50% 左右，将电控箱开关旋至启动位置，开机运行。

（4）计量泵根据使用说明选择挡位，根据出药情况校正计量泵给定频率，计量泵根据外部流量信号自动调节出药量使投药量符合要求，保证投药量的恒定。

2. 操作要点

1）操作条件

（1）检查设备及配件到货是否齐全，外观有无损坏，是否有出厂合格证。

（2）检查管材、管件外观是否有缺陷，检查管材的平直度与设计要求的规格型号是否一致。

（3）具备施工条件，接好施工电源，布置施工设备和工具。

（4）根据监理人批准的施工技术方案对施工人员进行技术交底。

2）要点事项

（1）检查管材、管件外观是否有缺陷，检查管材的平直度与设计要求的规格型号是否一致。

（2）次氯酸钠加药装置储药罐不设搅拌器，可直接投加液体化学药剂，当人工设定好投加量后，设备连续自动运行。

（3）作业人员应严格依据操作规程佩戴口罩、护目镜及防护手套，工作场所禁止抽烟、进食和饮水，若接触到次录酸钠，则用大量清水冲洗。

（4）管螺纹接头的密封材料宜采用聚四氟乙烯带或密封胶，拧紧螺纹时，不得将密封材料挤入管内。

（5）禁止泵空转。

3. 11. 4 材料与设备

1. 材料

检查管材、管件外观是否有缺陷，检查管材的平直度与设计要求的规格型号是否一致。

2. 设备

（1）安装所需设备：切割机、锉刀、手锤、导链、各种扳手。

（2）测量工具：皮尺、钢卷尺、钢板尺、水平仪、线坠。

3.11.5 质量控制

1. 施工过程控制指标

(1) 阀门安装应规范，位置正确、操作方便。

(2) 管路排列合理整齐。

(3) 支吊架安装牢固、整齐美观、受力合理。

(4) 监测仪表、自动化元件安装位置允许偏差和整定值检验符合规范、合同及设计要求。

2. 施工质量控制指标

1) 主控项目

(1) 埋管安装时管口封堵可靠。

(2) 管道与混凝土墙面的距离不小于法兰、阀门安装尺寸。

(3) 明管安装时水平管弯曲和水平偏差每 10m 小于或等于 ±4mm，全长小于或等于 ±12mm。

(4) 明管安装时立管垂直度小于或等于 1.5mm/m，全长小于或等于 10mm。

2) 一般项目

(1) 设备运至工地后首先进行开箱检查工作，设备开箱检查清点验收由建设单位、监理单位、供货商及施工单位管理部门人员在场共同进行并做好记录。检查设备及配件到货是否齐全，外观有无损坏，是否有出厂合格证。

(2) 管路介质流向的标识正确、清晰。

(3) 各类水泵、自动化元件的安装允许偏差符合规范及设计要求。

(4) 储药罐安装的中心位置偏差小于或等于 3mm，垂直度小于或等于 $0.05\%L$（L 为储药罐高度）。

(5) 位置、标高、走向符合设计要求。

3.12 除臭系统

3.12.1 臭气收集风管

1. 概述

污水处理厂除臭风管管材主要有不锈钢和玻璃，都具有耐该工况下腐蚀性气体的特点。玻璃钢管价格低廉，使用寿命 5～10 年；不锈钢钢管使用寿命超过 30 年。除臭用风管采用有机玻璃钢材质，即以热固性树脂为基体的纤维增强复合材料 FRP，风管内流动介质主要为硫化氢、氨气、三甲胺及硫醇类等臭气。

2. 现行适用规范

(1) GB 50738—2011《通风与空调工程施工规范》。

(2) GB 50243—2016《通风与空调工程施工质量验收规范》。

3. 施工工艺流程及操作要点

1) 工艺流程

臭气收集风管安装施工工艺流程见图 3-31。

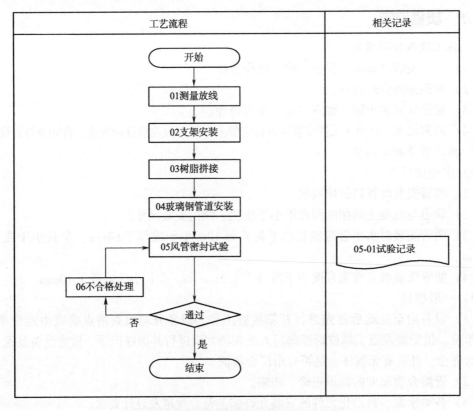

工艺流程	相关记录

图 3-31　臭气收集风管安装施工工艺流程

（1）测量放线。

确定风管的安装位置及标高要求，现场实际测量，对风管的走向及中线位置进行定位、放线，确定支架的位置。

（2）支架安装。

风管支架（不大于 DN400）标准安装间隔不大于 4m，风管支吊架（大于 DN400）标准安装间隔不大于 3m，可根据实际情况进行微整。

（3）树脂拼接。

①对密封缝隙两边大于或等于 100mm 范围内的围板进行打磨，即把玻璃钢管道的隔离层打磨干净，以避免树脂与玻璃钢板隔离层间因附着性不够引发脱漏。

②用干布条将密封区域的粉尘去除干净，并按尺寸裁剪好玻璃纤维布备用。

③将树脂与促进剂混合均匀后，再加入固化剂搅拌均匀（环境温度 25℃ 或以上，树脂∶固化剂∶促进剂比例为 100∶1.5∶1.5，25℃ 环境以下，树脂∶固化剂∶助进剂比例为 100∶2∶2）即可使用。因树脂凝固时间较短，每次树脂调配量不宜过多（建议总量约为 1kg）。

④用毛刷（滚筒）将调好的树脂均匀地涂于密封处，注意树脂需分布均匀，然后铺上一层玻璃纤维布。

⑤玻璃纤维布需平整展开，不得有翘起、扭曲等现象，最后用毛刷（滚筒）往玻

璃纤维布表面粘涂树脂，树脂需完全浸透纤维布并分布均匀，不能有空洞、气泡及发白等现象。

（4）玻璃钢管道安装。

可采用满粘法、点粘法、条粘法或空铺法施工，并应符合下列规定。

①风管粘接之前必须保证管道表面干净，无灰尘、水等杂物。粘接之前将管道粘接表面打磨起毛，涂上树脂，粘接针织毡，再涂上树脂，按上述要求安装达到要求层数后，涂上树脂，粘接网格布，直至达到粘接层数要求。

②风管接缝处粘接后需打磨平整，粘接处与风管过渡平滑。

③第一层针织毡宽度要求为 200mm，此后逐层递增至 280mm，网格布宽度为 300mm。风管粘接方式见表 3-22。

表 3-22　风管粘接方式

序号	管道规格（mm）	粘接方式
1	$D \leqslant 250$	二层针织毡一层网格布
2	$250 < D \leqslant 500$	三层针织毡二层网格布
3	$500 < D \leqslant 800$	四层针织毡二层网格布
4	$800 < D \leqslant 1200$	五层针织毡二层网格布（分两次粘接）
5	$1200 < D \leqslant 1800$	六层针织毡三层网格布（分两次粘接）

注：D 为风管管道直径（mm）。

（5）风管密封试验。

风管安装完成后，应做漏光检测，防止管路漏风。具体要求为风管每 10m 接缝，漏光点小于或等于 2 处，且 100m 接缝平均漏光点小于或等于 16 处。

2）操作条件及要点

（1）操作条件。

①熟悉施工图纸、风管图纸的二次设计，完成施工方案的编制并通过审核批准、图纸会审、安全技术交底。

②施工用临时电源已按照标准敷设完成。

③施工场地交面已完成，具备施工条件。

④材料规格符合设计要求。

⑤各部尺寸符合设计要求，法兰面水平、平整光滑，直管段两端法兰面平行，法兰对角线尺寸相同无扭曲。

（2）操作要点。

①风管需整体吊装时，绳索不得直接捆在风管上，应用长木板托住风管底部，四周应有软性材料做垫层。

②起吊时，当风管离地面 200～300mm 时，停止起吊，仔细检查吊点和捆绑风管的绳索是否牢靠，风管重心是否正确。

③根据施工现场情况，可以在地面把几节风管连成一定的长度，然后采用整体吊装的方法就位，也可以把风管一节一节地安装在支架上逐步连接，安装顺序为先主管后支管，

由下至上进行。

④法兰垫料不能挤入或嵌入风管内，法兰垫料应尽量减少接头。

⑤连接好的风管，以两端法兰为基准，拉线检查风管连接是否平直。

4. 材料与设备

1）材料

风管系统的材料、规格、性能等应符合设计和现行国家产品标准的规定。

2）设备

（1）清理基础施工应配备铁锹、扫帚、墩布、手锤、钢凿等。

（2）风管施工应配备弹线盒、卷尺、滚刷、毛刷、角磨机等。

（3）风管支架施工应配备电焊机、切割机、卷尺、冲击钻等。

5. 质量控制

1）施工过程控制指标

（1）风管安装前，应清除内、外杂物，并做好清洁和保护工作。

（2）风管安装的位置、标高、走向应符合设计要求；现场风管接口的配置不得缩小其有效截面。

（3）风管接口的连接应严密、牢固；风管法兰的垫片材质应符合系统功能的要求，厚度不应小于 3mm；垫片不应凸入管内，亦不宜突出法兰外。

（4）风管的连接应平直、不扭曲；明装风管水平安装，水平度的允许偏差为 3/1000，总偏差不应大于 20mm；明装风管垂直安装，垂直度的允许偏差为 2/1000，总偏差不应大于 20mm。

2）施工质量控制指标

（1）主控项目。

①系统风管内严禁其他管线穿越。

②水平风管的水平度为 0.3%，总偏差不大于 20mm，垂直风管的垂直度为 0.2%，总偏差不大于 20mm。

③风管外观无明显扭曲与翘角，表面应平整。

（2）一般项目。

①支、吊架焊接无漏焊、欠焊或焊接裂纹等缺陷。

②位置、标高、走向符合设计要求。

③风管支吊架采用膨胀螺栓等胀锚方法固定时，必须符合相应技术文件规定。

3.12.2　生物除臭装置安装

1. 概述

污水处理过程中会产生氨、硫化氢等恶臭气体和其他有机废气，对工作人员及周围居民的健康带来危害，因此对污水处理厂内产生臭气的构筑物采用加盖收集臭气的方法并进行除臭处理，有助于创造良好的工作环境，减轻污水处理厂对周围环境的影响。除臭常见的方法有生物除臭法、水清洗和药液清洗法、活性炭吸附法、土壤除臭法等，本节主要介绍生物滤池处理工艺，即对产生臭气的处理设备设施采取全部或局部密封收集，然后通过收集系统将臭气集中送入生物除臭装置，臭气在生物除臭装置内进行分解、氧化等反应，使臭气中的氨、硫化氢、甲硫醇和甲烷等恶臭污染物质有效分解，处理后的气体通过排气筒达标排放。

2. 现行适用规范

（1）GB 50171—2012《电气装置安装工程　盘、柜及二次回路接线施工及验收规范》。

（2）GB 50243—2016《通风与空调工程施工质量验收规范》。

（3）GB 50334—2017《城镇污水处理厂工程质量验收规范》。

3. 施工工艺流程及操作要点

1）工艺流程

生物除臭装置安装施工工艺流程见图 3-32。

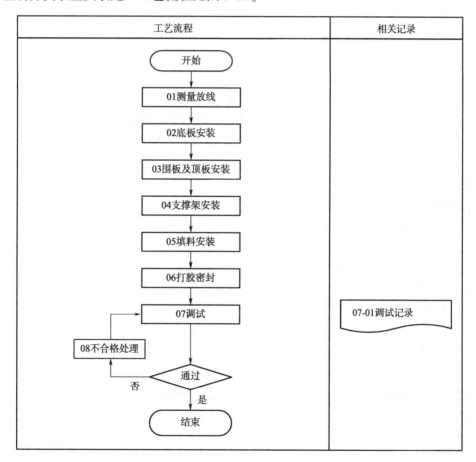

图 3-32　生物除臭装置安装施工工艺流程

（1）测量放线。

根据施工设计图纸、安装要求，将生物除臭装置和主要设备的安装位置测量放线到基础上。

（2）底板安装。

根据图纸资料核对到货的底板规格后，将底板按照设计图纸进行铺设，底板铺设间隙均匀平整，板与板之间均采用点焊方式进行焊接加固。

（3）围板及顶板安装。

①清洁基础预留钢板的焊接部位，避免沙尘损害焊接质量。

②用水准仪测量预埋钢板水平度。

③放线确认安装围板位置。

④将围板吊装至安装位置，调整水平及垂直度。

⑤围板定位后，将围板底部及围板与围板之间进行焊接。

⑥围板安装后进行玻璃钢内衬板的安装，安装前将围板清理干净，并打胶，将玻璃钢板与不锈钢底板、瓦楞板进行胶接。

（4）支撑架安装。

①测量支撑墩的水平度，确保支撑架的水平。

②按照设计图纸下料。

③安装、焊接。

（5）填料安装。

①安装填料前先按要求铺设筛网，筛网用电工扎带固定在格栅上。

②生物池填料铺两层，预洗池铺一层，填料上的筛网与格栅捆绑固定。

③生物池两层边沿互叠交叉铺设，交叉量为 100～200mm，并在交叉位置用扎带绑紧。

（6）打胶密封。

①注胶应均匀无流淌。

②施工中注意及时擦净余胶。

（7）调试。

①生物除臭装置的试运行时间为 8h，运行工况要求：运转平稳、噪声低、风量符合设计选型的要求。

②喷淋用水水泵运转正常，各类阀门的开、闭试验和表计、电控装置的调试、标定正常。

2）操作条件及要点

（1）操作条件。

①熟悉施工图纸，完成施工方案的编制并通过审核批准、图纸会审、安全技术交底。

②检查除臭基础各尺寸是否按图施工，清除除臭基础上各类建筑垃圾及影响设备安装的其他物品。

③施工用临时电源已按照标准敷设完成。

④材料规格符合设计要求。

（2）操作要点。

①明管安装时，所用的管材、管件、紧固件、密封垫等材料的规格材质符合设计要求，阀门及表计安装位置正确，便于操作和检修维护。

②管路安装工作暂停施工时，管口进行可靠封堵。

③阀门安装时应处在关闭状态，阀杆手柄的朝向便于操作，转动灵活。

④法兰垫料不能挤入或嵌入风管内，法兰垫料应尽量减少接头。

4. 材料与设备

1）材料

（1）面板覆面层不应划伤，板材不应变形、压瘪。

（2）填料的颗粒粒径、比表面积、相对密度应符合设计要求。

（3）生物除臭装置原材料应有产品出厂合格证和性能检测报告。

2）设备

（1）安装所需设备：切割机、锉刀、手锤、导链、各种扳手。

（2）测量工具：皮尺、钢卷尺、钢板尺、水平仪、线坠。

5. 质量控制

1）施工过程控制指标

（1）板与板的连接均采用焊接，缝隙处采用耐候密封胶连接。

（2）围板打胶之前必须将管口杂物清除，打胶时所有缝隙必须填实。

（3）UPVC 管材与管件的连接均采用胶水连接方式，不允许在管材和管件上直接套丝。

2）施工质量控制指标

（1）主控项目。

①平面位置偏差小于或等于 10mm，标高偏差小于或等于 10mm，水平度小于或等于 2mm/m。

②安装位置、高度符合设计要求，固定可靠，外壳可靠接地。

③正常运转不少于 8h，无异常声响及振动。

（2）一般项目。

①设备运至工地后首先进行开箱检查清点验收，由建设单位、监理单位、供货商及施工单位管理部门人员在场共同进行并做好记录。检查设备及配件到货是否齐全，外观有无损坏，是否有出厂合格证。

②臭气排放烟囱安装的中心位置偏差小于或等于 3mm，垂直度小于或等于 0.5‰L（L 为烟囱高度）。

③臭气排放烟囱采取防雷保护措施。

3.13　污泥处理设备

3.13.1　概述

1. 工艺概述

污泥脱水机是一种连续性的污泥处理设备，主要用于处理工业废水沉淀污泥、都市污水处理剩余污泥、社区污水处理污泥等。在污水处理过程中，产生的污泥里含有大量水分，造成污泥体积过大，导致运输和处置非常困难，利用污泥脱水机可以降低污泥中的含水量，减小其体积，进而方便运输。

2. 工艺特点

目前主要污泥脱水方式为带式压滤脱水、离心脱水及板框压滤脱水等，脱水方式原理及优缺点对照见表3-23。

表3-23 脱水方式原理及优缺点对照

设备名称	脱水方式	脱水原理	优点	缺点
叠螺式脱水机	螺旋压滤	其主体是由固定环、游动环相互层叠，螺旋轴贯穿其中形成的过滤装置。通过重力浓缩以及污泥在推进过程中受到背压板形成的内压作用实现充分脱水，滤液从固定环和活动环所形成的滤缝排出，泥饼从脱水部的末端排出	能自我清洗，不堵塞，低浓度污泥直接脱水；转速慢，省电，无噪声和振动；实现全自动控制，24h无人运行	不擅长颗粒大、硬度大的污泥的脱水；处理量较小
带式脱水机	重力脱水+剪切型脱水	由上下两条张紧的滤带夹带着污泥层，从一连串有规律排列的辊压筒中呈S形经过，依靠滤带本身的张力形成对污泥层的压榨和剪切力，把污泥层中的毛细水挤压出来，从而实现污泥脱水	价格较低；目前使用普遍，技术相对成熟	易堵塞，需要大量的水清洗，造成二次污染；不适用于油性污泥的处理
板框式脱水机	加压脱水	在密闭的状态下，经过高压泵打入的污泥经过板框的挤压，使污泥内的水通过滤布排出，达到脱水的目的	价格低廉；擅长无机污泥的脱水；泥饼含水率低	易堵塞，需要使用高压泵；不适用于油性污泥的脱水；难以实现连续自动运行

3.13.2 现行适用规范

（1）GB 50231—2009《机械设备安装工程施工及验收通用规范》。

（2）GB 50194—2014《建设工程施工现场供用电安全规范》。

（3）GB 50334—2017《城镇污水处理厂工程质量验收规范》。

（4）GB 55034—2022《建筑与市政施工现场安全卫生与职业健康通用规范》。

（5）JGJ 46—2005《施工现场临时用电安全技术规范》。

（6）CJ/T 508—2016《污泥脱水用带式压滤机》。

3.13.3 施工工艺流程及操作要点

1. 工艺流程

污泥脱水机设备安装施工工艺流程见图3-33。

（1）开箱验收。

在设备到货后及时对设备进行开箱验收，需对设备的名称、规格、数量及完好情况进行检查，也要对设备的外观进行检查，检查各突出部位、控制器、管路等是否破损、漏油、锈蚀、破裂，规格型号是否符合订货要求。检查零部件是否有破损和缺件，随机文件、合格证及产品说明书是否齐全，核实后做好记录，并请相关单位人员签字。开箱过程中发现的设备问题需由设备厂家对设备进行现场处理或返厂处理，期间的保管职责由设备厂家负责。设备开箱后设备及其备品备件由施工单位负责保管，现场待安装零部件也要妥

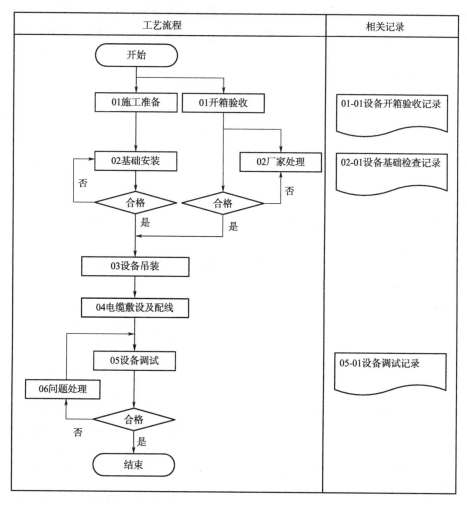

图 3-33　污泥脱水机设备安装施工工艺流程

善保管，防止丢失。对装箱的设备在开箱后不能立即安装完的，应将设备封箱存储，对露天放置的箱件必须加设防雨罩。

（2）基础安装。

每台脱水机基础有 4 块预埋钢板，在浇筑二次混凝土前将每块预埋钢板电焊在预埋钢筋上，同时用水平仪和框架水平仪将预埋钢板调平，使预埋钢板顶面高程误差不超过 1mm，将预埋板与钢筋焊接牢固后进行二次浇筑。待混凝土强度达到设计标号后复核钢板高程及水平度，合格后方可进行设备吊装。

（3）设备吊装。

根据设计图纸中污泥脱水机的水平布置，在污泥脱水机基础上放出安装轴线。每台脱水机有 4 个吊环供起吊使用，利用脱水机房内的行车吊将设备吊装在基础上，要求设备的平面位置偏差小于或等于 10mm，标高偏差小于或等于 20mm，水平偏差小于或等于 1/1000。

（4）电缆敷设及配线。

电缆敷设前需进行外观检查，要求端部防护套完整、无破损，外护套无破损，标识完整，标尺应清晰、正确，电缆型号、电压、规格及长度符合设计规定。电缆标志牌需包含电缆线路设计编号、型号、长度、规格及起讫地点，要求字迹清晰、挂装牢靠、规格一致。

（5）设备调试。

以带式污泥脱水机为例，在设备开机前，需对设备及周边环境进行检查，防止无用物品挤入滤带。滤带转动速度根据泥量、药剂量情况来确定，转速约为 1～7m/min。带式污泥脱水机开始运转后，开启反冲洗水泵，将滤带冲洗一次后方可打开输送泵。启动空压机将上下滤带松紧开关调至胀紧位置，检查滤带是否有走偏等现象，如果有问题需立刻停机检查。

带式污泥脱水机调试结束后，停止污泥的输送，开启反冲洗水泵，将滤带冲洗干净，之后关上反冲洗水泵，将转速调至零，关闭转速开关，关闭滤带转动电机，将滤带松紧开关调至松开位置。

在设备连续运转过程中需时刻观察设备运行状况，如出现异响或异常振动需立即停止设备，待厂家检查处理完成后，方可再次进行调试。

带式脱水机见图 3-34。

图 3-34 带式脱水机

2. 操作要点及常见问题处理

1）操作要点

在设备调试过程中，为确保污泥脱水达到设计要求，介绍操作要点如下。

（1）在设备调试过程中应保证进料污泥含水率在该设备的处理范围，视含水量高低进行浓缩、化学处理等前置处理。

（2）在设备调试前调整带布的张力，确保合适的松弛度以提供足够的接触面积和压力。

（3）设备调试前需检查污泥的成分和性质，确保脱水机参数与污泥特性相匹配。

（4）在调试过程中调整进料速度和浓度，使其适应带布的处理能力，避免过度负荷和堵塞。

2）常见问题及处理措施

（1）机带偏移松动。

现象：带式污泥脱水机带布在运行过程中可能出现偏移或松脱的情况。

处理措施：调整带布的张力，并确保带布正确对齐，以避免偏移和松脱；检查托辊和导向装置是否正常工作，如果有损坏或故障，应及时更换或修复。

（2）机械异常噪声或振动。

现象：带式污泥脱水机调试过程中产生异常噪声或振动。

处理措施：确保设备的平衡性，调整和校准设备的支撑和平衡装置；检查传动系统的零件和连接件，确保其保持紧固和润滑状态，避免因松动和摩擦产生振动和噪声；检查设备的基础，确保其稳固性和刚度，避免由于基础问题引起的振动和噪声。

3.13.4　设备与材料

（1）污泥脱水机，如板框式污泥脱水机、带式污泥脱水机、离心式污泥脱水机等，需符合设计参数要求和国家产品标准规定，设备进场应有产品质量合格证、检测报告及有关说明资料。

（2）预埋件施工所需工器具，如线坠、钢卷尺、水平尺、埋件、绑扎丝、焊条等。

（3）设备转运所需设备，如起重机、行车、叉车等。

（4）电缆敷设机配线所需工器具，如电缆牵引机、电缆输送机、滚轮装置、万用表、电缆保护套管、钳子、电缆切割工具等。

3.13.5　质量控制

1. 施工过程控制指标

脱水机属于高速运行设备，运行过程对设备动平衡性能要求较高，设备基础的精度至关重要。脱水机安装前要根据设计图纸的要求对设备的定位尺寸进行精细复核检查，根据设计图纸要求将整机移放到规定位置，并保证机架的水平度达到要求。随后，对预埋的螺栓进行第二次浇灌处理。在保养完成之后，进一步对脱水机整机的水平度或弹性支座进行精密调整，使设备安装质量符合相关技术要求标准。

皮带运输设备在定位时则需要保证一定的角度，刮泥板后部的接泥板和皮带运输机中心轴线保持一定角度，避免污泥落板问题。脱水机的其他相关外部辅助配件也都要按照要求进行安装，确保安装质量在可控范围之内。

2. 施工质量控制指标

（1）熟悉厂家设备安装图纸及手册，按图纸及手册相关要求进行安装。

（2）设备管路及阀门的连接应密封可靠，不得有渗漏、泄漏等现象。

（3）污泥脱水机的安装位置和高程应符合设计图纸要求，平面位置偏差应不大于10mm，高程偏差不大于20mm，水平度偏差不大于1/1000mm。

（4）设备安装完成后，由设备厂家对设备进行调试，按技术要求进行校验，保证其允差值符合要求。

（5）空载运行时，用轴承温度检测仪检验减速器轴承外围温度，温升应不大于20℃，最高温度应不大于60℃。

3.14　鼓风、压缩设备

3.14.1　风机

1. 概述

风机是污水处理厂站中常见的鼓风、压缩设备。在废水处理过程中，风机通常用于曝气、混合、吸附等环节，也常用于液化和溶解废料、泥浆。风机在废水处理的曝气环节提供氧气以支持生物处理。

2. 现行适用规范

（1）GB 50231—2009《机械设备安装工程施工及验收通用规范》。

（2）GB 50275—2010《风机、压缩机、泵安装工程施工及验收规范》。

（3）GB 50235—2010《工业金属管道工程施工规范》。

（4）GB 50194—2014《建设工程施工现场供用电安全规范》。

（5）GB 50334—2017《城镇污水处理厂工程质量验收规范》。

（6）GB 55034—2022《建筑与市政施工现场安全卫生与职业健康通用规范》。

（7）JGJ 46—2005《施工现场临时用电安全技术规范》。

3. 施工工艺流程及操作要点

1）工艺流程

风机安装施工工艺流程见图 3-35。

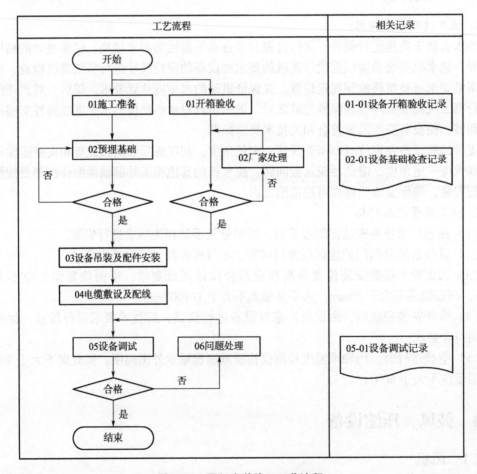

图 3-35　风机安装施工工艺流程

（1）开箱验收。

①检查设备的规格、性能是否符合图纸及标书要求，检查设备说明书、合格证和设备试验报告是否齐全。

②检查设备外表如驱动电机、联轴器、底座、叶轮、机壳、阀门、消声器、空气过滤器、空气管道等是否受损变形，零部件是否齐全完好。

③对设备、材料进行现场检查（包括零部件、工具、附件出厂合格证等），核对设备、材料的规格、型号和部件编号，并按装箱单清单或材料货单进行数量和质量的清仓验收。

（2）预埋基础。

依据设计图纸要求在浇筑二次混凝土前将每块预埋钢板电焊在预埋钢筋上，同时用水平仪和框架水平将预埋钢板调平，使其预埋板顶面高程误差不超过1mm，将预埋板与钢筋焊接牢固后进行二次浇筑。待混凝土强度达到设计标号后复核高程及水平度。

（3）设备吊装及配件安装。

依照设备供货商提供的图纸和预埋件尺寸在土建施工过程中进行预埋件预埋，并在吊装前进行清理，保证表面平整。通过鼓风机房内行车吊将设备吊装至指定位置。设备吊装就位后依次安装波纹管、止回阀、出口消音器等设备，同时调整地脚螺栓高度，使出风口高程符合设计要求。

（4）电缆敷设及配线。

电缆敷设前需进行外观检查，要求端部防护套完整、无破损，外护套无破损，标识完整，标尺应清晰、正确，电缆型号、电压、规格及长度符合设计规定。电缆标志牌需包含电缆线路设计编号、型号、长度、规格及起讫地点，要求字迹清晰、挂装牢靠、规格一致。

（5）设备调试。

①在风机装配完成后，应做风机的性能试验，风机试验的标准按JB/T 3165—1999相关规定执行。

②对于固定转速鼓风机，其额定压力下进口容积流量允许偏差为±10%，或者在额定流量下的出口压力与规定值的允许偏差为±6%。设备供货商应做出厂前气动性能试验，允许以空气为介质进行试验。

③达到正常转速约1h后，检查轴承温度和风机出口温度，其温升应小于1.1×（压力值）/1000（℃），同时测试安装好后的设备，证明其在额定转速的±1%范围内运行。空气悬浮离心鼓风机调试见图3-36。

2）操作要点

在设备调试过程中，为保证风机性能指标达到设计要求，介绍操作要点如下。

（1）在设备启动前需确认阀门在开启状态，同时在调试过程中禁止调整阀门开度，避免由于压力变化过大，导致设备被远程锁定。

（2）检查接线方法是否和接线图一致，应认真检查供应风机的电压是否符合要求，电源是否缺相位或同相位，所配电器元件的

图3-36　空气悬浮离心鼓风机调试

容量是否符合要求。

（3）设备正常运转时，应及时检查各项运转电流是否平衡，是否超过额定电流，发现电流异常应马上停机检查。

（4）设备达到正常转速时，应测量风机输入电流是否正常，风机的运行电流不能超过额定电流，若运行电流超过额定电流，应检查供给的电压是否正常。

4. 设备与材料

（1）风机，需符合设计参数要求和国家产品标准规定，须具备出厂质量产品合格证，进场应有检测报告及有关说明资料。

（2）预埋件施工所需工器具，如线坠、钢卷尺、水平尺、埋件、绑扎丝、焊条等。

（3）设备转运所需设备，如起重机、行车、叉车等。

（4）电缆敷设机配线所需工器具，如电缆牵引机、电缆输送机、滚轮装置、万用表、电缆保护套管、钳子、电缆切割工具等。

5. 质量控制

1）施工过程控制指标

风机基础的精度十分重要，安装前要根据设计图纸的要求对设备的定位尺寸进行精细复核检查，根据设计图纸要求将整机移放到规定位置，并保证机架的水平度达到要求，然后对预埋的螺栓进行第二次浇灌处理。在保养完成之后，进一步对设备的水平度或弹性支座进行精密调整，使设备安装质量符合相关技术要求。

2）风机安装质量控制指标

（1）风机的开箱检查。

①应按设计图样核对叶轮、机壳和其他部位的主要安装尺寸。

②风机型号、输送介质、进出口方向（或角度）和压力应与工程设计要求相符；叶轮旋转方向、定子导流叶片和整流叶片的角度及方向应符合随机技术文件的规定。

③风机外露部分各加工面应无锈蚀；转子的叶轮和轴颈、齿轮的齿面和齿轮轴的轴颈等主要零部件应无碰伤和明显的变形。

④风机的防锈包装应完好无损；整体出厂的风机，进气口和排气口应有盖板遮盖，且不应有尘土和杂物进入。

⑤外露测振部位表面检查后，应采取保护措施。

（2）风机的搬运和吊装。

①整体出厂的风机搬运和吊装时，绳索不得捆绑在转子和机壳上盖及轴承上盖的吊耳上。

②解体出厂的风机搬运和吊装时，绳索的捆绑不得损伤机件表面；转子和齿轮的轴颈、测量振动部位不得作为捆绑部位；转子和机壳的吊装应保持水平。

③输送特殊介质的风机转子和机壳内涂有的保护层应妥善保护，不得损伤。

④转子和齿轮不应直接放在地上滚动或移动。

（3）风机组装前的清洗和检查除应符合 GB 50231—2009《机械设备安装工程施工及验收通用规范》和随机技术文件的相关规定外，还应符合下列要求。

①设备外露加工面、组装配合面、滑动面，以及各种管道、油箱和容器等应清洗洁

净；出厂已装配好的组合件超过防锈保质期应拆洗。

②输送介质为氢气、氧气等易燃易爆气体的压缩机，其与介质接触的零件、部件和管道及其附件应进行脱脂，油脂的残留量不应大于 125mg/m；脱脂后应采用干燥空气或氮气吹干，并应将零部件、管道及其附件做无油封闭。

③油泵、过滤器、油冷却器和安全阀等应拆卸清洗。

④油冷却器应以最大工作压力进行严密性试验，且应保压 10min 后无泄漏。

⑤现场组装时，机器各配合表面、机加工表面、转动部件表面、各机件的附属设备应清洗洁净；当有锈蚀时应清除，并应采取防止安装期间再发生锈蚀的措施。

⑥调节机构应清洗洁净，其转动应灵活。

（4）风机机组轴系的找正。

①应选择位于轴系中间的或质量大、安装难度大的机器作为基准机器进行调平。

②非基准机器应以基准机器为基准找正、调平，并应使机组轴系在运行时成为两端扬度相当的连续平滑曲线。

③机组轴系的最终找正应以实际转子通过联轴器进行。

④联轴器的径向位移、端面间隙和轴向倾斜应符合随机技术文件的规定，无规定时，应符合 GB 50231—2009《机械设备安装工程施工及验收》的相关规定。

（5）风机的进气、排气管路和其他管路的安装，除应符合 GB 50235—2010《工业金属管道工程施工规范》和 GB 50243—2016《通风与空调工程施工质量验收规范》的相关规定外，尚应符合下列要求。

①风机的进气、排气系统的管路，大型阀件、调节装置、冷却装置和润滑油系统等的管路，应有单独的支撑，并应与基础或其他建筑物连接牢固，与风机机壳相连时不得将外力施加在风机机壳上。连接后应复测机组的安装水平和主要间隙，并应符合随机技术文件的规定。

②与风机进气口和排气口法兰相连的直管段上，不得有阻碍热胀冷缩的固定支撑。

③各管路与风机连接时，法兰盘上螺孔应对中安装，法兰面相互平行。

④气路系统中补偿器的安装应符合随机技术文件的规定。

（6）风机机壳与法兰接触面间应涂抹一层密封胶；螺栓的螺纹部分应涂防咬合剂，并应按规定的力矩或螺母转动角度将螺栓拧紧。

（7）风机驱动机为转子穿心的电动机时，其滑动轴承的轴肩与轴瓦的间隙值和联轴器轴向位移值及轴向间隙值，应根据电动机的磁力中心位置确定。

（8）风机的润滑、密封、液压控制系统应清洗洁净；组装后风机的润滑、密封、液压控制、冷却和气路系统的受压部分，应以其最大工作压力进行严密性试验，且应保压 10min 后无泄漏；风机的冷却系统试验压力不应低于 0.4MPa。

（9）风机上检测、控制仪表等的电缆、管线的安装，不应妨碍轴承、密封和风机内部零部件的拆卸。

（10）风机试运转前，应符合下列要求。

①轴承箱和油箱应经清洗洁净、检查合格后，加注润滑油；加注润滑油的规格、数量应符合随机技术文件的规定。

②电动机、汽轮机和尾气透平机等驱动机器的转向应符合随机技术文件的要求。

③盘动风机转子不得有摩擦和碰剐。

④润滑系统和液压控制系统工作应正常。

⑤冷却水系统供水应正常。

（11）风机的安全连锁报警系统与停机控制系统应经模拟试验，并应符合下列要求。

①冷却系统压力不应低于规定的最低值。

②润滑油的油位和压力不应低于规定的最低值。

③轴承的温度和温升不应高于规定的最高值。

④轴承的振动速度有效值或峰-峰值不应超过规定值。

⑤喘振报警和气体释放装置应灵敏可靠。

⑥风机运转速度不应超过规定的最高速度。

⑦机组各辅助设备应按随机技术文件的规定进行单机试运转，且试验结果符合随机技术文件要求。

⑧风机传动装置的外露部分、直接联通大气的进口，其防护装置（网）应安装完毕。

⑨主机的进气管和与其连接的有关设备应清扫干净。

3.14.2 空压机和储气罐

1. 概述

空压机和储气罐是采用物理处理浮选法和生物处理活性污泥法进行污水处理的关键设备，且两者一般配套使用。由于空压机在工作时气压不稳定，具有很大的波动性，使用储气罐可以把气压控制在合适的范围内，消除管路中气流的脉动，压缩空气就有了缓冲的地方，使气源能较好地保持在一个设定值，用气系统能得到恒定的压力。空压机的频繁启动和停止，会让电机的电流量消耗非常大，在设定压力下储气罐达到设定压力值时，空压机就会自动停机，可以保障空压机自动关停，从而节约能源。

2. 现行适用规范

（1）GB 50231—2009《机械设备安装工程施工及验收通用规范》。

（2）GB 50275—2010《风机、压缩机、泵安装工程施工及验收规范》。

（3）GB 50194—2014《建设工程施工现场供用电安全规范》。

（4）GB 50334—2017《城镇污水处理厂工程质量验收规范》。

（5）GB 55034—2022《建筑与市政施工现场安全卫生与职业健康通用规范》。

（6）GB/T 150.1～GB/T 150.4—2011《压力容器》。

（7）JGJ 46—2005《施工现场临时用电安全技术规范》。

3. 施工工艺流程及操作要点

1）工艺流程

空压机和储气罐安装施工工艺流程见图3-37。

（1）开箱验收。

设备开箱时，应对设备的名称、规格、数量及完好情况进行检查，检查各突出部位、

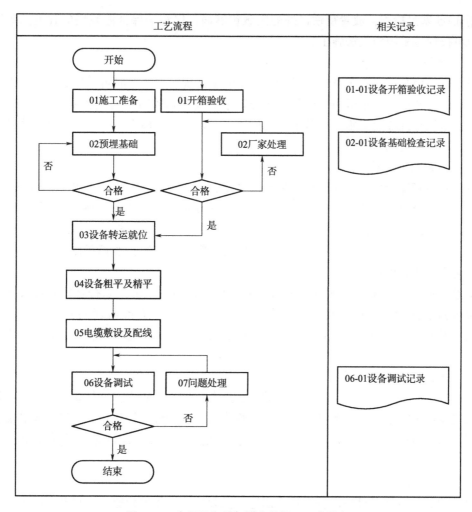

图 3-37 空压机和储气罐安装施工工艺流程

压力表、控制器、油管路等是否有破损、漏油、锈蚀、破裂、外包装破损等，规格型号是否符合订货要求。检查并清点零部件是否有破损和缺件，随机文件、合格证及产品说明书是否齐全，核实后做好记录。开箱后备品备件交施工单位保管，现场待安装零部件也要妥善保管，防止丢失。开箱清点一般选在安装地点进行，对装箱的设备在开箱后不能立即安装完的，应复箱封闭好，对露天放置的箱件必须加设防雨罩。

（2）预埋基础。

设备基础需按照设计基础图及土建单位提供的施工记录进行验收，重点检查基础的标高、坐标中心线、水平度及外形基础孔的几何尺寸，偏差是否符合规范规定，并做好相应记录。

设备的垫铁、大小、规格、型号及放置地点均应符合图纸及说明书要求，如无要求则根据设备的重量、吃力筋板的位置、地脚螺栓的位置商定。垫铁与基础接触应平整且严密，不平处凿平并磨合，垫铁与垫铁之间也需磨合铲平，不能有间隙，斜垫铁的角度要一致，一般要小于 13°，垫铁的总高度在 30mm 左右。设备安装好后，垫铁之间需点焊，间隙可用 0.05 塞尺检查，放置垫铁以外的区域铲麻面，以利于保证灌浆层的强度。垫铁的放置也可按规范采用压浆法施工。

（3）设备转运就位。

设备可采用叉车、汽车及起重机运输到吊装施工现场，吊装时可采用起重机、人字桅杆、独立抱杆和链式起重机吊装就位。对安装难度较大和较精密的设备要编制吊装方案，经有关技术领导批准后实施。设备吊装就位后，以设备的纵横中心线对准基础放线的纵横中心线，其中心线偏差应符合规范规定。

（4）设备粗平及精平。

设备的地脚螺栓长度应符合设备说明书要求，地脚螺栓的丝扣要高出螺母 1.5～5 个螺距，地脚螺栓根部不能碰地脚螺孔的底，须有 50mm 左右间隙。设备的粗平用水平仪，水平仪的放置地点应选择在设备的主要工作面上，如主轴颈、机壳的水平剖分面等加工精度较高的表面上，粗平精度应尽量接近精平精度。粗平完成后，地脚螺孔内灌浆捣实。灌浆的混凝土应比基础标号高一级。

待地脚螺栓孔灌浆水泥达到强度后，依规范或说明书要求，以符合精度等级要求并经校准合格的计量器具进行精平，精平达到标准后，请甲方或监理共同检查认证后填写设备安装记录。垫铁点焊固定后，进行基础的二次灌浆，灌浆混凝土应比基础标号高一级。

（5）电缆敷设及配线。

电缆敷设前需进行外观检查，要求端部防护套完整、无破损，外护套无破损，标识完整，标尺应清晰、正确，电缆型号、电压、规格及长度符合设计规定。电缆标志牌需包含电缆线路设计编号、型号、长度、规格及起讫地点，要求字迹清晰、挂装牢靠、规格一致。

（6）设备调试。

设备的试运转是对机械设备设计、制造、安装质量的重要检验，在设备的精平、二次抹面、清洗调整工作已经完成，与设备相连的管线无应力加于设备上，设备入口管线已吹扫干净，安装、清洗记录已经有关部门认证，设备说明书中要求的工作已经完成，电源已就位，电机转向正确的情况下开始调试。

2）操作要点

（1）安装储气罐时尽量少使用弯头，以免降低压力，接口要低进高出，与空压机连接端的高度要高于与储气罐连接端的高度，以降低压缩空气中的含水量。

（2）空压机调试前需检查润滑油质量，若润滑油存在问题应及时更换。

（3）调试过程中需检查空压机机体有无异常声响、温度是否正常、气缸和电机有无磨损、阀门管道是否畅通、仪表指示是否准确。

（4）调试过程中应密切关注压力、温度、电流等关键参数，以及故障诊断及报警情况，发现异常需及时停止。

（5）调试过程中严禁靠近进、排气孔，保持设备周边清洁、通风。

4. 设备与材料

（1）空压机及储气罐，需符合设计参数要求和国家产品标准规定，需提供出厂产品合格证，进场应有检测报告及有关说明资料。

（2）预埋件施工所需工器具，如线坠、钢卷尺、水平尺、埋件、绑扎丝、焊条等。

（3）设备转运所需设备，如起重机、行车、叉车等。

（4）电缆敷设机配线所需工器具，如电缆牵引机、电缆输送机、滚轮装置、万用表、电缆保护套管、钳子、电缆切割工具等。

5. 质量控制

1）施工过程控制指标

（1）在进行空压机储气罐安装前，需要先检查储气罐是否完好无损，各配件是否齐全，并准备好所需工具和防护设备。

（2）连接管道应选择合适的直径，避免管径过小对储气罐造成损害。同时，需要保证管道的铺设不会受到机器振动等因素的影响，在连接管道时不要出现漏气现象。

（3）安装完成后需检查空压机和储气罐与基础之间是否有裂痕，连接管道是否牢固，有无漏气情况等。

2）空压机施工质量控制指标

（1）压缩机安装时，设备的清洗和检查应符合下列要求。

①应对往复活塞式压缩机活塞、连杆、气阀和填料腔进行清洗和检查。

②应拆卸清洗隔膜式压缩机缸盖、膜片、吸气阀和排气阀，无损伤和锈蚀等缺陷。

（2）检验压缩机的安装水平，其偏差不应大于 0.20/1000，检测部位应符合下列要求。

①对于卧式压缩机、对称平衡型压缩机应在机身滑道面或其他基准面上检测。

②对于立式压缩机应拆去气缸盖，并应在气缸顶平面上检测。

③对于其他型号的压缩机应在主轴外露部分或其他基准面上检测。

（3）大型压缩机的机身油池应用煤油进行渗漏试验，试验时间不应少于 4h。

（4）安全阀应安装在不易受振动等干扰的位置，其全流量的排放压力不应超过最大工作压力的 1.1 倍。当额定压力小于或等于 10MPa 时，整定压力应为额定压力的 1.1 倍；当额定压力大于 10MPa 时，整定压力应为额定压力的 1.05～1.10 倍。氧气压缩机的每级安全阀或连锁保险装置应确保级间压力不超过其公称值的 25%，末级压力不超过公称值的 10%。

（5）压缩机的各连接管路、接头及连接处应密封、无泄漏。泄放的气体和液体应回收或引放到安全处。

（6）压缩机在其规定的使用环境和最终排气压力为额定排气压力下稳定运转时，各级排气温度应符合下列要求。

①气缸内有润滑油的各级排气温度不应超过 180℃。

②气缸内无润滑油的各级排气温度不应超过 200℃。

③喷油回转压缩机的各级排气温度不应超过 110℃。

3）储气罐施工质量控制指标

（1）储气罐与空压机的安装距离应不小于 2m，且在二者之间宜用软管连接，如采用硬管则需加设缓冲装置以防振动诱引罐体产生裂纹。

（2）安装过程中保证容器及管路连接处的密封性，不得出现漏气现象。

（3）因储气罐内装的是压缩气体，为防止压缩气体受热后体积过度膨胀而引发不安全因素，储气罐安装位置应远离火源及易燃易爆物质。

3.15 电气设备安装

3.15.1 变压器

1. 概述

（1）工艺概述。

变压器是输配电的基础设备，广泛应用于工业、农业、交通等领域，是利用电磁感应的原理来改变交流电压的装置，主要构件是初级线圈、次级线圈和铁心。

（2）主要作用。

变压器的主要作用包括电压变换、电流变换、阻抗变换、隔离、稳压等，按用途可以分为配电变压器、电力变压器、全密封变压器、组合式变压器、干式变压器、油浸式变压器、单相变压器等。

（3）技术参数。

变压器技术参数应符合国家、行业等相关标准，安装施工时应严格按照 GB 50147—2010《电气装置安装工程 高压电器施工及验收规范》的相关规定进行。干式变压器见图 3-38。

图 3-38 干式变压器

2. 现行适用规范

（1）GB 501480—2010《电气装置安装工程 电力变压器、油浸电抗器、互感器施工及验收规范》。

（2）GB 50171—2012《电气装置安装工程 盘、柜及二次回路接线施工及验收规范》。

（3）GB 50150—2016《电气装置安装工程 电气设备交接试验标准》。

（4）GB 50169—2016《电气装置安装工程 接地装置施工及验收规范》。

（5）GB 50168—2018《电气装置安装工程 电缆线路施工及验收标准》。

（6）JGJ 46—2005《施工现场临时用电安全技术规范》。

（7）JGJ 59—2011《建筑施工安全检查标准》。

（8）JGJ 33—2012《建筑机械使用安全技术规程》。

（9）DL 5027—2015《电力设备典型消防规程》。

3. 施工工艺流程及操作要点

1）工艺流程

变压器安装施工工艺流程见图 3-39。

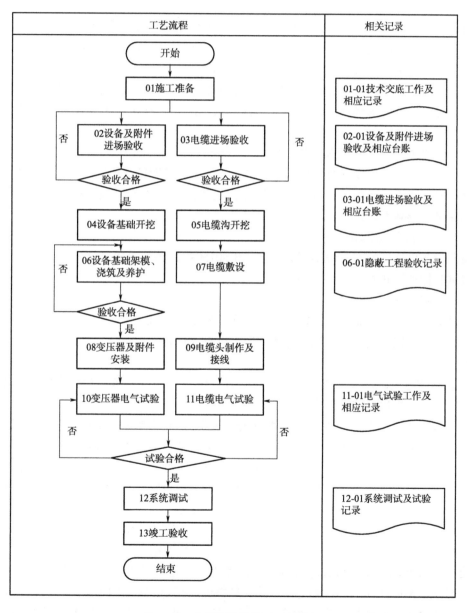

图 3-39　变压器安装施工工艺流程

（1）施工准备。

施工前需进行测量定位及划线，按照施工图纸对一期混凝土埋件进行复测。根据设计图纸对设备安装高程、位置进行测量放点。

（2）设备及附件进场验收。

变压器安装前需对设备和电缆进行到货验收，确保到货设备和电缆规格、型号等无异常。做好开箱验收记录，并由建设单位、监理单位、施工单位及厂家代表签字。变压器就位可采用吊装或拖运的方式，吊运变压器的钢丝绳必须拴在变压器的专用吊钩环上。

（3）设备基础开挖、电缆沟开挖。

设备基础架模需牢固可靠；混凝土浇筑前需进行基础处理，配合比应符合设计要求，在施工过程中严格按配比控制各种材料的比例，浇筑时应注意施工环境温度，浇筑过程中应做好混凝土振捣，浇筑后应做好混凝土养护工作。

电缆沟施工开始前需进行测量放样，确保路径符合设计图纸要求，确认路径后进行底板混凝土浇筑、电缆沟砌体浇筑、电缆沟抹灰及沟底二次找坡、电缆沟盖板安装等工艺施工。

（4）电缆敷设、变压器及附件安装。

变压器运至安装现场，对变压器进行检查、清扫，按图纸或厂家技术文件要求，在厂家指导下安装变压器及附件，并注意安装方向正确。电缆敷设时根据接线图和端子图接线，确保接线准确无误。

（5）变压器电气试验、电缆电气试验。

按照设备供货厂的安装说明书并参照 GB 50150—2016《电气装置安装工程 电气设备交接试验标准》进行现场试验。

（6）系统调试。

变压器试运行前应做全面的检查，干式变压器护栏要安装完毕，各种标识牌已挂好，变压器室门已装锁。确认符合试运行条件后方可投入运行。

2）操作要点

（1）验收电气埋件及预留孔洞尺寸、位置符合设计图纸要求，验收变压器运输、安装用地锚埋件及接地网的接地引线齐全。

（2）按照施工图纸对一期混凝土埋件进行复测，复测预埋件尺寸、位置正确，符合设计要求；根据设计图纸的设备安装高程、位置进行测量放点，标注出所需高程、桩号。

（3）根据到货清单检查并核对所有设备的外观、型号、规格、数量符合设计要求；按照到货清单检查并核对螺栓等其他安装材料的型号、规格、数量符合要求；检查铁心及夹件对地绝缘良好；收集并保存好设备的出厂检验记录和合格证书。

（4）变压器混凝土浇筑前确保基础平整、干燥、无油污和杂物；浇筑时施工环境温度保持在5℃以上，不可在冰冻或高温天气下进行浇筑工作。

（5）在安装间内用桥机或起重机将变压器本体吊起后放置于变压器基础上，主变压器底座与基础预埋件钢板焊接固定，基础板平整度应符合±5mm 的要求。

（6）整体安装变压器前先阅读变压器安装使用说明书，熟知变压器及其组部件的结构和工作原理，以及安装条件等内容，安装前准备好所需工具、设备和辅助材料，并安排好专人看护、记录，按图纸顺序进行安装。

（7）变压器接地安装按设计要求采用接地铜排，根据尺寸下料；变压器本体两侧与接地网两处可靠接地，接地牢固且导通良好；采用螺栓连接的部位螺栓搭接面符合要求，螺栓固定牢靠。

（8）变压器盘柜基础安装水平度符合图纸要求，各盘柜排列整齐一致，按照图纸进行二次盘柜及端子箱安装。

3）常见问题、原因及处理措施

（1）变压器就位后倾斜。

现象：变压器经过起重机吊装至变压器基础上后出现变压器倾斜现象。

原因：变压器基础不水平。

处理措施：使用水准仪测量变压器基础高程，若变压器基础高程高于设计图纸高程，则使用工器具将变压器基础凿平；若变压器基础高程低于设计图纸高程，则重新浇筑一层混凝土或垫钢板，并与变压器基础焊接可靠。

（2）变压器试运行中声音异常。

现象：变压器在正常运行状态下发出异常声音，则需立即停止试运行，检查异常声音来源。

原因：铁心夹件松动；铁心不接地；变压器分接头接触不良。

处理措施：对于变压器内部铁心夹件出现松动的情况，应预先停电，做好相应的安全措施后，检查螺栓松动情况，找出螺栓松动原因，及时针对螺栓情况做出应急处理；若变压器接头未接地导致变压器声音异常，应停电做好安全措施后将铁心可靠接地；对于变压器分接头接触不良的情况，停电后检查变压器各个挡位的连接情况，再检查各挡位电阻，并根据检查情况做出相应处理。

（3）变压器试运行过程中绕组过热。

现象：在变压器试运行过程中，每过一段时间使用测温仪对变压器温度进行测量，发现变压器绕组温度过高。

原因：环境温度高而配电室通风不良，变压器自带风机风量不够或者风机堵转，不能发挥预期的通风散热效果。

处理措施：运行前用吸尘器清扫变压器绕组和铁心上的积灰，定期检查或者更换变压器冷却装置。利用温控仪自动控制横流风机给绕组、铁心散热，将温控仪启停风机出厂整定值调整到符合实际的温度范围。

（4）变压器铁心接地绝缘异常。

现象：变压器试运行前，使用兆欧表测量变压器铁心接地绝缘电阻，发现绝缘电阻值不正常。

原因：空气中金属粉末和粉尘较多，附着在铁心上，加上湿度大，引起铁心多点接地的发生。

处理措施：变压器会因长期存放或密封不好而积尘、受潮等。若空气污浊，湿度大，变压器表面灰尘较多，可先对表面进行清洁后采用太阳灯对铁轭进行烘烤，处理完成后再使用兆欧表测量变压器铁心接地绝缘电阻。

4. 材料与设备

变压器安装设备见表 3-24。

表 3-24　变压器安装设备

序号	设备名称		规格型号	单位	数量
1	机械设备	汽车吊	25t/16t/8t	台	1
2		手动液压小搬运车（叉车）	2t	台	2
3		电焊机	ZX7-630	台	1
4		水准仪、全站仪		台	各1
5		切割机	J3GD3-400	台	1
6		角磨机	ϕ100mm、ϕ125mm	台	各2
7		冲击钻（电锤两用）	TE30	台	1
8	工器具	吊具		套	1
9		力矩扳手		套	2
10		电动扳手		套	1
11		梅花/呆扳手	10、13、16、21、27、34、41 型号	套	4
12		活动扳手	10、12、15、18in	把	各2
13		撬棍	ϕ22mm、ϕ35mm	根	各6
14	其他	无缝钢管	ϕ108mm、厚 10mm	m	9
15		可拆卸式脚手架	1.7m	套	12
16		管架		t	2
17		电缆、配电箱		套	1
18		干粉灭火器		瓶	6
19		电源、照明、配电箱		套	1

注：1in=2.54cm。

5. 质量控制

1）施工过程控制指标

（1）施工前需进行测量定位及划线，确保复测预埋件尺寸、位置符合设计要求。根据设计图纸标注出设备安装所需高程、桩号，确保点位准确。

（2）对设备进行到货验收，根据装箱清单对设备进行开箱检查，开箱检查验收在设备仓库或现场进行；根据到货清单检查并核对所有设备外观、型号、规格、数量符合设计要求；按照到货清单检查并核对螺栓等其他安装材料的型号、规格、数量是否符合要求；检查变压器器身清洁度；调试专用设备及备品备件，与清单、合同要求相符；设备性能及质量符合设计要求和技术标准；收集并保存好设备的出厂检验记录和合格证书。

（3）变压器接地安装需符合以下要求：按设计要求采用接地铜排，根据尺寸下料；按设计要求变压器本体两侧与接地网两处可靠接地，接地牢固且导通良好；变压器中性点与接地网相连，接地引下线与本体可靠绝缘；变压器铁心及夹件均一点接地，接地引下线与本体可靠绝缘；设备本体及中性点均需两点接地，分别与主接地网不同干线相连，截面符合要求；采用螺栓连接的部位螺栓搭接面符合要求，螺栓固定牢靠；接地横平竖直，工艺美观，并做接地标识。

（4）变压器安装完成后按照设备供货厂的安装说明书并参照 GB 50150—2016《电气装置安装工程　电气设备交接试验标准》进行现场试验，现场试验项目如下。

①用变压器变比测试仪检查所有分接头的电压比及接线组别，需做单相、连成三相检查。

②相序检查。

③三相接线组别和单相变压器引出线的极性检查。

④测量铁心及夹件的绝缘电阻。

⑤用频率响应分析方法测量绕组变形（另行委托经业主认可的具有相应资质的试验单位完成）。

⑥冲击合闸试验、冲击波形等参数测量（另行委托经业主认可的具有相应资质的试验单位完成）。

⑦设备供货厂提供的安装说明书中规定的其他试验项目。

当变压器安装完毕，试验结束后，按照设备厂家安装说明书和相关标准的规定进行检查并做好检查记录，按照有关规定进行现场验收工作。

2）施工质量控制指标

（1）主控项目。

①为确保安装质量，施工人员必须经过培训，通过组织技术交底，使施工人员熟悉工艺和质量、安全要求。

②设备安装工作严格按照设计、厂家要求，在厂家代表详细指导下进行。施工验收严格按照国标规范、"三检制"要求做好过程工序检查。

③设备连接螺栓紧固采用力矩扳手进行力矩检查，力矩值符合要求。变压器安装连接螺栓紧固力矩见表3-25。

表 3-25　变压器安装连接螺栓紧固力矩

规格	M4	M5	M6	M7	M8	M10	M12
力矩（N·m）	2.5	5.5	9	14	23	46	80
规格	M14	M16	M18	M20	M22	M24	M30
力矩（N·m）	128	195	268	380	520	660	1310

④变压器安装电缆电气试验内容见表3-26（参考 GB 50168—2018《电气装置安装工程　电缆线路施工及验收标准》）。

表 3-26　变压器安装电缆电气试验内容

序号	检查项目		控制标准
1	低压电缆试验，额定电压为 0.6/1kV	绝缘检查	用 1000V 兆欧表检查耐压前后无明显变化
2		耐压检查	可用 2500V 兆欧表代替、试验时间 1min
3		相位	一致

序号	检查项目		控制标准
4	高压电缆试验， 额定电压为 18/30kV 以下	绝缘检查	用 2500V 兆欧表检查耐压前后无明显变化
5			用 2500V 兆欧表，外护套、内衬层绝缘电阻不小于 0.5MΩ/km
6		耐压试验	AC $2U_0$，15min 耐压无放电
7		相位	一致

⑤变压器安装其他主控项见表 3-27（参考 GB 50148—2010《电气装置安装工程　电力变压器、油浸电抗器、互感器施工及验收规范》、GB 50169—2016《电气装置安装工程　接地装置施工及验收规范》、GB 50171—2012《电气装置安装工程　盘、柜及二次回路接线施工及验收规范》）。

表 3-27　变压器安装其他主控项

序号	检测项目	控制标准
1	外壳及附件	外表完好无损，内部清洁；绕组、铁心、引线及支架无位移、变形、裂纹，绝缘套管无损伤
2	连接紧固检查	完好、齐全、紧固，力矩符合国标要求
3	本体接地	牢固，导通良好
4	绝缘电阻	绝缘电阻值不应低于产品出厂试验值的 70% 或不低于 10 000MΩ（20℃）
5	绕组直流电阻	1. 1600kVA 及以下变压器绕组电阻不平衡率，相为 4%，线为 2%，应以三相实测最大值减最小值作分子，三相实测平均值作分母计算，变压器绕组的直流电阻现场实测值与同温下产品出厂实测值比较，相应变化不应大于 2%。 2. 1600kVA 以上变压器绕组相间的直流电阻的相互差值不应超过实测平均值的 2%，变压器绕组的直流电阻现场实测值与同温下产品出厂实测值比较，相应变化不应大于 2%
6	电压比	与制造厂铭牌数据相比无明显差别，且符合变压比的规律。电压等级 35kV 以下且电压比小于 3 的变压器，电压比允许偏差不超过 ±1%。额定分接下电压比偏差不超过 ±0.5%，其他分接位下电压比偏差应在变压器阻抗电压值（%）的 1/10 以内，但不得超过 ±1%
7	交流耐压试验	额定电压 24kV 变压器按技术协议中规定的出厂值的 80% 进行交流耐压试验；额定电压 10kV 变压器耐压值 28kV
8	额定电压下的冲击合闸试验	根据实际情况进行 5 次冲击合闸，每次时间间隔 5min；无电流差动保护的干式变压器可冲击 3 次

（2）一般项目。

①变压器倒运时清理路面障碍，保持道路畅通。

②接地横平竖直，工艺美观；采用螺栓连接的部位螺栓搭接面符合要求，螺栓固定牢靠。

③主变压器设备安装时测量放点精准定位。

④主变压器的安装、存放、试运行期间对变压器及附属设备的成品保护主要采取以下措施：增加成品保护资源投入，加强安装前后的设备防护、检查力度；对变压器进行隔离、封堵、遮盖、警示、定期检查；变压器、仪表、操作开关按钮用塑料布进行包扎，防止尘土进入设备内部，并将安装完毕的所有设备操作柜门锁可靠上锁，钥匙统一保管；设备正式投运前将临时保护设施拆除，清理现场，永久防护设施投入。

⑤变压器安装其他一般项见表3-28。

表 3-28　变压器安装其他一般项

序号	检测项目		控制标准
1	设备检查	铁心检查	外观检查无碰伤变形，铁心有且仅有一点接地，铁心紧固件检查紧固，无松动
2		绕组检查	绕组固定牢固，表面无放电痕迹及裂纹，无碰伤变形
3		引出线检查	引出线绝缘无损伤、裂纹；露导体外观无毛刺尖角；裸导体相间及对地距离125mm；防松件齐全、完好；引线支架固定牢固、无损伤
4	本体及附件安装	基础安装	不直度小于或等于1mm/m，全长小于或等于5mm；水平度小于或等于1mm/m，全长小于或等于5m
5		箱体安装	垂直度小于1.5mm/m；水平度小于2mm
6		与相邻盘柜接缝	小于3mm
7		本体固定	牢固、可靠
8		电磁闭锁	开、关准确可靠
9		相色标志	相色标志齐全、正确
10	接地	外壳接地	牢固、导通良好
11		开启门接地	用软导线可靠接地
12	变压器交接试验	接线组别	符合设计要求，与铭牌相符
13		极性检查	符合设计要求
14		有载调压切换装置的检查和试验	按照GB 50150—2016标准相关要求执行
15		相位检查	与电站相位保持一致

3.15.2　开关柜、控制柜

1. 概述

（1）工艺概述。

开关柜是一种电气设备，开关柜外线先进入柜内主控开关，然后进入分控开关，各分路按需要设置，开关柜内的部件主要有断路器、隔离开关、负荷开关、操作机构、互感器以及各种保护装置等；控制柜是按电气接线要求将开关设备、测量仪表、保护电器和辅助设备组装在封闭或半封闭的金属柜中或屏幅上的设备。

（2）主要作用。

开关柜的主要作用是：在电力系统进行发电、输电、配电和电能转换的过程中，进行开合、控制和保护。控制柜的主要作用是：系统正常运行时，可借助手动或自动开关接通或分断电路；系统故障或不正常运行时，借助保护电器切断电路或报警；还可借助测量仪表显示运行中的各种参数，对某些电气参数进行调整，对偏离正常工作状态进行提示或发出信号。

2. 现行适用规范

（1）GB 50147—2010《电气装置安装工程 高压电器施工及验收规范》。

（2）GB 50171—2012《电气装置安装工程 盘、柜及二次回路接线施工及验收规范》。

（3）JGJ 46—2005《施工现场临时用电安全技术规范》。

（4）JGJ 59—2011《建筑施工安全检查标准》。

（5）JGJ 33—2012《建筑机械使用安全技术规程》。

（6）DL 5027—2015《电力设备典型消防规程》。

（7）SL 400—2016《水利水电工程机电设备安装安全技术规程》。

3. 施工工艺流程及操作要点

1）工艺流程

开关柜、控制柜安装施工工艺流程见图 3-40。

（1）施工准备。

施工前需进行测量定位及划线，按照施工图纸对混凝土埋件进行复测，根据设计图纸对设备安装高程、位置进行测量放点。同时做好进场作业人员三级安全教育和施工所需工器具的准备工作。

（2）盘柜进场验收、电缆进场验收。

安装单位、供货单位或建设单位共同进行，并做好检查记录。按照设备清单、施工图纸及设备技术资料，核对设备本体及附件、备件的规格型号是否符合设计图纸要求，附件、备件齐全，产品合格证件、技术资料、说明书齐全。柜（盘）本体外观检查应无损伤及变形，油漆完整无损。柜（盘）应进行内部检查，电器装置及元件、绝缘瓷件应齐全，无损伤、裂纹等缺陷。

（3）电缆沟施工及桥架安装、盘柜基础施工。

盘柜基础架模需牢固可靠。混凝土浇筑前需进行基础处理，混凝土配合比应符合设计要求，在施工过程中应严格按配合比控制各种材料的比例。浇筑时应注意施工环境温度，浇筑过程中应做好混凝土振捣，浇筑后应做好混凝土养护。

电缆沟和桥架施工开始前需进行测量放样，确保路径符合设计图纸要求。电缆沟确认路径后进行底板混凝土浇筑、电缆沟砌体浇筑、电缆沟抹灰及沟底二次找坡、电缆沟盖板安装等，桥架确认路径后进行支架安装、桥架安装、盖板安装等。

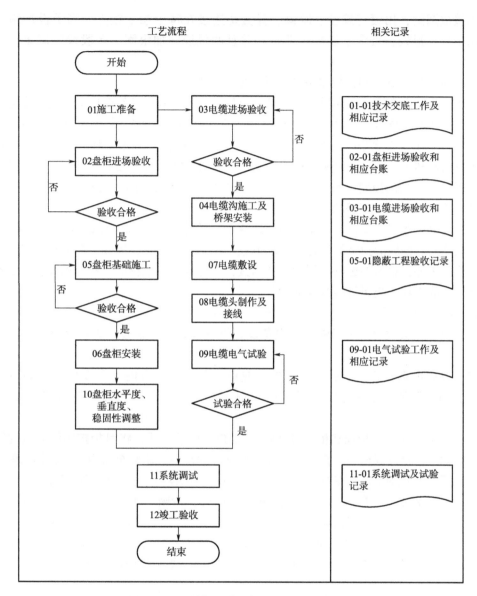

图 3-40 开关柜、控制柜安装施工工艺流程

（4）盘柜安装。

将有弯的型钢调直，然后按图纸要求预制加工基础型钢架，并刷好防锈漆。按施工图纸所标位置，将预制好的基础型钢架放在预留铁件上，用水准仪或水平尺找平、找正。找平过程中，需用垫片的地方最多不能超过3片。再将基础型钢架、预埋铁件、垫片用电焊焊牢，基础型钢顶部以高出抹平地面10mm为宜，手车式开关柜按产品技术要求执行。

（5）电缆敷设。

逐一检查柜（盘）上的全部电器元件是否与电气原理图相符，其额定电压和控制操作电源电压必须一致。按图敷设相与柜之间的控制电缆连接线。控制线校线后，将每根芯线焊接成圆圈，用镀锌螺栓、眼圈、弹簧垫连接在每个端子板上。端子板每侧一般一个端子压一根线，最多不能超过两根，并且两根线间加眼圈。多股线应涮锡，不准有断股。

（6）电缆电气试验和盘柜水平度、垂直度、稳固性调整。

高压试验应由当地供电部门许可的试验单位进行。试验标准符合国家规范和当地供电部门的规定及产品技术资料要求。用500V兆欧表在端子板处测试每条回路的电阻，电阻必须大于0.5MΩ。二次小线回路如有晶体管、集成电路、电子元件时，该部位的检查不准使用兆欧表和试铃测试，使用万用表测试回路是否接通。接通临时的控制电源和操作电源，将柜（盘）内的控制、操作电源回路熔断器上端的相线拆掉，接上临时电源。

（7）系统调试、竣工验收。

由建设单位备齐试验合格的验电器、绝缘靴、绝缘手套、临时接地铜线、绝缘胶垫、粉末灭火器等。彻底清扫全部设备及变配电室、控制室的灰尘，用吸尘器清扫电器、仪表元件。除此之外，室内除送电需用的设备用具，不得堆放其他物品。检查母线上、设备上有无遗留下的工具、金属材料及其他物件。

2）操作要点

（1）开关柜安装前对进场的成套设备及其设备基础进行检查，验收合格后才能安装箱体。

（2）基础型钢安装完毕后，将室外地线扁钢分别引入室内（与变压器安装地线配合），与基础型钢的两端焊牢，焊接面为扁钢宽度的2倍，然后将基础型钢刷2遍灰漆。

（3）安装时先在距柜顶和柜底各200mm处拉两根基准线，将盘柜按图纸规定的顺序比照基准就位，精确调整一个盘柜，再逐个调整其他盘柜，调整至盘面一致，排列整齐。

（4）模拟母线对齐，安装牢固。盘、柜及盘、柜内设备与各构件间连接牢固。

（5）安装完成后，盘面标志牌标志齐全、准确、清晰，小车、抽屉式柜推拉灵活。并排开关柜排列整齐，柜间接缝平整，油漆层完整无损伤，柜体及柜门接地牢固可靠。

（6）柜（盘）顶上母线配置要求垂直度（每米）小于1.5mm，相邻两盘顶部小于2mm，成列盘顶部小于5mm，相邻两盘边小于1mm，成列盘面小于5mm，盘间接缝小于2mm。

（7）开关柜检修、维护操作空间符合开关柜维护使用要求。绝缘地毯按要求敷设完整。

3）常见问题、原因及处理措施

（1）盘柜进入施工现场后，进行外观检查，检查后发现盘柜外表存在锈蚀、损伤。

原因：盘柜到货验收后，存放、保管不善，过早拆去包装，造成人为或自然的侵蚀、损伤。

处理措施：加强对设备的验收、保管，不到安装时不得拆除设备的包装箱，并且在搬运、起吊时应遵守相应的吊装规程。

（2）盘柜并列安装完成后，进行验收时，检查发现盘柜间拼缝不平整、接缝间距过大等问题。

原因：盘柜槽钢基础制作安装时未使用水准仪调平或调平后槽钢基础水平度不符合要求。

处理措施：安装盘柜时应做槽钢基础，底座开螺栓孔应钻孔，避免气割开孔造成槽钢受热而变形。槽钢基座应用水平尺找平整，然后在槽钢基础上钻孔，用螺栓固定牢靠。并列开关柜出现不平整时，应用薄钢板片垫整齐，水平尺找平。

（3）电缆敷设时发现预埋管道与盘柜孔的中心线错位，导致电缆不能进入盘柜中或走线不美观。

原因：预埋管道时未根据设计图纸提前考虑盘柜孔的中心线位置或盘柜开孔位置出现偏差。

处理措施：重新整改预埋电管或箱壳重新钻孔后安装，不准用气焊割孔或电焊冲孔。

（4）盘柜安装过程中发现面板、门板上元器件排列不整齐、安装不牢固。

原因：螺栓未紧固，同时未考虑日后操作方便、维修容易。

处理措施：元器件安装顺序应从板前视，通常由左至右、由上至下，并排列整齐、安装牢固；各种电器元件和装置的电气间隙应符合相关规定；在安装时应考虑日后操作方便，操作时不应受到空间的妨碍，不应有触及带电的可能；考虑到日后维修容易，能够较方便地更换元器件及维修连线。

（5）检查发现导线引出面板部分未套绝缘管。

原因：在电缆敷设和盘柜二次接线时，未按要求对导线引出面板部分进行绝缘保护，可能导致电缆因磕碰而出现破损，造成人员触电。

处理措施：导线引出面板，均应套绝缘管。

（6）检查发现盘柜内相、零、地线汇流排上无标识。

原因：在盘柜二次接线时，未按要求对盘柜内相、零、地线汇流排做相应标识。

处理措施：箱（柜）内相、零、地线汇流排上 A，B，C，N，PE 等相序标识均应齐全，箱内相序应由里向外、由左向右、由上向下进行排列。

（7）盘柜的门、金属框架及盘面的接地不符合规范要求。

原因：接地安装时采用不符合要求的接地线或接地线安装不牢固。

处理措施：门和金属框架的接地端子间应选用 $4mm^2$ 黄绿铜芯软线，箱体的保护接地线可以接在盘后，但盘面的保护接地线必须做在盘面的明显处。

4．材料与设备

（1）材料要求。

材料均符合国家或部门颁发的现行标准，符合设计要求，并有出厂合格证；电箱、柜内主要元器件规格、型号符合设计要求；配线、线槽等附件应与主要元器件相匹配；型钢表面无严重锈斑，无过度扭曲、弯折变形，焊条无锈蚀，有产品合格证和材质证明书；镀锌制品螺栓、垫圈、支架、横担表面无锈斑，有产品合格证和质量证明书；电缆的规格型号必须符合设计要求，有产品合格证。

（2）设备。

起重和搬运机具，如汽车、汽车吊、手推车、起重机、链滑车、钢丝绳、麻绳吊索等。

安装工具，如台钻、手钻、锤子、砂轮、台钳、锉刀、钢锯、钳子、螺丝刀、磨床、电焊机、气焊工具、扳手、电动工具等。

测试工具，如水准仪、钢尺、塞尺、水平尺、铅垂线、兆欧表、万用表、钢尺、测试笔、钢带等。

防护用具，如高压绝缘靴、绝缘手套、粉末灭火器等。

5. 质量控制

1) 施工过程控制指标

（1）设备安装前条件。

沟槽尺寸及预埋件的位置、标高等应进行检查和验收。施工中根据设计的设备材质及安装方式，制订安装程序和安装方法。

（2）基础型钢预制。

预制前首先将槽钢调直调平，然后除锈防腐，槽钢搭接采用45°搭接焊下料，若设备与基础采用螺栓连接，则根据设计尺寸切割钻孔。

（3）组焊。

槽钢焊接时容易变形，故在两长边每隔1m左右点焊钢撑，控制槽钢焊接受热变形。焊好后，用磨光机将槽钢外侧焊缝磨光。

（4）设备运输。

设备运输过程中，采取防振、防潮、防止柜架变形和漆面受损的安装措施。设备倒运采用叉车及手动液压叉车依次运到对应变配电室。

（5）立柜。

立柜前首先按设计图纸在配电柜上做好标记，将开关柜按图纸规定的顺序比照基准就位；设备安放好后，对成排安装的柜、箱，以中心单柜的垂直度、水平度为准，再分别向两侧拼装，并逐柜调整，少许误差可在框底部加钢垫片找平找正。配电柜的水平调整可用水平尺测量。垂直情况的调整，沿柜面悬挂一磁力线锤，测量柜面上下端与吊线的距离，如果距离不等，可用薄铁片调整使其达到要求。柜体与柜体之间应用镀锌螺栓紧密固定，柜体与基础型钢间采用螺栓连接。

（6）安装。

基础型钢安装前应调平放正，基础找平找正后将基础预埋件、垫铁、基础槽钢焊接成一体。接地不少于两处，其中基础两端各一处。

低压抽屉式开关柜的安装应符合下列要求。

①抽屉推拉灵活轻便，无卡阻及碰撞现象，相同型号的抽屉应能互换。

②抽屉的机械连锁或电气连锁装置应动作准确可靠，断路器分闸后，隔离触头才能分开。

③动触头和静触头的中心线应一致，触头接触严密。

④抽屉与框体间的二次回路连接插件接触良好。

⑤抽屉与框体间的接触及柜体、框架的接地良好。

⑥设备定位后，对内部紧固件再次进行紧固及检查，尤其是导体连接端头处。柜内接线完毕，用吸尘器清除柜内杂物，保持设备内外清洁，准确标识设备位号、回路号。

2）施工质量控制指标

（1）开关柜、控制柜安装主控项目见表3-29（参考 GB 50171—2012《电气装置安装工程　盘、柜及二次回路接线施工及验收规范》）。

表 3-29　开关柜、控制柜安装主控项目

序号	检查项目	控制标准
1	安装位置	按设计规定
2	垂直度	≤1.5mm/m 合格，≤1mm/m 优良
3	盘柜接地	牢固良好，明显可见，接地线截面积符合设计要求，成套柜的接地母线与主接地网连接可靠
4	机械闭锁、电气闭锁	动作准确可靠
5	额定电压	绝缘检查：用1000V 兆欧表检查耐压前后无明显变化； 耐压检查：可用2500V 兆欧表代替，试验时间1min； 相位：一致

控制柜线路的线间和线对地间绝缘电阻值，馈电线路必须大于 0.5MΩ，二次回路必须大于 1MΩ。控制柜二次回路交流工频耐压试验，当绝缘电阻值大于 10M 时，用 2500V 兆欧表摇测 1min，应无闪络击穿现象；当绝缘电阻值在 1～10MΩ 时，做 1000V 交流工频耐压试验，时间 1min，应无闪络击穿现象。基础型钢安装应符合规范规定。

（2）开关柜、控制柜安装质量控制一般项目见表3-30（参考 GB 50171—2012《电气装置安装工程　盘、柜及二次回路接线施工及验收规范》）。

表 3-30　开关柜、控制柜安装质量控制一般项目

序号	检查项目			控制标准
1	柜体就位	水平误差	相邻两盘顶部	≤2mm 合格，≤1.5mm 优良
			成列盘顶部	≤5mm 合格，≤3mm 优良
2		盘面误差	相邻两盘边	≤1mm 合格，≤0.5mm 优良
			成列盘面	≤5mm 合格，≤3mm 优良
3		柜间接缝		≤2mm 合格，≤1.5mm 优良
4	柜体固定安装	柜体与基础连接		固定牢固、可靠，固定方式符合设计要求
5		柜间连接		固定牢固、可靠，柜内连接
6		柜面检查		平整、齐全、漆面无损伤
7		设备附件清点		齐全
8		盘柜标识		齐全、清晰
9		盘柜门楣		统一、整齐
10	柜体接地	可开启屏门的接地		裸铜软线与接地的金属构架可靠连接
11		柜体接地线		布线合理美观、固定牢固

序号	检查项目		控制标准
12		设备外观检查	完好，无破损且符合设计规定
13		触头检查	动、静触头中心线应一致，触头接触紧密
14		仪表、继电器防振措施	可靠
15	电器部件检查	二次回路辅助开关切换接点	动作准确，接触可靠
16		柜内照明、防凝露装置	灯具、设备完好且功能正常
17		柜内线槽、盖板	配套、无缺失
18		柜内接线	横平竖直，排列整齐美观，松紧适度，不同电压等级导线分开走线；备用芯至盘顶，芯线不允许外露，端子固定牢固可靠

3.16　自动控制及监控系统

3.16.1　仪器仪表

1. 概述

1）工艺概述

仪器仪表是多种科学技术的综合产物，品种繁多，使用广泛，而且不断更新，有多种分类方法，按使用目的和用途来分，主要有量具量仪、无线电测试仪器等，也可分为一次仪表和二次仪表。一次仪表指传感器这类直接感触被测信号的部分，二次仪表指放大、显示、传递信号的部分。真空检漏仪、压力表、测长仪、显微镜、乘法器等均属于仪器仪表。

2）主要作用

用以检出、测量、观察、计算各种物理量、物质成分、物性参数等，具有自动控制、报警、信号传递和数据处理等功能。常用仪表——流量计见图3-41。

图3-41　流量计

2. 现行适用规范

（1）GB 50171—2012《电气装置安装工程盘、柜及二次回路接线施工及验收规范》。

（2）GB 50169—2016《电气装置安装工程接地装置施工及验收规范》。

（3）GB 50168—2018《电气装置安装工程电缆线路施工及验收标准》。

（4）JGJ 46—2005《施工现场临时用电安全技术规范》。

（5）JGJ 59—2011《建筑施工安全检查标准》。

（6）JGJ 33—2012《建筑机械使用安全技术规程》。

（7）DL 5027—2015《电力设备典型消防规程》。

（8）SL 400—2016《水利水电工程机电设备安装安全技术规程》。

3. 施工工艺流程及操作要点

1）工艺流程

仪表安装施工工艺流程见图 3-42。

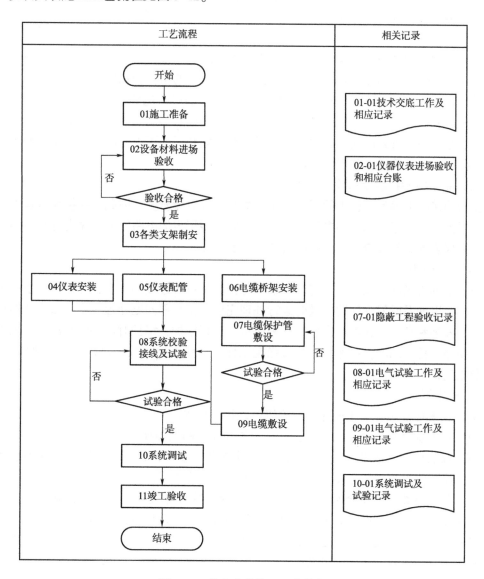

图 3-42　仪表安装施工工艺流程

（1）施工准备。

在安装仪表前，必须对现场进行勘测，确定好仪表的位置和布线方案。同时，还需要进行环境检查，检查现场是否存在干扰源和易爆物品等，以便在安装过程中进行预处理和防止安全事故的发生。

（2）设备材料进场验收。

仪表安装需对设备和电缆进行到货验收，确保到货设备规格、型号等无异常。做好开箱验收记录，并由建设单位、监理单位、施工单位及厂家代表签字。

（3）各类支架制安。

桥架安装开始前需进行测量放样，确保路径符合设计图纸要求，确认路径后进行支架安装、桥架安装、盖板安装等。

（4）仪表安装、仪表配管。

①安装位置的选择。仪表的安装位置应该便于维护和校验，同时还应该考虑到环境温度、气体、水分、振动和电磁影响等因素，以确保仪表的精度和稳定性。

②仪表定位。在安装仪表时需注意仪表的定位，确保它能够稳定地放置在安装位置。同时，还需要注意安装位置的平稳性，避免因摇晃和突然移动而引起仪表出现故障。

③管路安装。管路的安装必须符合现场布线方案和标准要求，同时还需要安装相应的管道支撑架，保证管道安装牢固稳定。

（5）系统校验接线及试验。

正确的接线能够保证仪表的正常工作，防止电气故障发生。因此，在接线过程中一定要按照规范进行，遵循标号和电压的要求。不同类型仪表的电路安装顺序也各有不同，因此在安装仪表前，最好查阅相应的电路图和手册。

（6）系统调试。

在全部的现场施工完成后，将现场系统与控制室系统连接到一起，开始进行系统的试运行工作，以便及时发现问题，及时进行处理完毕。待全部问题处理完毕，系统能够正常运行后，安装和调试工作基本完成。仪表应定期进行维护，维护时需要注意清洁、加油和及时更换零部件等问题，确保仪表长效稳定工作。当仪表出现故障时，应及时排除问题，以避免损失扩大。

2）操作要点

（1）仪表应安装在易于操作、检测以及维护的位置。

（2）仪表应远离振动、热辐射、电磁干扰和化学腐蚀等环境。

（3）仪表应与其他设备保持一定距离，并强制采取保护措施，以防止对其他设备造成影响。控制仪表及其锁定装置应符合安装的安全标准要求。

（4）仪表接线时应符合所需的电气信号要求，符合电气规范和标准，确保连接可靠牢固，能够耐受环境波动，最小限度减少电气物理干扰，确保数据传输的准确性。

（5）仪表应在稳定状态下进行调试，并检查各项指标是否正常，调试时应当由专业人员操作，以确保调试效果的可靠性。

3）常见问题、原因及处理措施

（1）仪表安装位置不合理，距离被测物过远或过近，安装位置不符合设计图纸要求。

原因：仪表安装前未根据设计图纸进行测量放点或放点点位不准确导致仪表安装位置不准确。

处理措施：以流量计安装为例，需远离进口、出口等水流扰动部位，远离冲击部位，保证在液体满流部位安装。

（2）仪表安装完成后，调试过程中发现仪表测量结果与实际情况偏差较大。

原因：仪表受电磁干扰或精度未校准。

处理措施：安装前由厂家对仪表进行校准，仪表安装时远离电动机、变频器、软启动盘柜等电磁干扰源。设备接线时，必须使用屏蔽电缆，并按要求敷设电缆。

（3）仪表安装完成后，在潮湿天气发现仪表表盘存在水雾。

原因：仪表安装后封盖未拧紧，气体或水汽进入仪表内，可能导致仪表损坏。

处理措施：仪表安装和接线完成后必须拧紧前后封盖。

4. 材料与设备

仪表安装材料多达上千种，常用的有近百种，可分为两大类：一类是成品或半成品，如仪表管材、仪表阀门、仪表电缆、仪表使用的型钢等；另一类是需经机械加工的元件，如仪表管件（接头）、仪表安装使用的法兰、垫片、紧固件，此类统称为加工件。

仪表管道可分为 4 类，即导压管、气动管、电气保护管和伴热管。其中导压管又称脉冲管，是仪表安装中使用最多、要求最高、最复杂的一种管道。总的要求是导压管工作在有压或常压条件下，必须具有一定的强度和密封性，因此这类管道应该选用无缝钢管。在中低压介质中，常用的导压管为 14×2 无缝钢管。在超过 10MPa 的高压操作条件下，多采用 14×4 或 15×4 无缝合金钢管。

仪表电缆通常可分为 3 类，即控制系统电缆、动力系统电缆和专用电缆。控制系统包括控制部分和测量部分，控制系统电缆可以传递控制和检测电流信号；动力系统电缆是指仪表电源及其控制系统电缆；专用电缆据厂家技术指导文件而定。

施工设备：施工中需准备常用的电动、液动工具，如电动套丝机、液压弯管机、开孔机、切割机、切管器等，对特殊施工还应准备相应的专用工具和机具，如绝缘杆、验电器、接地线、绝缘手套、绝缘靴、安全带、防毒面具、绝缘绳、绝缘挡板、屏蔽服等。

5. 质量控制

1）施工过程控制指标

仪器仪表安装控制见表 3-31。

表 3-31　仪器仪表安装控制

阶段	序号	控制点	控制内容
准备阶段	1	设计交底、图纸会审	做好设计交底工作，明确设计意图、注意事项、规范要求、图纸审查等问题
	2	施工单位安全技术交底	做好安全技术交底工作，明确安装过程中的危险源、安装流程、注意事项等
	3	设备材料检验	设备开箱检查交接，设备规格型号符合设计要求，出厂合格证齐全，外观检查无损坏，质量抽检合格
	4	施工方案审核	施工进度计划表符合实际进度要求，技术措施和质量保证措施符合现场安装要求，检测手段和仪器齐全

续表

阶段	序号	控制点	控制内容
安装阶段	5	仪表校验	核实仪表起始点和精度，全程应平稳
	6	现场仪表安装和接地安装	按施工图、产品说明书安装
	7	仪表调节阀安装	固定牢固、传动灵活，无松动和卡涩现象
	8	金属保护管安装	不应有变形裂缝，内部应清洁无毛刺
	9	桥架安装	安装横平竖直，连接牢固
	10	电缆敷设	集中敷设，横平竖直，整齐，不宜交叉
	11	调试通电前检查	通电前按施工图、接线图进行线路检查，接线无误后进行吹扫，吹扫完成后通电调试
调试阶段	12	单调	做好"两票三检制"工作，按施工图或产品说明书配合厂商调试
	13	系统联调	做好"两票三检制"工作，按施工图或产品说明书配合厂商调试
竣工验收阶段	14	完工验收	施工技术文件完整（包括验收资料、隐蔽工程验收资料、设备检测报告等），数据准确，会签齐全，质量评定资料完善，竣工图按实际施工情况绘制

2）施工质量控制指标

（1）主控项目。

①仪表安装。仪表安装后应稳固、平整。仪表安装的位置应和图纸相符，信号标志清楚，安装方式应与技术文件规定相符。仪表与设备、管道、构件的连接应受力均匀，不应承受非正常的外力。直接安装在设备和管道上的仪表在安装完毕后，应随同设备或管道系统进行压力试验。

②仪表箱盘安装。设备的型号、规格必须符合设计及有关标准要求，并附有产品合格证、质保书。

槽钢基础安装应符合 GB 50171—2012《电气装置安装工程 盘、柜及二次回路接线施工及验收规范》的相关规定，具体要求见表 3-32。

表 3-32 槽钢基础安装要求

序号	检查项目	控制标准
1	不直度	合格：<1mm/m，<5mm/全长；优良：<1mm/m，<4mm/全长
2	水平度	合格：<1mm/m，<5mm/全长；优良：<1mm/m，<4mm/全长
3	位置误差及不平行度	<5mm/全长
4	基础槽钢高出地面	符合设计要求，无设计要求时 10～20mm
5	固定	牢固，固定方式符合设计要求
6	接地连接	可靠接地（至少2处与接地网连接），牢固，导通良好，明显可见

仪表箱盘安装应符合 GB 50171—2012《电气装置安装工程 盘、柜及二次回路接线施工及验收规范》的相关规定，具体要求见表 3-33。

表 3-33 仪表箱盘安装要求

序号	检查项目		控制标准
1	安装位置		按设计规定
2	垂直度		≤1.5mm/m 合格，≤1mm/m 优良
3	水平误差	相邻两盘顶部	≤2mm 合格，≤1.5mm 优良
		成列盘顶部	≤5mm 合格，≤3mm 优良
4	盘面误差	相邻两盘边	≤1mm 合格，≤0.5mm 优良
		成列盘面	≤5mm 合格，≤3mm 优良
5	柜间接缝		≤2mm 合格，≤1.5mm 优良
6	柜体与基础连接		固定牢固、可靠，固定方式符合设计要求
7	盘柜接地		固定牢固，接地线截面积符合设计要求，成套柜的接地母线与主接地网连接可靠
8	柜间连接、柜面检查		固定牢固、可靠，柜内连接；柜面平整、漆面无损伤

③电缆敷设。电缆敷设应符合 GB 50171—2012《电气装置安装工程 盘、柜及二次回路接线施工及验收规范》的相关规定，具体要求见表 3-34。

表 3-34 电缆敷设要求

序号	检查项目	控制标准
1	外观检查	端部防护套完整、无破损；外护套无破损；标识完整，标尺应清晰、正确；电缆型号、电压、规格及长度符合设计规定
2	绝缘检查	符合设计规定或 GB/T 3956—2008《电缆的导体》的相关规定
3	电缆排列	排列整齐，弯度一致，不交叉；敷设过程中按照引出顺序由边向中间整齐排列
4	电缆分层	电缆按照电压等级分层，动力电缆在上层，控制电缆及通信电缆在下层
5	电缆埋地敷设	上、下应铺 100mm 厚的砂层，并加盖防护板，覆盖宽度应超过电缆边缘两侧各 50mm
6	电缆标志牌	应体现电缆线路设计编号、型号、长度、规格及起讫地点；字迹清晰，不易脱落，挂装牢靠，固定方式统一
7	电缆固定	水平敷设：电缆首末端及转弯处、接头两端，直线段分段固定，当对电缆间距有要求时，每隔 5~10m 进行绑扎固定；垂直敷设、超过 45° 倾斜敷设：电缆在每个支架固定
8	电缆敷设后检查	外护套无损伤，电缆无扭曲变形；电缆沟、建筑物及盘（柜）等电缆出入口封闭良好
9	电缆试验	额定电压：0.6/1kV；绝缘检查：用 1000V 兆欧表检查耐压前后无明显变化；耐压检查：可用 2500V 兆欧表代替，试验时间 1min；相位：一致

④仪表系统实验。

仪表系统实验包括但不限于：盘柜及仪表装置的绝缘电阻测量，全部设备的通电状态检查，仪表设备的单台校准和试验，系统显示、处理、操作、控制、报警、诊断、通信等基本功能的检查实验，控制方案、控制和连锁程序的检查。

（2）一般项目。

①接地安装。接地装置的接地电阻必须符合设计要求，材质符合设计规定。接地极垂直埋入地下，接地装置采用搭接焊，搭接长度和埋设深度符合规范 GB 50169—2016《电气装置安装工程　接地装置施工及验收规范》的相关规定；引出线及焊接部位 100mm 范围内应除锈防腐；隐蔽工程检查验收后才能回填。

②电缆管敷设。电缆管制作及安装应符合 GB 50168—2018《电气装置安装工程　电缆线路施工及验收标准》的相关规定，具体要求见表 3-35。

表 3-35　电缆管制作及安装要求

序号	检查项目		控制标准
1	外观检查	金属管	内表面光滑，无毛刺；外表面无穿孔、裂缝、显著的凹凸不平及锈蚀
		PVC 管	无穿孔、裂缝
2	弯曲半径		电缆管的弯曲半径不应小于所穿入电缆的最小允许弯曲半径，其弯扁程度不宜大于管子外径的 10%
3	电缆管内径		≥1.5 倍电缆外径
4	管内畅通检查		光滑，无积水、杂物
5	埋管敷设		横平竖直，排列整齐
6	埋管穿出地面管口位置	露出高度	符合设计规定（无设计规定时，按穿出地面 300mm 预留）
		离墙距离	符合设计规定（无设计规定时，距离墙≥200mm）
		与设备距离	符合设计规定（无设计规定时，穿出管口离用电设备距离≤20mm），便于电缆与设备连接，并不妨碍设备拆装和进出
7	金属管	套管连接	套管长度 1.5～3D 电缆管外径，焊接牢固
		丝扣连接	管端套丝长度≥1/2 管接头长度，连接牢固，密封良好
8	PVC 管	套接	套管两侧封焊牢固，密封良好
		插接	插接面用胶合剂粘和牢固，密封良好，插入深度 1.1～1.8D 电缆管内径
9	金属软管固定与连接		金属软管与埋管搭接长度不小于 20mm；与设备采用专用锁母连接；排列整齐，固定牢固

注：D 为电缆管直径（mm）。

③电缆桥架安装应符合 GB 50168—2018《电气装置安装工程　电缆线路施工及验收标准》的相关规定，具体要求见表 3-36。

表 3-36 电缆桥架安装要求

序号	检查项目		控制标准
1	电缆架配装	外观及规格检查	无显著扭曲,切口无卷边、毛刺,型号规格符合设计规定
2		电缆支架层间允许最小距离	符合设计要求(无设计要求时,层间净距不应小于 2 倍电缆外径加 10mm,35kV 以上高压电缆不应小于 2 倍电缆外径加 50mm)
3		电缆托架配制	符合设计规定
4	电缆支架安装	布置及间距	符合设计要求
5		水平电缆架高低误差	≤5mm 合格,≤3mm 优良
6		垂直电缆架左右误差	≤5mm 合格,≤3mm 优良
7		电缆架固定	牢固
8		电缆托架安装	清洁、完整、安装稳固,符合设计要求
9	其他	电缆架焊缝	统一规范,焊缝合格
10		电缆架全长接地	(1)统一规范、全长导通良好; (2)桥架全长不大于 30m 时,不应少于 2 处与接地线干线相连;大于 30m 时,应每隔 20~30m 增加与接地干线相连; (3)桥架的起始端和终点端应与接地网可靠连接; (4)桥架连接部位宜采用两端压接镀锡铜鼻子的铜绞线跨接,最小允许截面积不小于 4mm²; (5)桥架间连接板的两端不跨接接地线时,连接板每端应有不少于 2 个有防松螺母或防松垫圈的螺栓固定; (6)全厂桥架接地体布置及涂漆要求做到一致、美观

3.16.2 监控设备

1. 概述

典型的监控系统主要由前端设备和后端设备组成,前端设备通常由摄像机、手动或电动镜头、云台、防护罩、监听器、报警探测器和多功能解码器等部件组成;后端设备可进一步分为中心控制设备和分控制设备。监控系统主要用以提供安全保障,可以帮助管理人员更好地掌握场所内外的情况。

2. 现行适用规范

(1) GB 50395—2007《视频安防监控系统工程设计规范》。

(2) GB 50168—2018《电气装置安装工程 电缆线路施工及验收标准》。

(3) JGJ 46—2005《施工现场临时用电安全技术规范》。

(4) JGJ 33—2012《建筑机械使用安全技术规程》。

(5) DL 5027—2015《电力设备典型消防规程》。

(6) SJ/T 11141—2017《发光二极管(LED)显示屏通用规范》。

3. 施工工艺流程及操作要点

1) 工艺流程

监控设备安装施工工艺流程见图 3-43。

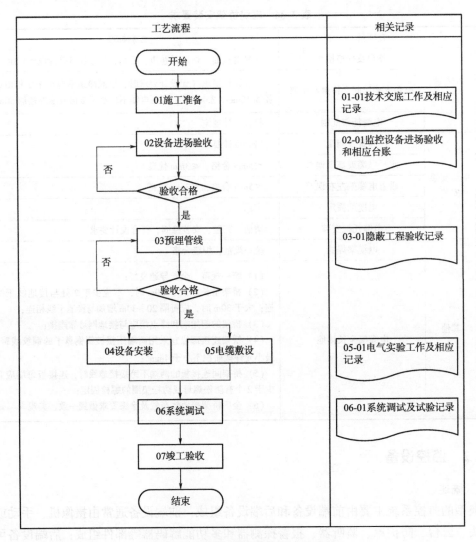

图 3-43 监控设备安装施工工艺流程

（1）施工准备。

做好施工资料的移交、技术交底工作，了解工程范围、进度、质量等要求，组织调配好施工人员、施工工具。

（2）设备进场验收。

监控设备安装需对设备进行到货验收，确保到货设备规格、型号等无异常。做好开箱验收记录，并由建设单位、监理单位、施工单位及厂家代表签字。

（3）预埋管线。

线槽直线段连接应采用连接板，用垫圈、螺母紧固；线槽采用钢管引入或引出导线时，可采用分管器或用锁母将管口固定在线槽上。

（4）设备安装。

根据施工图铺设管线，安装固定设备；按各设备说明书上的接线图连接各个设备；摄像机安装前，应通电检测摄像机及镜头运作是否正常，并进行粗调及后焦距的调整，摄像机与镜头处于正常工作状态后，方可安装；摄像机及其配套装置，如镜头、防护设置、支架、雨刷等，安装应牢固，运转应灵活。

（5）电缆敷设。

暗配管宜沿最近的路线敷设并应减少弯曲，埋入墙或混凝土内的管子距外表距离不应小于 15mm；管路超过一定长度应加装接线盒；电气暗配管固定方法有胀管法、木砖法、预埋铁件焊接法、稳注法、剔注法、抱箍法；钢管与设备连接应加软管，潮湿处或室外应做防水处理。

（6）系统调试。

检查各种接线是否正确；检测各输出端电压，直流输出极性，确认无误后给每一回路通电；闭合控制台、监视器电源开关，若设备指示灯亮，即可闭合摄像机电源，监视器屏幕上便会显示图像；遥控云台，若摄像机静止和旋转过程中图像清晰度变化不大，则认为摄像机工作正常；遥控云台，使其上下、左右转动到位，若转动过程中无噪声、控制灵活、无停顿、无抖动、电机不发热，则视为正常。

2）操作要点

（1）摄像机及其配套装置应防止被损坏，并与周边环境相协调，在强电磁干扰环境下，摄像机安装应与地绝缘隔离。

（2）室外安装要采取防雷措施，摄像机安装要牢固，防止监控画面抖动。

（3）红外线灯安装高度不应超过 4m，太高会影响光线的反射率。安装角度应由上向下俯角 20°为佳，仰角过大反射率降低。

（4）安装在红外灯板上的光敏电阻控制红外灯的工作电源开启与否，故红外摄像机应尽量避免光源直射。

（5）云台的安装应牢固，滚动时无晃动。应根据产品技术前提和系统设计要求检查云台的滚动角度范围是否符合要求。

（6）控制台、机柜（架）安装位置应符合设计要求，安装应平稳牢固、便于操控维护。机柜架背面、侧面离墙净间隔应符合维修要求。所有控制、显示、计时等终端设备的安装应平稳，便于操控。

（7）系统调试在单机设备调试完成后进行，按 GA/T 367—2001《视频安防监控系统技术要求》等现行国家标准的相关规定，检查并调试摄像机的监控范围、聚焦、环境照度与抗逆光效果等，使图像清晰度、灰度等级达到系统设计要求；检查并调整对云台、镜头等的遥控功能，排除遥控延迟和机械冲击等不良现象，使监视范围达到设计要求；检查并调整视频切换控制主机的操作程序、图像切换、字符叠加等功能，保证工作正常，符合设计要求；调整监视器、录像机、打印机、图像处理器、同步器、编码器、解码器等设备，保证工作正常，符合设计要求；当系统具有报警联动功能时，应检查与调试自动开启摄像机电源、自动切换音视频到指定监视器、自动实时录像等功能。

3）常见问题、原因及处理措施

（1）在监控设备调试过程中，通电一瞬间监控设备出现异常现象，后经检查发现监控设备损坏。

原因：供电线路或供电电压不正确、功率不够（或某一路供电线路的线径不够、降压过大等），供电系统的传输线路出现短路、断路、瞬间过压等。

处理措施：在供电之前，要认真严格地进行系统调试与检查，绝不可掉以轻心。

（2）监控设备或部件到货验收或安装前检查时，发现监控设备或部件损坏。

原因：设备到货验收时只核对了外观、数量、型号等，未进行抽样检测。

处理措施：对所选的产品进行必要的抽样检测。如确属产品质量问题，应更换该产品，而不应自行拆卸修理。

（3）监视器不能正常视频传输，经检查发现通信接口或通信方式不对应。

原因：多半发生在控制主机与解码器或控制键盘等有通信控制关系的设备之间，选用的控制主机与解码器或控制键盘等不是一个厂家的产品。

处理措施：对于主机、解码器、控制键盘等应选用同一厂家的产品。

（4）监控系统调试时监视器上出现木纹状的干扰，轻微时不会淹没正常图像，严重时图像无法观看。

原因：监控系统附近有很强的干扰源。

处理措施：减轻对摄像机的干扰，做好摄像机干扰源的屏蔽工作。

（5）监控系统调试时监视器上产生较深较乱的大面积网纹干扰，以致图像全部被破坏，形不成图像和同步信号。

原因：视频电缆线的芯线与屏蔽网短路、断路。

处理措施：认真逐个检查电缆接头，防止因接头误接导致短路、断路。

（6）监控系统调试时不能远程操控摄像机或摄像机运行卡顿。

原因：摄像机及防护罩的总重量超过云台承重或控制电缆接线错误。

处理措施：选用重量轻的摄像机及防护罩或选用承重大的云台，安排专业接线人员对控制电缆接线进行排查。

（7）监控系统调试时发现监控器色调失真。

原因：远距离的视频基带传输方式下容易出现此种故障现象，主要是由传输线引起的信号高频段相移过大而造成的。

处理措施：加设相位补偿器。

4. 材料与设备

（1）前端局部设备。

包括矩阵主机、控制键盘、长延时录像机或硬盘录像机、画面分割器、监视器、计算机、系统软件、打印机、不间断电源等。

（2）传输局部设备。

包括光/电转换器、信号放大器、视频分配器、分线箱、同轴电缆、光缆、电源线、控制线等。

（3）终端局部设备。

包括摄像机、镜头、云台、解码器、防护罩、支架、红外灯、避雷接地装置等。

（4）设备选型及验收。

设备、材料应根据合同文件及设计要求选型，设备、材料和软件进场应验收，并填写验收记录。设备应有产品合格证、检测报告、安装及使用说明书、"CCC"认证标识等。如果是进口产品，则需提供原产地证明和商检证明，配套提供产品质量合格证明、检测报告，以及安装、使用、维护说明书。设备安装前，应根据使用说明书进行检查，合格后方可安装。

（5）其他材料。

包括镀锌钢管、镀锌线槽、金属膨胀螺栓、金属软管、塑料胀管、机螺钉、平垫圈、弹簧垫圈、接线端子、绝缘胶布、各类接头等。

（6）安装器具和测试器具。

安装器具包括手电钻、电锤、电烙铁、电工组合工具、对讲机、专用压线钳、尖嘴钳、剥线钳、光缆接续设备、脚手架、梯子等。测试器具包括万用表、工程表、测线仪、兆欧表、水平尺、钢尺、线坠等。

5．质量控制

1）施工过程控制指标

（1）管路敷设。

管子煨弯、切断、套丝应符合要求，管口无毛刺、光滑，管内无铁屑。

（2）线槽敷设。

线槽连接处应严密平整无缝隙；线槽盖板安装后应平整，无翘角，出线口的位置应准确；金属线槽及其金属支架和引入引出的金属导管必须接地可靠；金属线槽及其支架全长不应少于 2 处与接地干线相连接，非镀锌线槽间连接板的两端跨接铜芯接地线，接地线最小允许截面积不小于 6mm²。

（3）设备安装。

设备安装应牢靠、稳固，运转应灵活。电源、视频线、控制线均应固定，且留有余地，以不影响摄像机的转动为宜，线缆应做明显的标记，以便于维护和管理；在符合监视目标视场范围要求的条件下，其安装高度室内离地不宜低于 2.5m，室外离地不宜低于 3.5m。

（4）设备接线。

所有电缆线与铜鼻子要紧固连接，并用绝缘胶带或热缩套管封紧，电缆线应走线方便、整齐、美观，与设备连接越短越好，同时不应妨碍日后维护工作；电缆线布放时，应连接正确并且紧固。

2）施工质量控制指标

（1）主控项目。

①暗配的管子宜沿最近的路线敷设并减少弯曲；埋入管或混凝土内的管子离混凝土表面距离不应小于 15mm；扁铁支架不小于 30mm×3mm，角钢支架不小于 25mm×25mm×3mm。

②导线间和导线对地间绝缘电阻值必须大于 0.5MΩ，检查方法包括实测或检查绝缘电阻测试记录。

③监控设备电缆敷设应符合 GB 50168—2018《电气装置安装工程　电缆线路施工及验收规范》的相关规定，具体要求见表 3-37。

表 3-37　监控设备电缆敷设要求

序号	检查项目		控制标准
1	外观检查		端部防护套完整、无破损；外护套无破损；标识完整，标尺应清晰、正确；电缆型号、电压、规格及长度符合设计规定
2	绝缘检查		合格
3	电缆最小弯曲半径	橡塑电缆（多芯无铠装）	15D
4		橡塑电缆（多芯有铠装）	12D
5		双护套光缆弯曲半径	25D
6		单护套光缆弯曲半径	20D
7		交/直流励磁电缆弯曲半径	20D
8		其他	符合 GB 5016—2018《电气装置安装工程　电缆线路施工及验收标准》的相关规定
9	电缆排列	外观检查	排列整齐，弯度一致，不交叉
10		排列检查	敷设过程中按照引出顺序由边向中间整齐排列
11	电缆在桥架上的分层		电缆按照电压等级分层，动力电缆在上层，控制电缆及通信电缆在下层
12	电缆标志牌		电缆线路设计编号、型号、长度、规格及起讫地点字迹清晰，不易脱落
14	水平敷设		电缆首末端及转弯处、接头两端直线段分段固定。当对电缆间距有要求时，每隔 5～10m 进行绑扎固定
15	垂直敷设		电缆在每个支架固定
16	超过 45°倾斜敷设		电缆在每个支架固定
17	电缆外观检查		外护套无损伤，电缆无扭曲变形

注：D 为电缆直径（mm）。

（2）一般项目。

①必须按照合同技术文件和工程设计文件的要求，对设备、材料和软件进行进场验收。进场验收应有书面记录和参加人签字，并经监理工程师或建设单位验收人员签字。经进场验收的设备和材料应按产品的技术要求妥善保管，保证外观完好，产品无损伤、无瑕疵，品种、数量、产地符合要求。

②硬件设备的质量检查重点应包括安全性、可靠性、电磁兼容性等项目，可靠性检测可参考生产厂家出具的可靠性检测报告；由系统承包商编制的用户应用软件、用户组态软件及接口软件等应用软件除进行功能测试和系统测试之外，还应根据需要进行容量、可靠性、安全性、可恢复性、兼容性、自诊断等多项功能测试，并保证软件的可维护性。

③明配管及其支架、吊架应平直牢固、排列整齐，管子弯曲处无明显褶皱，油漆防腐完整；盒、箱设置正确，固定可靠，管子进入盒、箱处顺直，管子在盒、箱内露出的长度小于 5mm；用锁紧螺母固定的管口，管子露出锁紧螺母的螺纹为 2～4 扣。

④管路的保护应符合以下规定：穿过变形缝处有补偿装置，补偿装置能活动自如；穿过建筑物和设备基础处，应加保护管；补偿装置护口牢固，与管子连接可靠；加保护管处

在隐蔽工程记录中标示正确。

⑤明管路及电气器具安装时，应保持顶棚、墙面及地面清洁完整。电气照明器具安装完后，不要再喷浆。必须喷浆时，应将电器设备及器具保护好后再喷浆。

3.17　安全管理重点事项

3.17.1　通用管理规定

通用管理规定同 1.6.1 相关内容。

3.17.2　设备安装专项管理规定

3.17.2.1　设备安装与拆除

（1）施工单位应根据施工图纸和设备随机技术文件要求编制施工方案并进行技术交底，对于安装要求高、安装技术复杂、安装过程中安全风险高的工艺设备，厂家应现场指导。

（2）涉及原有设备更新换代的，对原设备拆除前应编制专项施工方案。对危险性较大的拆除工程专项施工方案，应按相关规定组织专家论证，并按要求进行交底。

（3）拆除工程施工作业前，应对拟拆除物的实际状况、周边环境、防护措施、人员清场、施工机具及人员培训教育情况等进行检查；施工作业中，应根据作业环境变化及时调整安全防护措施，随时检查作业机具状况及物料堆放情况；施工作业后，应对场地的安全状况和环境保护措施进行检查。

（4）安装、拆除工程施工应按有关规定配备专职安全生产管理人员，对各项安全技术措施进行监督、检查。

3.17.2.2　设备安装调试

（1）设备安装调试前，监理单位审核调试方案、计划。建设单位或监理单位应定期组织召开工作协调会议，明确工作要求、工作范围及各方权责，签订安全互保协议。

（2）施工单位负责设备安全调试阶段的安全管理。相关各方根据需要，在建设单位或监理单位的统筹协调下配合开展设备安装调试工作，严格遵守现场安全管理规定。

（3）调试期间严格执行作业许可管理，相关各方进入设备安装调试区域施工作业须办理作业票，设备安全调试、操作人员应熟练掌握设备操作规程和有关安全注意事项，做好作业巡视检查，严格落实停机、断电、挂牌和专人监护措施，及时消除不安全因素。

3.17.2.3　设备试运行

（1）进入设备试运行，建设单位或监理单位应定期组织召开试运行工作协调会议，明确试运行起始节点、空间边界和工作要求，签订安全互保协议。

（2）明确由试运行单位管理的区域，施工单位应履行该区域管理权限的临时移交手续；未开展临时移交工作的区域，由施工单位负责管理。

（3）任何单位在非责任管理区域作业，应提前办理工作联系票，严格遵守管理单位的安全管理规定。管理单位负有安全告知和监督管理职责。

（4）运行单位组织实施作业时，应严格遵守"两票三制"相关管理要求，办理作业票和操作票，并派专人监护。

3.17.2.4 移交接管

（1）项目进入建设转运行移交阶段时，建设单位应制定移交管理办法并组织开展移交工作，办理移交手续，签订安全互保协议。

（2）已整体移交或分阶段移交的工程项目，运行单位负责接管区域的安全管理，做好封闭运行管理措施，严格落实"两票三制"管理要求。相关各方在该区域作业时应办理工作联系票。

（3）暂未完成建设转运行移交的区域，施工单位负责安全管理工作，对第三方人员履行安全告知和监督管理职责。

3.17.3 现场安全隐患辨识及管控措施

3.17.3.1 风险类型

管道附属构筑物工程易发生的主要安全风险类型有：机械伤害、物体打击、高处坠落、起重伤害、灼烫、淹溺、触电。

3.17.3.2 风险源分析

1. 机械伤害

机械伤害同1.6.3.1相关内容。

2. 物体打击

物体打击同1.6.3.1相关内容。

3. 高处坠落

高处坠落同1.6.3.1相关内容。

4. 起重伤害

起重伤害同1.6.3.1相关内容。

5. 灼烫

（1）特种作业人员未持证上岗。

（2）作业人员不熟悉相关操作规程。

（3）作业人员进行高温作业、危险化学品作业和焊接切割作业时，未规范穿戴安全防护用品。

6. 淹溺

（1）施工人员未接受安全交底，对作业内容、作业方案、主要危险源、作业安全要求、应急处理措施等内容不清楚。

（2）设备安装时池体内存在积水，深度超过50cm，未及时抽排。

（3）池体内带水安装作业时，设备安装人员未采取正确佩戴安全绳、救生衣等安全防护措施。

（4）设备安装完成启动调试前，未检查池体内是否有人员停留。

（5）试运行过程中，池体未设置临边防护或临边防护缺失、不牢固，存在人员掉入池体的风险。

7. 触电

触电同 1.6.3.1 相关内容。

3.17.3.3 安全风险预控措施

1. 机械伤害风险预控措施

机械伤害风险预控措施同 1.6.3.2 相关内容。

2. 物体打击风险预控措施

物体打击风险预控措施同 1.6.3.2 相关内容。

3. 高处坠落风险预控措施

高处坠落风险预控措施同 1.6.3.2 相关内容。

4. 起重伤害风险预控措施

起重伤害风险预控措施同 1.6.3.2 相关内容。

5. 灼烫风险预控措施

（1）在劳动过程中应根据接触的职业危害因素合理使用劳动防护用品，从事危险化学品作业时，应穿戴好防护工作服，戴防护眼镜或防护面罩，使用安全工具；进行高温作业时，必须穿防烫工作服和工作鞋，戴好防烫手套和安全用具。

（2）从事焊接、切割作业时，电焊工要使用符合防护要求的防护面罩和电焊护目镜；在施工现场，尽量做好焊接、切割作业的现场保护或隔离，防止对自己或他人造成灼烫伤害。

（3）作业人员必须熟悉操作规程、安全注意事项，了解所接触化学物品的物理和化学特性，了解化学物品与人体接触可能造成的灼伤和灼伤后的处理方法。

6. 淹溺风险预控措施

（1）池体内进行安装作业时，尽可能排干池体内积水。

（2）在积水深度超过 50cm 的构筑物池体安装作业，作业人员应系安全绳、穿救生衣，并设置专人进行指挥、监护。

（3）构筑物池体周边必须设置临边防护、张贴警示标识，并有充足的安全照明。

（4）防护栏杆应采用可靠方式连接牢固，基础稳固，保证防护栏杆的设置高度及刚度符合规范及使用要求。

（5）水上作业时，操作平台或操作面周边应采取安全防护措施，并设置防滑设施。

（6）作业点附近应设置易拆取的带绳救生圈、救生杆等救生器材。

（7）安排专人对防护栏杆定期检查，对临边防护不稳固部位应及时进行加固。

（8）合理布置施工点位，避免施工人员强迫体位（生产设备、设施的设计或作业位置不符合人类工效学要求而易引起作业人员疲劳、劳损或事故的一种作业姿势）施工。

7. 触电风险预控措施

触电风险预控措施同 1.6.1.4 相关内容。